建设工程生产安全事故分析与对策研究

那建兴　主编

中国铁道出版社

2011年·北　京

内 容 简 介

本书以河北省十余年来发生的建设工程安全生产事故为基础数据，详细分析了事故发生的时间、部位、类别和主要原因，内容翔实、数据全面、对策研究到位，是从事生产安全管理人员难得的参考书籍。

图书在版编目(CIP)数据

建设工程生产安全事故分析与对策研究/那建兴主编. —北京：中国铁道出版社，2011. 10

ISBN 978-7-113-13458-7

Ⅰ. ①建… Ⅱ. ①那… Ⅲ. ①建筑工程—安全生产—事故分析 ②建筑工程—安全对策—研究 Ⅳ. ①TU714

中国版本图书馆 CIP 数据核字(2011)第 178400 号

书　　名:建设工程生产安全事故分析与对策研究

作　　者:那建兴

策　　划:江新锡

责任编辑:曹艳芳　　　　**编辑部电话**:010-51873017

编辑助理:张　浩

封面设计:崔　欣

责任校对:焦桂荣

责任印制:李　佳

出版发行:中国铁道出版社(100054,北京市西城区右安门西街 8 号)

网　　址:http://www.tdpress.com

印　　刷:三河市华丰印刷厂

版　　次:2011 年 10 月第 1 版　　2011 年 10 月第 1 次印刷

开　　本:787 mm×1 092 mm　1/16　**印张**:14.75　**字数**:371 千

书　　号:ISBN 978-7-113-13458-7

定　　价:33.00 元

前　言

以案为鉴，警钟长鸣。对已发生过的重特大事故进行研究分析，探索事故发生的规律，总结和吸取经验教训，对预防事故和采取相应对策，具有十分重要的实际意义。本书总结了河北省十几年来发生的生产安全事故，依据事故的类别和伤亡的部位，以及多发性事故、易导致群死群伤事故和起重机械事故的特点，汇集了部分典型事故案例，对事故发生的过程、原因、事故责任，作了详细的阐述和剖析，在研究探讨事故的一般规律方面，进行了认真的尝试。

安全生产，人命关天。每发生一起事故，死亡一个人，都会造成一个家庭的悲剧。事故抢险、善后处理，不仅要牵涉方方面面的精力，投入大量的人力、物力，而且会给社会带来很大的负面影响，甚至会破坏社会的稳定，影响经济的发展。所以要真正从事故中吸取血的教训，采取切实有利的措施，全面加强安全生产工作，为经济发展创造良好的环境，这便是本书编写的初衷。

本书得到了王红彬、孙学艺、纪薇、吴永伟、刘健、范利霞、吕家骥、张锐、戎福增和相关建筑施工企业、工程监理单位、起重机械设备企业和专家技术人员的大力支持，参阅了大量的技术资料，在此表示衷心的感谢。由于编写时间仓促，编制水平有限，难免有疏漏和不当之处，恳请批评指正。

编　者

目　录

第一章 概 述

随着我国国民经济的快速发展，固定资产投资保持了较高的增长水平，工程建设规模逐年扩大，工业、民用、交通、城市基础设施建设等建设项目遍布城乡。北京奥运会、上海世博会的成功举办，为建筑业带来了发展机遇。建筑业所生产的建筑产品，为我国国民经济的发展，奠定了重要的物质基础，带动了相关产业的发展。建筑业增加值占 GDP 的比重逐年增加，目前已成为我国的支柱产业之一。建筑业规模的扩大，有效缓解了社会就业压力，尤其为引导农村劳动力合理有序流动、提高农民收入、促进农村产业结构调整作出了积极贡献，强化了建筑业在国民经济中的地位和作用。

社会主义市场经济的繁荣与发展，使房地产业和建筑业进入到一个快速发展时期。建筑业出现了设计多样化、施工复杂化、作业高空化、建筑市场多元化等多种变化。城乡建筑工地数量在增多、建筑施工队伍在迅速壮大。但伴随建筑业的持续快速发展，建筑生产事故和事故所造成的经济损失也呈上升的趋势，造成了大量的人身伤亡和巨大的财产损失。

据统计，我国建筑工程领域的生产安全事故数量，仅次于交通、矿山、非矿山企业。我国建筑行业生产安全事故中死亡人数，已居世界第四位或第五位。从 1990 年到 1999 年我国建筑施工伤亡事故每年平均发生 1 530 件，死亡 1 560 人，重伤 718 人。建筑生产安全事故所造成的直接和间接经济损失达项目成本的 3%～6%。美国平均每天有 2 名建筑工人死亡，所造成的直接和间接经济损失高达项目成本的 7.9%。由此可见，安全生产对建筑业显得极为重要。

建筑业是一个危险性高、易发生事故的行业，是安全生产专项治理的重点行业之一。其生产安全涉及到建筑设计、建筑施工、建筑装修，以及建筑机械设备的维护、保养和使用等多方面。

近年来各级政府和建设行政主管部门、建设工程安全监督管理机构，以及广大建筑施工企业，牢固树立“安全第一、预防为主、综合治理”的方针，加强建设工程安全生产监督管理，落实安全生产责任制，认真贯彻执行国家和地方安全生产规范标准，推动和开展安全文明工地创建活动，加强生产安全教育培训，开拓创新，积极进取，为有效控制和减少生产安全事故的发生，做了大量有效和积极的工作。生产安全事故逐年下降，取得了一定的成绩。

第一节 建筑施工的主要特点

建筑业之所以成为高危行业，主要有以下几方面特点。

一、建筑产品的多样性

由于各种建筑物或构筑物都有特定的使用功能，因而建筑产品的种类繁多。不同建筑物的建造不仅需要制定一套适应生产对象的工艺方案，而且还应针对工程的特点编制切实可行并行之有效的施工安全技术措施，才可能确保施工顺利进行和生产安全。

二、建筑施工的流动性

建筑产品都必须固定在一定的地点建造，而建筑施工却具有流动性。主要表现在三个方面：一是各工种工人在建筑物的部位上流动；二是施工人员在一个工地范围内的各幢建筑物上流动；三是建筑施工队伍在不同地区、不同工地的流动。即“产品是固定的，作业是流动的”。工作环境和条件产生的动态变化，以及施工周期的快速转化等，都给安全生产带来了许多可变因素和安全隐患。

三、建筑施工的综合性

建筑物的建造是多工种在不同空间、不同时间劳动并相互协调的过程，同一时间的垂直交叉作业不可避免，由于隔离防护措施不当，容易造成伤亡事故；各工种间的交叉作业由于安排不当，也可能导致伤亡事故的发生。

四、作业条件的多变性

首先，建筑施工大多是露天作业，日晒雨淋、严寒酷暑、高温蒸晒，以及大风等形成的恶劣环境，既影响施工人员的健康，也易诱发安全事故。其次，是高处作业多，据统计建筑施工中的高处作业约占总工程量的90%左右，且高处作业的等级越来越高，有不少高度超过 100 m 的高处作业。高处作业除了不安全因素多外，还会影响人的生理和心理因素，建筑施工伤亡事故中，近六成与高处作业有关。第三，不少作业是在未完成安装的结构上或搭设的临时设施（如脚手架）上进行，使得高处作业的危险程度加剧。

五、操作人员劳动强度的繁重性

建筑施工中不少工种仍以手工操作为主，加上组织管理不善，无限制的加班加点（一般行业为 8 小时工作制，如工期紧张，则组织人员在工地加班），工人在高强度劳动和超常时间作业中，体力消耗过大，容易造成过度疲劳，引起注意力不集中或作业中的力不从心等，进而导致事故的发生。

六、施工现场设施的临时性

随着社会的发展，建筑物体量和高度不断增加，工程的施工周期也随之延长，一年以上工期的工程比比皆是。为了保证工程正常和顺利地进行，施工中必须使用各种临时设施，如临时建筑、临时供电系统以及现场安全防护设施等。这些临时设施经过长时间的风吹、日晒、雨淋、冻融和各种人为因素等的破坏，其安全可靠性往往明显降低。特别是由于这些设施的临时性，容易导致施工管理人员忽视这些设施的质量，出现安全隐患和防护漏洞。从业人员中农民工、劳务队等临时用工多，安全防护意识与教育培训不足，经常出现违章作业等现象，这也是建筑施工临时性的一个特点。

第二节　建筑工程生产安全事故类别和常见形式

建筑工程常见生产安全事故的类别主要有高处坠落、触电、物体打击、机具伤害、起重伤害、坍塌、车辆伤害、触电、火灾和爆炸、中毒等。建筑工程安全事故常见的形式主要有 33 种，见表 1-1。

表 1-1　建筑工程安全事故常见形式

事故类别	序号	发生事故的主要部位
高处坠落	1	从脚手架坠落
	2	从垂直运输设施坠落
	3	从预留洞口、楼梯口、电梯井口、通道口坠落
	4	从安装中的结构上坠落
	5	从楼面、屋顶、高台等临边坠落
	6	从机械设备上坠落
	7	作业中滑跌、踩空、拖带、碰撞等引起坠落
触电	8	带电电线及电缆破口、断头
	9	电动设备漏电
	10	起重机械部件触碰高压线
	11	挖掘机损坏地下电缆
	12	移动电线、机具导致电线拉断、破皮
	13	电闸箱、控制箱漏电或误碰触
	14	强力自然因素导致电线断裂
	15	雷击
物体打击	16	空中落物、崩块和滚动物体的砸伤
	17	硬物、反弹物碰伤、撞击
	18	器具飞击
	19	碎屑、破片飞溅
机具伤害	20	机械转动部位的绞、碾和拖带
	21	机械工作部分的钻、刨、削、锯、砸、轧、撞、挤等
	22	滑入或误入机械容器和运转部分
	23	机械部件飞出
	24	机械失稳、倾覆
	25	机况不良、违章操作、机械安全保护设施欠缺等
坍塌	26	基槽或基坑壁、边坡、洞室等土石方坍塌
	27	地基基础悬空、失稳、滑移等导致上部结构坍塌
	28	施工质量低劣造成建筑物倒塌
	29	施工失稳倒塌
	30	脚手架、井架等设施倒塌
	31	施工现场临建设施倒塌
	32	堆置物坍塌
	33	大风等强力自然因素造成坍塌

建筑工程安全事故大多发生在脚手架和模板的搭设、安装、拆除过程中，以及洞口、临边等部位。土方开挖、起重安装、垂直运输、机械操作、拆除工程、临时用电等工程，因为工种集中，交叉作业多，技术能力要求高，专业性强，如果组织管理不当容易发生安全事故。

建筑施工安全事故的主要原因有客观、外部和内部三个方面。从客观上来分析：建筑行业露天高处作业多，酷暑严寒、风吹日晒等因素导致施工条件和生活环境受到多方面的限制；建筑物不断向高大难尖的方向发展，新的施工方法广泛应用，多工种立体交叉作业；新材料、新工艺在工程中得到了应用，工程建设速度大大加快，施工难度不断增大，引发了新的危险因素。从外部原因分析：目前建筑市场尚不规范，一些建设单位和施工单位挤扣安全生产费用，致使在工程的投入中用于安全生产的资金过少，不能保证安全生产措施的需要，从而导致生产事故的不断发生；有的建设单位随意肢解工程，总包单位无法对工程进行综合管理，施工现场杂乱无章。从内部原因分析：一些施工企业片面追求经济效益，减少安全设施上的必要投入；有的企业以包代管，一包了之，缺乏必要的管理；有的企业安全管理机构不健全，安全生产管理力量不足，力度不够；有的企业不重视安全教育培训，农民工安全防护意识淡薄，工人缺乏最基本的安全常识；有的企业违章指挥、违章操作、违反劳动纪律现象严重，由此种种原因，造成生产事故频发。

第二章　建筑工程安全事故统计分析

认真统计事故发生情况，研究分析事故案例，探讨事故发生规律，是有针对性的做好事故预防工作的基本方法。

第一节　安全事故类别和主要部位

1996 年～2009 年河北省共发生安全事故 406 起，死亡 454 人，重伤 77 人。

一、按发生事故的类别分析(表 2-1)

1. 高处坠落事故 200 起，占事故总起数的 49.3%。死亡 201 人，占死亡总人数的 44.3%；重伤 25 人，占重伤总人数的 32.5%。

2. 物体打击事故 42 起，占事故总数的 10.3%。死亡 45 人，占死亡总人数的 9.9%；重伤 8 人，占重伤总人数的 10.4%。

3. 触电事故 35 起，占事故总数的 8.6%。死亡 39 人，占死亡总人数的 8.6%；重伤 2 人，占重伤总人数的 2.6%。

4. 坍塌事故 50 起，占事故总数的 12.3%。死亡 69 人，占死亡总人数的 15.2%；重伤 14 人，占重伤总人数的 18.2%。

5. 机械伤害事故 29 起，占事故总数的 7.1%。死亡 30 人，占死亡总人数的 6.6%；重伤 12 人，占重伤总人数的 15.6%。

6. 起重伤害事故 33 起，占事故总数的 8.1%。死亡 35 人，占死亡总人数的 7.7%；重伤 9 人，占重伤总人数的 11.7%。

7. 中毒和窒息事故 8 起，占事故总数的 2.0%。死亡 16 人，占死亡总人数的 3.5%。

8. 火灾和爆炸事故 5 起，占事故总数的 1.2%。死亡 13 人，占死亡总人数的 2.9%；重伤 6 人，占重伤总人数的 7.8%。

9. 车辆伤害事故 1 起，占事故总数的 0.2%。死亡 1 人，占死亡总人数的 0.2%。

10. 其他事故 3 起，占事故总数的 0.7%。死亡 5 人，占死亡总人数的 1.1%；重伤 1 人，占重伤总人数的 1.3%。

二、按发生事故的部位分析

(一)高处坠落

发生事故 200 起，死亡 201 人。(表 2-2)

1. 在龙门架(井子架)安装、拆卸和使用过程中，发生坠落事故 26 起，占高处坠落事故总起数的 13.0%。

2. 在洞口临边作业，因无安全防护措施或防护不严密、不牢固，发生坠落事故 73 起，占高

表 2-1 建筑工程生产安全事故类别分析表

类别 / 年份	合计			高处坠落			物体打击			触电			坍塌			机具伤害			起重伤害			中毒和窒息			火灾和爆炸			车辆伤害			其他伤害		
	起数	死亡	重伤	起数	死亡	重伤	起数	死亡	重伤	起数	死亡	重伤	起数	死亡	重伤	起数	死亡	重伤	起数	死亡	重伤	起数	死亡	重伤	起数	死亡	重伤	起数	死亡	重伤	起数	死亡	重伤
1996	34	39	17	21	21	5	6	6	5	3	3		4	9	2			4			1												
1997	20	26	13	9	9	2	4	4		3	3		1	1				2	1		6	1	2		1	7	2						1
1998	19	22	8	10	11	7	2	2		2	2		3	5		1	1				1	1	1										
1999	27	37	6	13	14	2	2	3	1	3	3		4	7	1	3	6	2				2	4										
2000	17	18	2	8	8		2	2		2	2		4	5	2				1	1													
2001	16	18	2	10	11	2	1	1		3	4		1	1					1	1													
2002	49	48	2	31	31	1	2	2		4	4		3	3		7	6	1	2	2													
2003	42	48	8	23	24		4	4	1	4	5	2	4	4		3	4	1	2	2					2	5	4						
2004	49	46	5	21	21		5	5	1	4	4		4	5	2	10	9	1	5	4	1												
2005	45	48	9	18	14	4	6	6		3	5		8	10	5	2	2		5	5		2	5					1	1				
2006	28	29	4	13	12	1	4	4		1	1		1	1	2	1		1	3	3		2	4		2	1					1	3	
2007	20	23		10	11		2	2		1	1		3	3		1	1		2	4											1	1	
2008	19	25		6	8		2	4		1	1		3	3					6	8											1	1	
2009	21	25	1	7	6	1				1	1		7	12		1	1		5	5													
合计	406	454	77	200	201	25	42	45	8	35	39	2	50	69	14	29	30	12	33	35	9	8	16		5	13	6	1	1		3	5	1
起数比例				49.3%			10.3%			8.6%			12.3%			7.1%			8.1%			2.0%			1.2%			0.2%			0.7%		
死亡比例				44.3%			9.9%			8.6%			15.2%			6.6%			7.7%			3.5%			2.9%			0.2%			1.1%		
重伤比例				32.5%			10.4%			2.6%			18.2%			15.6%			11.7%						7.8%						1.3%		

处坠落事故总起数的 36.5%。

3. 在脚手架模板上作业发生坠落事故 55 起，占高处坠落事故总起数的 27.5%。

4. 在塔吊安装、拆卸和使用过程中，发生坠落事故 23 起，占高处坠落事故总起数的 11.5%。

表 2-2 高处坠落事故分析表

时间	事故起数	死亡人数	发生部位								
			起数	龙门架井子架	洞口临边	脚手架模板	机具	塔吊	吊篮	外用电梯	其他
1996	21	21	起数	5	8	5	1	2			
			比例	23.8%	38.2%	23.8%	4.7%	9.5%			
1997	9	9	起数	1	5	1		2			
			比例	11.1%	55.6%	11.1%		22.2%			
1998	10	11	起数	5		3		1			1
			比例	50%		30%		10%			10%
1999	13	14	起数	2	2	2		1	1	1	4
			比例	15.3%	15.3%	15.3%		7.8%	7.8%	7.8%	30.7%
2000	8	8	起数	2	4	2					
			比例	25%	50%	25%					
2001	10	11	起数	1	2	2		4			1
			比例	10%	20%	20%		40%			10%
2002	31	31	起数	4	13	11		1			2
			比例	12.9%	41.9%	35.4%		3.2%			6.45%
2003	23	24	起数	1	10	8		2	1	1	
			比例	4.3%	43.5%	34.8%		8.7%	4.3%	4.3%	
2004	21	21	起数	2	10	5		3			1
			比例	9.5%	47.6%	23.8%		14.3%			4.8%
2005	18	14	起数	2	8	4	1	2			1
			比例	11%	44%	22.2%	5.5%	11%			5.5%
2006	13	12	起数	1	6	5					1
			比例	7.6%	46%	38.4%					7.6%
2007	10	11	起数		3	5					2
			比例		30%	50%					20%
2008	6	8	起数		1	1		1			3
			比例		17%	17%		17%			50%
2009	7	6	起数		1	1		4			1
			比例		14.3%	14.3%		57.14%			14.3%
合计	200	201	起数	26	73	55	2	23	2	2	17
			比例	13%	36.5%	27.5%	1%	11.5%	1%	1%	8.5%

5. 在外用电梯、吊篮及施工机具上，发生坠落事故各 2 起，各占高处坠落事故总起数的 1.0%。

6. 其他在安装、维修及屋面作业时发生坠落事故 17 起，占高处坠落事故总起数的 8.5%。

(二)坍　塌

发生事故 50 起，死亡 69 人。(表 2-3)

表 2-3　坍塌事故分析表

时间	事故起数	死亡人数	发生部位				
			起数	土石方	基坑	脚手架模板	其他
1996	4	9	起数	3			1
			比例	75%			25%
1997	1	1	起数				
			比例				
1998	3	5	起数	2			1
			比例	66.7%			33.3%
1999	4	7	起数	3			1
			比例	75%			25%
2000	4	5	起数	4			
			比例	100%			
2001	1	1	起数	1			
			比例	100%			
2002	3	3	起数	2			1
			比例	66.7%			33.3%
2003	4	4	起数	4			
			比例	100%			
2004	4	5	起数	1			3
			比例	25%			75%
2005	8	10	起数	1	4	2	1
			比例	12.5%	50%	25%	12.5%
2006	1	1	起数		1		
			比例		100%		
2007	3	3	起数		2		1
			比例		66.7%		33.3%
2008	3	3	起数	2	1		
			比例	66.7%	33.3%		
2009	7	12	起数	1	3	2	1
			比例	14.3%	42.9%	14.3%	28.6%
合计	50	69	起数	25	11	4	10
			比例	50%	22%	8%	20%

1.在基坑、基槽施工过程中,发生土石方或挡土墙坍塌事故25起,占坍塌事故总起数的50.0%。

2.因基坑支护不当,造成坍塌事故11起,占坍塌事故总起数的22.0%。

3.因脚手架搭设不当、模板支撑不稳,造成坍塌事故4起,占坍塌事故总起数的8.0%。

4.因其他原因造成坍塌事故10起,占坍塌事故总起数的20.0%。

(三)物体打击

发生事故42起,死亡45人。(表2-4)

表2-4 物体打击事故分析表

时间	事故起数	死亡人数	发生部位						
				拆除	机具	塔吊	模板	龙门架	其他
1996	6	6	起数	3	1		2		
			比例	50%	16.7%		33.3%		
1997	4	4	起数		1	1	1		1
			比例		25%	25%	25%		25%
1998	2	2	起数			1		1	
			比例			50%		50%	
1999	2	3	起数	1		1			
			比例	50%		50%			
2000	2	2	起数				2		
			比例				100%		
2001	1	1	起数					1	
			比例					100%	
2002	2	2	起数					1	1
			比例					50%	50%
2003	4	4	起数					1	3
			比例					25%	75%
2004	5	5	起数			2	1		2
			比例			40%	20%		40%
2005	6	6	起数			2	4		
			比例			33.3%	66.7%		
2006	4	4	起数			1			3
			比例			25%			75%
2007	2	2	起数			2			
			比例			100%			
2008	2	4	起数						2
			比例						100%
2009			起数						
			比例						
合计	42	45	起数	4	2	10	10	4	12
			比例	9.5%	4.8%	23.8%	23.8%	9.5%	28.6%

1. 在脚手架搭设或拆除时，发生物体打击事故 4 起，占物体打击事故总起数的 9.5％。

2. 在施工机具安装和使用过程中，发生物体打击事故 2 起，占物体打击总起数的 4.8％。

3. 在塔吊作业时，吊物坠落发生物体打击事故 10 起，占物体打击事故总起数的 23.8％。

4. 在模板支护或拆除时，发生物体打击事故 10 起，占物体打击事故总起数的 23.8％。

5. 龙门架在使用过程中，吊篮落物发生物体打击事故 4 起，占物体打击事故总起数的 9.5％。

6. 在其他部位施工中，发生物体打击事故 12 起，占物体打击事故总起数的 28.6％。

(四)触电事故

发生事故 35 起，死亡 39 人。(表 2-5)

表 2-5　触电事故分析表

时间	事故起数	死亡人数	发生部位			
			起数	临时线路	外电线路	施工机具
1996	3	3	起数	2	1	
			比例	66.7％	33.3％	
1997	3	3	起数	3		
			比例	100％		
1998	2	2	起数	1	1	
			比例	50％	50％	
1999	3	3	起数	2	1	
			比例	66.7％	33.3％	
2000	2	2	起数	2		
			比例	100％		
2001	3	4	起数	1	2	
			比例	33.3％	66.7％	
2002	4	4	起数	4		
			比例	100％		
2003	4	5	起数	1	3	
			比例	25％	75％	
2004	4	4	起数	3	1	
			比例	75％	25％	
2005	3	5	起数	1	1	1
			比例	33.3％	33.3％	33.3％
2006	1	1	起数			1
			比例			100％
2007	1	1	起数	1		
			比例	100％		
2008	1	1	起数		1	
			比例		100％	
2009	1	1	起数			1
			比例			100％
合计	35	39	起数	21	11	3
			比例	60％	31.4％	8.6％

1.在施工中,未按规定设置临时用电,违反临电线路架设规范,未设置漏电保护器,发生触电事故 21 起,占触电事故总起数的 60.0%。

2.在建工程外侧边缘与外电高压线路的距离小于标准规定的最小安全距离,且没有进行防护或安全防护不符合要求,施工作业中脚手架钢管或钢筋触碰高压线路,发生触电事故 11 起,占触电事故总起数的 31.4%。

3.因电焊机、振捣器、搅拌机等机械设备电源线老化或因被轧、被砸而破损,或施工现场及宿舍内照明线路不符合要求发生漏电,又无漏电保护器或漏电保护器失灵,发生触电事故 3 起,占触电事故总起数的 8.6%。

(五)机具伤害

发生事故 29 起,死亡 30 人。(表 2-6)

表 2-6 机具伤害事故分析表

时间	事故起数	死亡人数	发生部位			
			起数	施工机具	塔吊	龙门架
1996			起数			
			比例			
1997			起数			
			比例			
1998	1	1	起数	1		
			比例	100%		
1999	3	6	起数	1	1	1
			比例	33.3%	33.3%	33.3%
2000			起数			
			比例			
2001			起数			
			比例			
2002	7	6	起数	2	2	3
			比例	28.6%	28.6%	42.8%
2003	3	4	起数	1	1	1
			比例	33.3%	33.3%	33.3%
2004	10	9	起数	5	2	3
			比例	50%	20%	30%
2005	2	2	起数		1	1
			比例		50%	50%
2006	1		起数	1		
			比例	100%		
2007	1	1	起数	1		
			比例	100%		
2008			起数			
			比例			
2009	1	1	起数	1		
			比例	100%		
合计	29	30	起数	13	7	9
			比例	44.83%	24.14%	31.03%

1.施工机具在使用过程中,发生机具伤害事故13起,占机具伤害事故总起数的44.8%。

2.在起重吊装施工中,发生机具伤害事故7起,占机具伤害事故总起数的24.1%。

3.在基础土石方施工和龙门架安装中,发生机具伤害事故9起,占机具伤害事故总起数的31.0%。

(六)起重伤害

发生事故33起,死亡35人。(表2-7)

表2-7 起重伤害事故分析表

时间	事故起数	死亡人数	发生部位		
				塔吊	拆除
1996			起数		
			比例		
1997	1		起数		1
			比例		100%
1998			起数		
			比例		
1999			起数		
			比例		
2000	1	1	起数	1	
			比例	100%	
2001	1	1	起数	1	
			比例	100%	
2002	2	2	起数	2	
			比例	100%	
2003	2	2	起数	2	
			比例	100%	
2004	5	4	起数	5	
			比例	100%	
2005	5	5	起数	5	
			比例	100%	
2006	3	3	起数	3	
			比例	100%	
2007	2	4	起数	2	
			比例	100%	
2008	6	8	起数	5	1
			比例	83%	17%
2009	5	5	起数	5	
			比例	100%	
合计	33	35	起数	31	2
			比例	93.9%	6.1%

1. 在塔吊安装和作业时，发生起重伤害事故 31 起，占起重伤害事故总起数的 93.9%。

2. 在起重机械拆除作业时，发生起重伤害事故 2 起，占起重伤害事故总起数的 6.1%。

(七)中　　毒

发生事故 8 起，死亡 16 人。(表 2-8)

表 2-8　中毒事故分析表

时间	事故起数	死亡人数	发生部位		
				市政管道	其他
1996			起数		
			比例		
1997	1	2	起数	1	
			比例	100%	
1998	1	1	起数	1	
			比例	100%	
1999	2	4	起数	2	
			比例	100%	
2000			起数		
			比例		
2001			起数		
			比例		
2002			起数		
			比例		
2003			起数		
			比例		
2004			起数		
			比例		
2005	2	5	起数	2	
			比例	100%	
2006	2	4	起数	1	1
			比例	50%	50%
2007			起数		
			比例		
2008			起数		
			比例		
2009			起数		
			比例		
合计	8	16	起数	7	1
			比例	87.5%	12.5%

1. 施工现场警卫室或宿舍内违章使用木柴烤火取暖，或安装作业时产生煤气泄漏，或在市政管道施工检查时，发生中毒事故 7 起，占中毒事故总起数的 87.5%。

2. 在基础回填施工中，未按照规定观察作业，意外掩埋坑内作业人员，发生窒息事故 1 起，占中毒事故总起数的 12.5%。

（八）火　　灾

发生事故 5 起，死亡 13 人。（表 2-9）

1. 在基坑施工过程中，发生火灾事故 1 起，占火灾事故总起数的 20%。

2. 因其他原因用火不当而引发的火灾事故共发生 4 起，占火灾事故总数的 80%。

表 2-9　火灾事故分析表

时间	事故起数	死亡人数	发生部位		
				基坑	其他
1996			起数		
			比例		
1997	1	7	起数		1
			比例		100%
1998			起数		
			比例		
1999			起数		
			比例		
2000			起数		
			比例		
2001			起数		
			比例		
2002			起数		
			比例		
2003	2	5	起数		2
			比例		100%
2004			起数		
			比例		
2005			起数		
			比例		
2006	2	1	起数	1	1
			比例	50%	50%
2007			起数		
			比例		
2008			起数		
			比例		
2009			起数		
			比例		
合计	5	13	起数	1	4
			比例	20%	80%

第二节　事故发生的主要原因

事故的类型有所不同，事故发生的部位和时间，也各有区别，但发生事故和预防事故是有规律的。主要有以下几种原因：

一、施工企业没有真正树立“安全第一、预防为主”的生产方针，安全生产规章制度不健全，没有认真落实；安全措施不得力，责任不明确。没有很好的处理安全与生产、安全与进度、安全与效益的关系。对分包和专业队伍，存在以包代管、责任区分不清、督导不力等问题，对施工作业中的安全生产存在侥幸、麻痹、松懈思想。

二、施工现场安全生产规章制度未得到有效落实，安全生产责任制度不明确。施工作业未按国家标准、规范执行，强制性标准落实不到位。安全防护、安全检查、安全教育、安全措施执行不利，对事故隐患未能及时发现、及时整改，安全管理存在漏洞和死角。

三、施工现场未按要求编制专项安全施工组织设计和施工方案。施工方案措施不具体、不全面，不能具体指导施工。施工组织设计和施工方案在编制过程中未进行科学地设计计算。分部、分项安全技术交底不认真、不全面且未得到认真落实。

四、安全教育制度不落实，工人安全防护知识不足，自我保护意识差，安全操作规程不熟悉。存在违章指挥、违章作业、违反劳动纪律现象。

第三章　建筑施工安全事故案例

第一节　高处坠落事故

一、脚手架事故

1.1998 年 4 月 10 日 19 时 30 分，某市一建筑公司施工的某医学院附属医院 1 号、2 号住宅楼工地，晚上要进行浇筑 6 层板混凝土的施工。马某在 6 层从阳台脚手架向上爬时，不慎失手坠落地面死亡。

2.1998 年 4 月 13 日 11 时 55 分，某市建工集团公司施工的该市某大学食堂工地，该工程 2 层铺设满堂红脚手架，上面进行网架施工。临近中午，赵某准备顺脚手架立杆滑下去吃饭，刚下 1 步架便坠落到一层地面上(坠落高度 6 m)摔中头部赵某经送医院抢救无效于当日 18 时死亡。

3.1998 年 4 月 20 日，某市建筑公司施工的某办事处 6 号楼工地，由于脚手板未铺严，导致单某在拆模板时，从脚手架上跌落下来，送医院抢救无效于当晚死亡。

4.1999 年 7 月 25 日下午，某市一建筑公司施工的某粮库工地，由于上午提料时解开的安全网中间部分未恢复，致使油工王某于 15 时 05 分左右从安全网开口处坠落地面，高度 8.6 m。工地其他人员将其紧急送往医院，经抢救无效死亡。

5.1999 年 9 月 16 日 16 时左右，某市建筑公司施工的某办公楼工地，木工杨某在支 1 层顶模板时，不慎将脚手板踩滑，随脚手板坠落地面，经医院抢救无效于次日凌晨 2 时死亡。

6.2000 年 5 月 28 日 16 时 30 分，某市建筑公司施工的某厂住宅楼工程工地，秦某在外脚手架 6 m 高处预留洞口砌砖，由于防护棚与外脚手架相连且防护棚顶部承重杆与脚手架小横杆使用同一根钢管，且在防护棚上违章卸砖严重超载，致使钢管的连接扣件崩裂，防护棚木板和脚手架操作层脚手板同时坠落，秦某头部朝下坠落地面，经抢救无效死亡。

事故原因分析：违章作业，防护不到位。

7.2000 年 10 月 17 日 13 时 40 分，某市建筑公司施工的某小区 8 号住宅楼工地，李某在五层外装修脚手架上翻架板，不慎脚登架板滑出小横杆，坠落至外脚手架内侧横杆上后，又坠落到一层兜网内，经医院抢救无效死亡。

事故原因分析：防护不严，违章作业。

8.2001 年 6 月 22 日，某市建筑公司施工的某县交通局 3 号住宅楼工程，因外墙搞外装须挂垂直线，孙某受工长指派到 3 层兜网处调整垂直线时，由于未采取有效防护措施，不慎坠落，经抢救无效死亡。

9.2001 年 10 月 18 日 09 时 40 分，某市某建筑公司施工的某小区工地，两名施工员在做外墙粉刷时，从 5 层坠落，导致 1 人死亡、1 人重伤。

事故原因分析：违章作业，高空作业未系安全带，且未把吊篮挑杆压牢固。

10.2002 年 3 月 6 日 13 时 45 分，某市某设备安装有限公司施工的某集中供热管道安装工程正在进行主管道地沟安装，运输钢管的小推车在经过地沟的阀门井(井深 3 m)时，由于阀门井处的枕木带有石子，钢管放置不居中，小推车连同车上的钢管发生倾覆，将地沟内的靳某胯部挤住，致其重伤(骨盆粉碎性骨折，肝局部挤裂)。

事故原因分析：一是现场施工人员严重违反操作规程，违章作业；二是操作人员安全意识淡薄，从事危险作业时思想麻痹；三是指挥人员与操作人员配合不当。

11.2002 年 3 月 10 日，某市一建筑工程公司施工的该市检察院侦技楼工地，架子工贾某在搭设外墙脚手架时，因违反操作规定，擅自到此立面作业，不慎从 13 m 高处坠落，造成重伤。

事故原因分析：一是工人违反操作规定，未按照工长的安排作业；二是工人安全意识淡薄，从事危险作业时思想麻痹。

12.2002 年 4 月 25 日 18 时，某建筑安装工程公司施工的某市住宅楼工程，抹灰工王某在 5 层顶(高约 15 m)贴抹灰用分格条时，因脚手板从小横杆上滑脱，发生坠落。在坠落过程中，王某将首层兜网系结点冲开，撞在一层脚手架拉接杆上，经抢救无效死亡。

事故原因分析：一是违反操作规程，脚手板与小横杆没有固定；二是首层平网系结不符合要求；三是安全防护设施不到位，未设随层网和层间网。

13.2002 年 5 月 17 日 15 时 20 分，某建筑工程公司施工的某市某小区 3 号住宅楼工地，架子工刘某在 C 单元北侧翻脚手架板时，从 14 m 高处坠落至地面死亡。

事故原因分析：防护不到位。

14.2002 年 7 月 1 日 11 时 50 分，某市一建筑公司施工的某住宅小区 18 号楼工地，赵某和另 1 名架子工在拆除 18 号楼 4 单元 5 楼阳台外侧钢管脚手架立杆时不慎坠落。

事故原因分析：一是未系挂安全带；二是在现场监护的工长发现问题未及时制止。

15.2002 年 8 月 9 日，某市一建筑公司施工的该市某小区 5 号住宅楼工地，工长安排黄某把 1 层混凝土墙上表面凿毛，17 时 30 分黄某由 4.5 m 高处坠落至通往地下车库的通道上，经医院抢救无效于次日凌晨 4 时 40 分死亡。

事故原因分析：未按规定搭设操作平台，佩戴安全帽未系下颌带。

16.2002 年 8 月 11 日，某市工程局金属结构分公司施工的该市某公司技改工程工地，陈某在厂房内高 5 m 的脚手架上给横梁用冲击钻打眼时，由于冲击钻后坐力过大，致使陈某由脚手架上坠落地面，经医院抢救无效死亡。

事故原因分析：未系安全带，操作层无安全立网防护。

17.2002 年 9 月 24 日，某县房产开发建筑工程处施工的该县某小区 3 号住宅楼工地，抹灰工吴某在东山墙 4 层安装石膏线时，不慎将石膏线掉下，砸在脚手架上，将脚手板砸翻，吴某顺墙坠落，造成重伤。

事故原因分析：作业层未按要求满铺脚手板，提前将首层兜网和随层兜网拆除。

18.2002 年 9 月 29 日，某市一建筑安装工程有限公司施工的该市某小区 32 号住宅楼工地，架子工王某在南部 6 楼脚手架上作业时，因未戴安全带失控坠落。王某砸破二层兜网撞在阳台边沿后，掉在首层兜网内，经医院抢救无效死亡。

19.2002 年 10 月 14 日，某市建筑公司施工的该市某小区 3 号住宅楼工地，架子工程某在四层脚手架上进行拆除作业时，未系安全带，不慎失足坠落地面，经医院抢救无效于当日死亡。

20.2002 年 11 月 16 日，某市建筑公司施工的该市某沿街商业楼工地，因施工进入尾声，外线管网已开始施工，将地下埋设的电缆挖出后，在消防通道处架空。当该工程混凝土运输车在运送混凝土返回时,由于驾驶员对电缆高度预测失误,且电缆架设不规范,导致混凝土运输车将电缆刮落,并将消防通道两侧安装铝合金窗户玻璃的移动式脚手架刮倒,致使正在右侧脚手架平台上作业的杨某从4 m高处摔至地面,头部摔伤,经医院抢救无效死亡。

21.2002年12月13日,某市建筑公司施工的某小区住宅楼工程,在拆除5层模板时,不慎将钢模板落下,砸在5层作业层脚手板上,导致脚手板被砸断。站在脚手板上的工人郭某随之落下,将下层防护兜网砸穿,经医院抢救无效死亡。

22.2003年3月22日下午,某市建筑公司施工的某政府2号宿办楼工地,个体经销商满某擅自组织人员私自搭设吊篮(无保险装置)在5层外墙刷涂料。由于吊篮一端吊绳滑脱致使吊篮倾斜,一雇工坠落地面,另一雇工卡在吊篮上,造成1人死亡、1人重伤。

事故原因分析:个体经销商无施工资质,工人无上岗操作证,违章作业,违章指挥;施工现场管理不严,对外来人员进入工地没有及时制止。

23.2003年5月19日,某市建筑安装公司施工的某陵园管理处住宅楼工地,抹灰工胡某及另外两名工人在3号楼西单元4层南阳台处脚手架上,为方便阳台外侧抹灰,擅自将外脚手架上栏杆拆下,并将密目式安全立网连接处解开。13时50分,胡某不慎由此坠落地面,经抢救无效死亡。

事故原因分析:工人违章操作,思想麻痹,缺乏自我保护意识。

24.2003年5月26日,某市商业建筑安装公司承建的该市某小区住宅楼工程,架子工吴某到17 m高处进行脚手架拆除作业。吴某在倒步时将安全带解开,由于脚下踩空坠落地面,经医院抢救无效死亡。

事故原因分析:未正确使用安全带。

25.2003年6月6日,某县建筑公司施工的该县某小区2号楼工地,在拆除2号楼西北角11 m高处脚手架的过程中,因脚手管向外倾斜,搭在西面的380 V架空线路上(线路距脚手架最小距离5.25 m),致使一名架子工因触电坠落地面,经抢救无效死亡。

事故原因分析:违章作业,未按规定佩带安全带,现场防护不到位。

26.2003年7月24日5时24分,某市一建筑公司施工的某钢铁有限公司烧结烟筒工程工地,钢筋工叶某在烟筒作业面上绑扎钢筋时,不慎踩空脚手板,因身上安全带未系牢,从61 m高处坠落地面死亡。

事故原因分析:职工作业时未正确佩带安全带,脚手板铺设不符合规范要求,安全兜网封闭不严密。

27.2003年8月8日10时10分,某市建筑工程公司施工的某法院办公楼装修改建工程工地,由于工人关某粉刷外墙时未系安全带,且兜网防护不严,从4楼外脚手架上坠落地面,头部着地,经抢救无效死亡。

事故原因分析:违章作业,脚手架操作层防护不到位。

28.2003年9月11日17时30分,某市建筑公司施工的该市交通局综合楼工地,正在进行外墙粉刷施工时,脚手架扣件滑脱。一工人从15 m高处坠落,经医院抢救无效死亡。事故发生后企业隐瞒未报,经举报查证属实。

事故原因分析:扣件未拧紧,防护不严密,项目部对新上岗工人未进行安全教育。

29.2003年11月28日8时40分,某市建筑安装有限公司施工的该市某小区2号住宅楼工程工地,油工吕某等使用简易吊篮在北立面5层施工洞口处打磨墙面时,吊篮麻绳突然断开,吕某随之坠落,经医院抢救无效死亡。

事故原因分析:违章使用不符合基本安全要求的吊篮。

30.2004 年 5 月 22 日 16 时 40 分左右,某建筑工程公司施工的某市电视台南戴河黄金海岸记者培训中心三期客房楼工地,粉刷队要将粉刷主楼外墙的吊篮放至地面,当把吊篮挪到群楼外墙准备往地面下方时,由于没有沙袋压重,吊篮突然坠落,一工人随之坠落到雨棚上(坠落高度 12 m),当场死亡。

事故原因分析:安全管理不到位,违章指挥,违章作业,使用不符合要求的自制吊篮。

31.2004 年 10 月 1 日 14 时 50 分,某市建筑公司施工的某单位经济适用房工地,该公司一名职工在拆除 9 层悬挑脚手架施工层架板过程中,不慎自 9 层顶坠落至地面,当场死亡。

事故原因分析:作业人员在当日风力较大的情况下,冒险作业,未系安全带;施工现场疏于管理,思想麻痹,违章指挥,安全生产责任制不落实。

32.2004 年 11 月 4 日 11 时 5 分,某市建筑公司施工的该市某小区住宅楼工地,张某在 601 楼 2 门 6 层 601 室阳台外侧进行抹灰作业。由于脚手架内侧横杆扣件紧固力矩不够,致使内侧横杆坠落,随即脚手板与人共同坠落,张某经抢救无效死亡。

事故原因分析:安全防护不到位。

33.2005 年 5 月 31 日,某建筑公司承包施工的某市某小区 B 区 9 号住宅楼工地,发生一起脚手架高处坠落事故,致一人重伤。当日 9 时 20 分,该公司职工石某站在第 10 层外防护单排悬挑脚手架(该架体自 7 层地面外悬挑,至 10 层作业面,总高 10.8 m,宽 6 m,操作层宽 1.2 m)操作层的脚手板上进行作业。在安装主体 10 层柱钢筋外侧墙体一舒乐舍板(高 3 m、宽 1.5 m)时,石某身体上半身靠在脚手架水平横杆上,右脚蹬在立面的舒乐舍板上。因支拆模板作业,7 层以上整个架体连墙件的拉结点被拆除,在侧外力的作用下,以 7 层水平横杆为轴心向外翻转 180°,石某自 26.5 m 高空坠落至 10 m 外的地沟内,致其重伤。

事故原因分析:施工现场违反《建筑施工扣件式钢管脚手架安全技术规范》(JGJ 130—2001)的规定,其中木工班组私自拆除连墙件是发生事故的直接原因;作业人员安全意识淡薄,违章作业,自我防护能力差,缺乏基本的安全常识和操作技能;施工现场疏于管理,各级责任制落实不到位,重生产,轻安全,侥幸施工。

34.2005 年 9 月 4 日 14 时,某市某建筑装潢公司施工的该市某小区 1 号住宅楼工地,工人温某进行刷外墙涂料作业时从外脚手架处不慎坠落至单元入口雨篷上,坠落高度约 4 m,致温某重伤,脾脏被摘除。

事故原因分析:防护有缺陷。

35.2005 年 10 月 6 日 9 时 15 分左右,某建筑公司施工的某小区 8 号住宅楼工程,进行外墙贴砖基层抹灰作业时,工人刘某在 2 单元 6 层南立面外脚手架上不慎踩空坠落地面,经抢救无效死亡。

事故原因初步分析:作业层防护不到位,脚手板未满铺,未设置作业层兜网。

36.2006 年 11 月 7 日 15 时 45 分,某建筑公司施工的某县商贸楼首层主体工程,在浇筑构造柱时,混凝土工李某从脚手架 2.8 m 高处坠落至地面,经医院抢救无效死亡。

事故原因分析:拉防水线作业时踩空坠落。

37.2007 年 6 月 5 日 10 时,某县医院综合楼工程外装修过程中,由于抹灰工秦某未通知项目部安排专业架子工搭设脚手架,而擅自搭设脚手板,导致其在 3 层搭设脚手板时不慎坠落。事故发生后,秦某经抢救无效于 2007 年 6 月 5 日 10 时 30 分死亡。

事故原因分析:抹灰工秦某违章作业,擅自搭设脚手架。

38.2007 年 9 月 9 日 14 时 30 分，某县市政工程公司施工的该县某住宅小区 2 号住宅楼及商业楼工程工地，油工李某在主体 4 层做外墙保温材料粘贴时，从脚手架坠落至地面(坠落高度 9.6 m)，经抢救无效于当日 16 时死亡。

事故原因分析：现场安全防护不到位，操作人员自我保护意识差。

39.2008 年 8 月 31 日 11 时 20 分，某市建筑公司施工的该市某商住楼 3 号楼工地，架子组 4 人在楼房东北角从 12 层向 13 层进行提升外挂架作业。当操作至楼层高度，进行螺栓校正就位时，一名力工在佩戴安全带，但未按要求系挂的情况下，在架子上用脚蹬墙，造成架体离墙过远而摇摆。该力工由于身体重心不稳从架体上坠落至 3 层跨层平台面，经抢救无效死亡。

事故原因分析：工人从事高处危险作业，未按要求系挂安全带；入场施工前未按要求进行三级教育；外挂脚手架作业没有编制安全施工方案。

40.某建筑公司施工的某县住宅楼工程，在进行外墙抹灰时，一抹灰工李某因脚手板滑落，坠落地面，经抢救无效死亡。

事故原因分析：工人李某违章作业；防护措施不严密。

二、井架及龙门架事故

1.1998 年 4 月 20 日 14 时，某市建工集团公司施工的该市某小区 12 号楼工程，张某在 3 层龙门架卸料时不慎跌落地面，经医院抢救无效于当晚 18 时 30 分死亡。

事故原因分析：防护设施不到位。

2.1998 年 6 月 9 日 12 时 10 分，某建筑公司施工的某市热电厂烟囱工程工地，薄某、刘某、许某三人在烟囱 75 m 高度处站在吊盘上抹灰，吊盘由两根钢丝绳吊起。突然一根钢丝绳断裂致使吊盘倾斜，3 人从吊盘上跌落，导致薄某死亡，刘某、许某重伤。

3.1998 年 7 月 7 日，某市建筑公司施工的该市某住宅楼工地，龙门架吊盘升至 5 层，在无任何停靠装置的情况下，6 名工人上去推车。此时吊盘滑轮中轴突然断裂坠落地面，致使 2 人死亡，4 人重伤。

4.1998 年 11 月 20 日 15 时 30 分，某市建筑安装公司施工的某小区 3 号楼工地，管工孙某、廉某为在 6 楼安装管道，擅自用提升盘向大楼运氧气、乙炔瓶。由于违章操作，当两人到吊盘上卸瓶时，吊盘滑落，二人随即坠地。

事故发生后，即将二人送至医院抢救，孙某因抢救无效死亡，廉某重伤。

5.1998 年 11 月 24 日 16 时 30 分，某市建筑安装公司施工的某小区 29 号楼工地，杜某在 6 楼装钢板时，由于吊盘无停靠装置，只向一侧装，造成吊盘偏重倾覆，人物坠地。杜某经抢救无效于当日 19 时死亡。

6.1999 年 5 月 12 日，某市建筑工程公司施工的该市某危房改造小区住宅楼工程工地，安排两名工人用吊盘往 7 层倒钢模板。二人从 5 层搬模板放到吊盘上约 20 块时，准备起吊上升，王某此时用脚勾保险杠，将杠蹬了出去，失重坠落地面(高度 11.7 m)，经医院抢救无效死亡。

7.1999 年 10 月 25 日 11 时 5 分，某市建筑工程公司施工的该市某小区工程工地，工人在 4 号楼 5 层往料盘上卸建筑垃圾。料盘开起，段某拉回保险杠时，钢丝绳突然断裂，致使段某从卸料口落下。该名工人经医院抢救无效，于 10 月 27 日凌晨 2 时死亡。

8.2000 年 5 月 20 日 7 时 15 分，某房屋建筑公司施工的某住宅区 6 号楼工地，张某等人利用搭设的钢管井字架安装龙门架。因在吊装过程中，绑扎吊装用的滑轮与钢管井字架顶部钢管使用的钢丝突然断裂，致使顶部滑轮滑落，正在吊装的龙门架标准节坠落，砸在张某站立的脚手板上。张某因未将安全带系在钢管井字架上，造成身体失去平衡后从3层高处坠落，经抢救无效死亡。

9.2000年10月29日14时20分，某市建筑公司施工的该市某小区1号住宅楼工地，戈某用龙门架从6楼倒运钢模，当其正在从6楼卸料平台往龙门架吊盘倒运时，吊盘停靠装置以及卷扬机刹车失灵，戈某随吊盘坠落至地面，经医院抢救无效死亡。

事故原因分析：违章作业，设备维修不及时。

10.2001年8月20日，某市建筑工程公司施工的该市某公寓楼工地，工人在更换龙门架起重钢丝绳时，龙门架停靠装置及断绳保险失效，用以固定吊蓝的八号铅丝断裂。陈某因未系安全带，随吊蓝从8层高处坠落，经抢救无效死亡。

11.2002年5月4日17时50分，某市建筑安装公司施工的该市某中学公寓楼工地，用提升篮向6层运料。提升篮到达6层顶后，李某绕到提篮的南侧时踩空，由提升篮与井字架0.3 m宽的缝隙坠落到地面，坠落高度19.8 m（在此之前，提篮防护门因损坏被拆下修理）。李某经抢救无效于当日19时51分死亡。

事故原因分析：一是安全防护不到位；二是未做安全交底。

12.2002年7月6日6时20分，某市建筑工程公司承建的该市某乡镇企业1号住宅楼工地，张某按照班长7月5日晚上的安排，到工地清理垃圾。大约6时左右，龙门架处传来响声，工友发现张某摔倒在吊盘上，经送医院抢救无效死亡。

事故原因分析：一是张某不走楼梯，擅自攀登龙门架，导致坠落死亡；二是作业班组安排工作时，对单独作业人员监督不力。

13.2002年9月23日，某市建筑公司施工的该市某小区1号住宅楼工地，姚某在1号住宅楼5楼清理拆下的钢模板，往物料提升机吊盘上装载时，不慎由吊盘上坠落至地面。且由于超载，吊盘天梁焊接处被拉断也坠落地面，砸在姚某身上。姚某经医院抢救无效死亡。

14.2002年11月6日，某市建筑公司施工的该市某住宅楼工地，当物料提升机吊盘至4层停住，一工人拟拉保险杠还未固定时，王某已踩到上料吊盘上。这时，卷扬机卷筒根部钢丝绳突然被拉断，王某随吊盘及物料一起急速滑至地面，经抢救无效于次日凌晨死亡。

事故原因分析：钢丝绳末端在卷扬机卷筒上的固定方法错误；企业私自改造物料提升机，破坏了安全门的连锁装置及断绳保护装置；作业人员违章操作。

15.2003年8月16日16时30分，某市建筑公司施工的该市某小区12号住宅楼工地，工人王某在4层清理地面时，不慎于4层龙门架卸料平台处坠落地面，经抢救无效死亡。

事故原因分析：工人违章作业，脚手架卸料平台防护不到位。

16.2004年3月15日15时30分，某市某防腐保温公司专项分包的该市某公寓1号住宅楼工地，在自11层卸料平台向物料提升机吊篮装料桶时，吊盘导靴自架体轨道内脱出，吊盘倾斜，导致一工人摔至11层平台后又坠落地面，经抢救无效死亡。

事故原因分析：物料提升机防护装置、停靠装置损坏；架体与主体结构拉结点少；卷扬机手违章操作；分包单位不服从总包单位的现场管理。

17.2004年9月25日12时5分，某市某建筑工程公司施工的该市某公寓2号住宅楼工地，在施工4层东部楼面陶粒混凝土垫层时，抹灰工王某在4层接浆车，在等料过程中坐在西侧防护栏杆上。由于栏杆立杆对接接头扣件断裂，致使王某随栏杆坠落到1层车库顶板上，经抢救无效死亡。

事故原因分析:工人违章操作;卸料平台防护不牢、不严;扣件存在缺陷。

18.2005 年 7 月 8 日 13 时 40 分,某省某高校第一附属医院病房楼工程工地 A 区,李某在龙门架与井架 3 层卸料平台处等运灰车时,不慎从 3 层卸料平台处摔到吊盘上,坠落高度 7.3 m。李某被紧急送往医院抢救,经医院诊断为头部出血、4 根肋骨骨折、左臂骨折。

事故原因分析:现场防护不到位。

19.2005 年 11 月 27 日 13 时,张某等人在拆卸 6 号楼龙门架过程中,张某不慎从龙门架顶部横梁上坠落,后经医院抢救无效死亡。

事故原因分析:拆卸龙门架所用天轮,经多次重复使用,滑轮挤磨挡片,致使螺丝松动,滑轮脱落;在天梁未落稳的情况下,摘挂安全带保险绳挂钩;项目部、架子工班拆除龙门架前无文字交底和班组活动纪录;在发生下挤现象时,未采取其他措施,而是采取用脚踹和锤子敲的方式,造成张某在无任何防备的情况下坠落。

20.2006 年 3 月 13 日,由某隔断板厂分包的某市某公寓一期 107 号楼工程工地,刘某由 2 层向 6 层运送隔断板时,不慎从 107 号楼西侧物料提升机处坠落至地面,经医院抢救无效死亡。

事故原因分析:违章操作物料提升机。

三、塔吊事故

1.1998 年 6 月 3 日,某市建筑公司施工的某厂 6 号楼工地,塔吊司机蒋某在 7 m 高处紧固吊身螺栓时,因未系安全带,不慎坠落塔身内,经抢救无效于当日 14 日 8 时死亡。

2.1999 年 8 月 31 日 11 时 36 分左右,某建筑工程公司施工的某市服装厂住宅楼工地,正在进行塔机拆除作业。架子工张某在跳入塔臂配重箱清理时,因箱底锈蚀脱落,从约 20 m 高处坠落,经医院抢救无效死亡。

3.2001 年 8 月 13 日 9 时,某建筑安装工程公司施工的某县法院 1 号住宅楼工地,进行塔吊拆除施工时,在塔吊前臂拆除完毕、配重臂放下后,刁某开动卷扬机起吊塔臂,赵某负责拔掉单臂销子。起吊前刁某提醒赵某系牢安全带,赵某嫌麻烦未听。当刁某起吊到相应高度按下"停止"按钮时,突然发现按钮失灵,刁某立即拉掉总闸,但为时已晚,卷扬机失控引起塔身震动,赵某因身体失去平衡坠地,经医院抢救无效死亡。

事故原因分析:赵某麻痹大意,违章操作。

4.2001 年 8 月 18 日,某建筑工程公司施工的某市某学校餐厅工地,塔吊顶部(包括大臂、配重、驾驶室)在拆除时发生倾斜,并整体坠落,导致三名拆除人员及塔司坠落地面,造成三名拆除人员死亡,塔吊司机轻伤。

5.2001 年 10 月 23 日 01 时 30 分,某塔吊拆装队在某公司施工的某单位 12 号楼工地安装塔吊吊臂时,在未及时安装塔吊中心压重的情况下,安装上部大臂等部件,造成塔吊倾覆,致使一名安装工人受重伤。

事故原因分析:安装施工人员未按塔吊安装程序施工;违章作业、违章指挥、野蛮施工。

6.2002 年 11 月 7 日,某建设工程公司施工的某市文化礼品城综合楼工地,由该市某建筑工程公司机械处出租的 QT80A 塔机在更换钢丝绳时,由于钢丝绳滑脱,将正在维修机械的贾某自 70 余米高度的平衡臂中部抽倒坠落至地面,经抢救无效死亡。

事故原因分析:高处作业未系安全带。

7.2003 年 4 月 28 日,某市某建筑安装公司施工的该市粮局运贸 5 号住宅楼工地,架子工李某、王某在塔吊(高 28 m)起重臂行走小车安全篮内更换钢丝绳时，行走小车出轨倾斜，致使两人坠落，经医院抢救无效死亡。

事故原因分析：两人未正确使用佩带的安全带。

8. 2003 年 11 月 22 日中午，某市某建筑工程公司施工的该市某公司 3 号住宅楼工程工地，在安装塔吊大臂前拉杆的过程中，汽车吊付臂与主臂连接的钢轴断开，汽车吊付臂砸在汽车吊的大臂前端，引起塔吊大臂晃动，导致安装人员李某从塔吊大臂坠落，经医院抢救无效死亡。

事故原因分析：汽车吊付臂与主臂连接的钢轴断开，付臂与塔吊大臂发生碰撞；操作人员没有悬挂安全带，违章操作。

9. 2004 年 7 月 8 日 16 时 40 分，某建筑安装公司施工的某市某住宅楼工地，一临时工为安装塔吊附着，在塔吊爬梯上攀爬时，不慎失足脱手，自 36 m 高处坠落，经医院抢救无效死亡。

事故原因分析：爬梯无防护，作业人员思想麻痹，安全意识谈薄。

10. 2004 年 7 月 26 日 14 时左右，某市某建筑公司施工的该市某棉麻公司 2 号住宅楼工程工地，当时正在下雨，工地处于停工状态，一工人私自爬上刚安装好未交付使用的塔吊，不慎从塔吊上坠落地面，经医院抢救无效死亡。

事故原因分析：工人违反规定，施工现场安全管理不到位。

11. 2005 年 5 月 7 日 8 时 50 分，某小区 10 号住宅楼施工现场，架子工刘某在场地西侧塔机上进行设备维修时，由塔臂坠落至塔机砂箱中，经抢救无效死亡。经目击者证实，刘某在维修时，安全带与安全帽都按规定配戴着，因其移动维修位置将安全带解开而不慎坠落。

12. 2005 年 7 月 5 日 10 时 40 分，在某市公安局看守所工程工地，何某进行塔吊顶升作业完毕后，在下塔吊时不慎坠落，经医院抢救无效于当日 11 时 20 分死亡。

事故原因分析：工人无证作业，违章操作，工长助理违章指挥。

13. 2008 年 8 月 7 日 20 时 50 左右，某建设公司施工的某市某住宅小区 27 号、29 号楼工地，塔吊司机林某作业时，发现塔吊小车滑轮内主钢丝绳出槽。林某在未通知维修人员和项目部管理人员的情况下，自己爬上塔吊大臂拽拉钢丝绳，由于用力不当，使身体失去平衡，由 35 m高的塔吊大臂上坠落至地面，经医院抢救无效于当日 22 时死亡。

事故原因分析：塔吊司机违章操作，冒险蛮干；该项目安全生产管理制度落实不到位且未履行基本建设程序。

14. 2009 年 6 月 4 日 9 时 30 分左右，某建设工程公司施工的某小区 1 号住宅楼工地，塔吊司机自 19 层室内窗口处进入 QTZ5510 塔式起重机第三道附墙上，并站立在附墙件南侧拆除联结插销时，失足自 54 m 高空坠落至地面，当场死亡。

事故原因分析：违章作业是发生事故的主要原因；施工现场未严格执行安全技术措施及施工方案，安全生产责任制落实性差，对重大危险源监控不力；监理人员监理不到位。

15. 2009 年 9 月 13 日 9 时，某建筑公司施工的某小区 2 号、3 号楼工地，塔吊安装人员崔某正在准备升塔作业，当其站在升塔作业平台上，从吊笼内拿塔身固定螺栓时，平台突然倾斜，致使毫无防备的崔某从 10 m 左右的高空坠落地面。事故发生后，崔某被立即送往医院进行抢救，经诊断为腰椎骨折，已构成重伤。

16. 2009 年 9 月 27 日 7 时 5 分，某建设公司施工的某市某小区 12 号住宅楼工程工地，塔吊在吊钢筋过程中(重约 2.2 t)，塔臂突然倾覆，经施工层反弹后，塔臂折断，塔身从 18 层附着位置弯折，塔吊司机坠入首层兜网内，经抢救无效死亡。

17. 2009 年 11 月 29 日 12 时 20 分左右，某建设公司承包施工的某房地产开发项目 7 号楼工程，在拆移附着杆系过程中，发生一起高处坠落事故，造成 1 人死亡。

事故原因分析：工人未系安全带、作业未不搭设作业平台。

四、其他事故

1. 1998 年 6 月 20 日 9 时 40 分，某建筑工程公司施工某县交通局住宅楼 2 号工地，工人武某正在清理五层模板，准备用塔吊运到 6 层使用。在起吊时钢模板突然坠落，武某随之坠落，经医院抢救无效于当日 10 时 30 分死亡。

2. 1999 年 4 月 28 日下午，某空调公司在某市体委体育馆 3 楼二区进行风机安装时，由于网架封檐板松动脱落，致使两名工人与风机同时落在 1 层顶面平台上，造成 1 人死亡，1 人重伤。

3. 1999 年 6 月 13 日上午，某市某安装工程公司自建住宅楼工地，工长安排工人用胶皮管浇外墙墙面，当浇完 7 层时，1 名工人从 7 层卸料平台处拽水管，不慎将水管接头拽开，闪身从平台坠落地面死亡。

4. 1999 年 6 月 16 日晚，某建筑公司施工的某县工商局 2 号住宅楼工程工地，吊篮手搬葫芦及保险失控，吊篮一端突然倾斜，使正在吊篮上操作的边某二人坠落，造成一起死亡 2 人的重大安全事故。

5. 1999 年 7 月 1 日 15 时 10 分，在某锚杆护坡工程工地，某市地质勘察院工作人员辛某因中暑坚持工作，在运输混凝土时，不慎自坡顶坠落地面，经抢救无效死亡。

6. 1999 年 8 月 10 日 16 时 30 分，某市某小区 4 号楼工地正在进行屋面防水作业，工人欧阳某在 6 楼顶接料桶时，由于重心失稳从楼顶坠落地面，经医院抢救无效死亡。

7. 2001 年 7 月 19 日，某建设公司施工的某市高压电瓷静压车间，工人吴某在车间顶部天窗焊接支架时，不慎从 30 cm 宽的伸缩缝中坠落地面，经抢救无效死亡。

事故原因分析：伸缩缝防护不严密。

8. 2002 年 5 月 15 日，某建筑工程公司施工的某市某小区 20 号住宅楼工程工地，该公司在办理开工手续前，进入工地进行前期施工准备。6 月 19 日下午该公司预订的两个 45 吨散装水泥储存罐到货，由于缺乏专业安装人员，厂家提出让施工单位提供人员及吊车配合安装，费用由厂方负责。6 月 20 日 7 时 30 分当安装第二个水泥储存罐，在摘除罐顶钢丝绳套时，施工单位工人刘某不慎从 7 m 高的罐顶坠落地面，经抢救无效死亡。

9. 2002 年 7 月 22 日，某建筑公司施工的某工业园工地，送塔吊等机械设备的汽车到达后，工长带领几人到车边准备卸车。孙某负责在车上将捆设备的铁丝剪断，在把卷扬机和塔吊前臂卸下后，准备卸其它设备时，孙某因为脚下失去平衡，摔倒在车下，经抢救无效死亡。

10. 2004 年 4 月 1 日 15 时 40 分，某钢结构公司分包的某市不锈钢厂工地，一工人在炼钢区北侧天沟内进行焊接作业。在用 25 吨汽车吊吊装南侧天沟时，司机操作吊车伸臂过快，在指挥员制止时，焊工听到喊声本能站起，正好被吊件撞到胸部，由 13.7 m 高处坠落地面，经抢救无效死亡。

事故原因分析：临边无防护，工人违章作业。

11. 2004 年 12 月 20 日，某市某建筑装饰装潢公司施工的该市某宾馆配套服务楼室内外装修工程工地，兰某在清理房顶铝塑板未撕干净的纸毛时，于下午 15 时 30 分左右在攀登移动式操作平台（总高 2.55 m）的过程中坠落地面，经医院抢救无效死亡。

12. 2005 年 6 月 29 日 7 时左右，某公司所属的施工队，在某钢结构厂房施工过程中，工人姜某等人一同上到屋顶进行彩钢板搭设工作，其中两块彩钢板中间有 30 cm 的缝隙，姜某在挪动彩钢板过程中，不慎从缝隙处踩空，由 5 m 高的屋顶坠落至地面。姜某被送往医院后，经抢救无效于当日 8 时死亡。

事故原因分析：施工负责人没有制定安全生产措施，作业人员无证上岗，施工现场管理混乱，不具备安全防护设施，是这起事故的主要原因；建设单位没有办理施工许可证，施工单位没有办理安全备案手续，导致该工程失去监管，是这起事故的间接原因。

13. 2006 年 9 月 29 日 18 时，某建筑公司施工的某市某住宅区 15 号楼工地，内外装修已完工，甲方要求在楼顶(11 层)围栏的基础上加密目铁丝网。下午共有 3 名工人在楼顶施工。下班时，朱某被发现已坠落至 2 层电梯轿顶，经抢救无效于当日 21 时死亡。

14. 2007 年 3 月 27 日 9 时左右，某房地产开发公司施工的某县某商住楼 2 号楼工程工地，木工张某、丁某在 14 层卸料平台上吊装木方时，因卸料平台斜拉钢丝绳锚固螺杆断裂，卸料平台坠落，2 人随同物料坠落至安全网中弹出摔至地面。经医院抢救无效两人于当日 11 时左右先后死亡。

事故原因分析：卸料平台搭设不规范，日常检查制度落实不到位。

15. 2008 年 4 月 17 日上午，某建筑公司施工的某市人民银行住宅楼工程正在进行楼面防水试验。9 时 35 分左右(楼面防水实验过程中)，鲁某准备乘电梯自 22 层下楼，其用钥匙打开电梯门，并用手推开后，未经确认电梯轿箱是否停在该层(当时电梯轿厢停在 1 层)，就冒然进入，造成鲁某自 22 层高处坠落至一楼轿箱顶，经医院抢救无效死亡。

事故原因分析：电梯安装单位管理不善造成事故的发生。

16. 2008 年 9 月 4 日 21 时 4 分，某市房屋建筑安装公司施工的该市某住宅小区 13 号楼工地，塔吊上下支架结合部突然折断，造成塔吊司机随塔吊前后臂及操作室一同坠落，送至医院后经抢救无效于当日 22 时死亡。

17. 2008 年 10 月 22 日 7 时 20 分左右，某建设安装公司施工的某住宅区 5 号住宅楼工地，外墙保温施工作业人员在 17 层作业时，吊篮挑梁因配重失稳发生倾覆，致使吊篮上作业人员随吊篮坠落至地面，造成三人死亡一人轻伤。

事故原因分析：操作人员违章作业。

18. 2008 年 9 月 16 日 16 时左右，某风电设备公司新建的车间工程，一名工人在所建轻钢车间安装屋面顶板时，因踩折顶板坠落地面，经医院抢救无效于当日死亡。

事故原因分析：工人违章作业；未采取任何防护措施。

五、洞口和临边事故

1. 1999 年 7 月 15 日 16 时，某建筑公司工人魏某在某工程 10 号楼 8 层东南角第一间屋的窗台上睡觉，不慎坠落地面，当场死亡。

2. 1999 年 11 月 10 日 19 时 20 分左右，某市住宅开发建设公司工人在该市某商城工地二楼寻找工具时，发现有一人倒在电梯井内方木上。该工人紧急报告项目经理并及时拨打 120 急救电话，伤者经医院抢救无效死亡。经调查，死者为某外协施工队工人施某，施某于当日晚 7 时左右与工友李某到 6 层卫生间贴磁砖，在准备到五楼切割磁砖时，施某不慎从 6 楼电梯口坠落到 2 楼方木上死亡。

3. 2000 年 4 月 8 日 17 时 5 分，某建筑工程公司施工的某市橡胶城 D 区拐角楼工程工地，彭某在 2.8 m 高处支圈梁模板时，因脚踩支模用的过墙方木的一头，造成重心失稳，身体失去平衡，从作业层掉下来摔至地面，造成后脑外伤。彭某被送往医院抢救治疗，因伤势过重于三天后死亡。

事故原因分析：没有搭设操作平台；工人违章作业，冒险蛮干。

4.2000 年 5 月 8 日 7 时，某建筑公司施工的某市某平改楼工程 106 号楼工地，王某到 106 号楼 4 层东侧第 2 个窗口清理脚下杂物时，因向下抛掷“马蹬”，不慎落至平网中。因网下防护棚有两根立杆高出棚顶，其顶部与平网距离过小，造成王某胸部与钢管相撞，经医院抢救无效死亡。

5.2000 年 6 月 27 日，某市住宅建设公司施工的该市某小区 4 号住宅楼工地，刘某等人正在浇筑 4 号楼 3 层圈梁及构造柱。21 时左右，刘某不慎从浇筑点坠落地面，坠落高度 9 m，经医院抢救无效死亡。

事故原因分析：临边防护不到位。

6.2000 年 8 月 3 日，某建筑工程公司施工的某市粮油公司住宅楼工程工地，工人寥某在底层抹灰施工过程中，从龙门架附墙架内坠落，不治身亡。目击者(卷扬机手)由于视线受阻，不知坠落时当事人立足点距地面高度。经调查，吊篮当时正停靠于顶层料口，事故人坠于地面时手中拿有一只灰槽，经分析，当事人是在上楼找灰槽过程中从楼层卸料口处坠落。

事故原因分析：各楼层卸料平台临边防护不严。

7.2001 年 4 月 5 日，某建设工程公司承建的某市某大厦工程工地，朱某在 17 层做抹灰准备工作，当其到 19 层寻找水管时不慎自 19 层电梯井口坠落至 12 层电梯井内的防护平台上，经医院抢救无效于次日 06 时 30 分死亡。

事故原因分析：电梯井口临边及各楼层层间均未做任何防护。

8.2001 年 4 月 19 日，某建筑公司施工的某市某住宅区 6 号楼工地，抹灰工艾某在 4 楼一单元南阳台抹完地面后，拆除挂在阳台铝合金窗上的电缆线时，因铝合金窗未固定，随窗一同坠落。艾某因伤过重，于当日 20 时 40 分死亡。

事故原因分析：临边防护不到位；工人违章作业。

9.2002 年 5 月 15 日 10 时 02 分，某市某建设工程公司施工的该市某住宅区 3 号住宅楼工地，周某在拆除 6 层的零星悬空模板(约 16 m 高)独立操作时，由于其违章作业，且兜网防护不严，不慎坠落后头部着地，当场死亡。

事故原因分析：工人违章操作；兜网设置不严密，防护不到位。

10.2002 年 5 月 26 日 14 时 14 分，某建筑工程公司施工的某市经济适用房 3 号住宅楼工地，施工现场的工人发现杨某躺在 3 号楼提料口东侧墙根处，公司派人把杨某送到医院，经检查为第三腰椎骨折。杨某出院回家后，病情加重，再次送医院后经抢救无效死亡。经公安机关调查，杨某事发当日中午喝了酒，属意外伤害致死。

事故原因分析：酒后上岗，违章作业。

11.2002 年 5 月 29 日 17 时，某市某建筑工程公司施工的该市某住宅楼工地，突然狂风大作，在 4 层支模板的几名工人迅速撤离。刘某在撤离中不慎被狂风从 4 层圈梁处吹落到 4 层作业面(高 2.8 m)，头部受伤，经医院抢救无效死亡。

事故原因分析：狂风突至，致使工人在撤离时发生意外；该工人未正确佩带安全帽，且安全帽为不合格产品。

12.2002 年 6 月 15 日 9 时 23 分，某市某建筑工程公司施工的该市某小区 16 号楼工地，杨某在 5 层西侧单元拆模板并搬木支撑。当杨某搬到第 4 根时，不慎从 5 层坠落，经医院抢救无效死亡。

事故原因分析：卸料平台防护不严密；死者有癫痫病史，事发时，可能突发癫痫病。

13. 2002 年 6 月 17 日，某建设公司施工的某市钢铁公司住宅楼工地，焊工郭某到负一层沿电梯井口前走廊行走。当郭某行至南侧电梯井口处时，脚踩在走廊靠电梯井口的原用于防护井口的竹胶板上滑倒，跌入电梯井口内，头部向下自负一层坠落到负二层电梯井底。郭某被同事发现后送往医院抢救，因伤势过重于当日 20 时 15 分死亡。

事故原因：电梯井口无防护。

14. 2002 年 6 月 23 日 8 时 25 分，某建筑工程公司施工的某县某水泥厂生料均化库滑模工地，殷某在接送料时，背靠防护栏杆，由于塔吊吊运钢筋碰到滑杆致使钢筋脱落，散落钢筋撞坏防护栏。殷某随撞坏的防护栏杆坠落(高度 28 m)地面，经医院抢救无效死亡。

事故原因分析：因有薄雾视线不清造成。

15. 2002 年 6 月 25 日 16 时 30 分，某建筑安装工程公司施工的某县经济适用房 2 号住宅楼工地，刘某和谢某在 4 层阳台进行拆除模板作业。谢某上厕所回到作业点后，发现刘某不在现场，当时并未在意。此时正在 4 层清理杂物的工人听到呼救声，立即跑出楼，发现刘某倒在 1 层地面，立即将其送往医院，但刘某因伤势过重经抢救无效死亡。

事故原因分析：阳台临边无防护；水平兜网在刘某坠落过程中被击穿，质量不合格；工人违章作业，施工时未系安全带。

16. 2002 年 8 月 7 日，某建筑安装公司施工的某县某中学科技实验楼工地，工人郝某在科技实验楼 6 层顶做女儿墙内抹灰时，因灰桶内灰浆太多用不了，准备向楼下倒灰。郝某在向女儿墙外探身看楼下是否有人时不小心坠落地面，经医院抢救无效死亡。

17. 2002 年 9 月 6 日，某建筑工程公司施工的某市某公寓 20 号住宅楼工地，项目经理崔某安排施工员李某等 4 人去测量屋面防水层施工面积。在测量至东山头时，李某在倒退过程中未发现已到屋面边沿，由于屋面临边无防护，从 45 cm 高的女儿墙上翻出，摔至 1 层地面，经医院抢救无效死亡。

18. 2002 年 9 月 27 日，某建筑工程公司施工的某市某住宅区 9 号住宅楼工地，电工班组长霍某去屋面(双向起脊屋面)查看避雷网施工情况。当霍某行至东山头时，由于突至大风，致使霍某从屋顶坠落至一层地面，经医院抢救无效死亡。

19. 2002 年 9 月 28 日，某建筑工程公司施工的某市某住宅区 2 号住宅楼工地，由于工地曾安排架子工将楼梯洞口处的井字防护架拆除，致使 10 时 15 分抹灰工杨某在 4 层找抹灰用具时，不慎从楼梯侧面尺寸为 180 cm×120 cm 的洞口处坠落地面，经医院抢救无效死亡。

20. 2002 年 11 月 1 日，某建筑安装公司施工的某县某住宅小区 2 号住宅楼工地，当时该工程外墙抹灰已完毕，外脚手架已拆除，抹灰班正在做抹灰和地面工程。为方便接料，施工队在 4 层窗口搭设了接料平台，由于接料平台搭设不符合要求且未设防护栏杆，致使抹灰工刘某在接料时不慎坠落地面，经抢救无效死亡。

21. 2003 年 3 月 18 日，某市某建筑安装工程公司施工的该市某商住楼工地，一工人在给砌筑 4 层外墙的技工供料时，不慎由 4 层阳台临边坠落至 1 层车库顶上，经抢救无效死亡。

事故原因分析：临边无防护，架体与墙间未设兜网。

22. 2003 年 5 月 30 日 17 时 45 分，在层层分包下，由某清洁器具公司负责墙面粉刷施工的某市某公寓楼工程，油工单某在 19 层取施工工具后未走专用上下通道，在其从女儿墙上翻越 1.2 m 高的隔墙时，因脚下踏在女儿墙上的加气混凝土砖上，站立不稳，自 19 层女儿墙摔至 17 层屋顶(坠落高度 10 m)，经抢救无效死亡。事故发生后，各施工单位均未按规定报告，后经群众举报查实。

事故原因分析：工人违章行走，总包单位以包代管，分包单位疏于管理，现场管理混乱。

23.2003 年 7 月 7 日 10 时，某建筑工程公司施工的某市某小区三期一标段 18 号住宅楼工地，李某在 5 层卸料平台处倒退搬运木梯时(吊篮停在 7 层)，不慎自卸料平台口摔至 1 层物料提升机架体内地面上，经医院抢救无效死亡。

事故原因分析：卸料平台无防护门，作业人员自我防护意识差。

24.2003 年 7 月 15 日 15 时，某市某建设公司施工的该市某购物中心工地，钢筋工马某等 4 人在进行竖向钢筋焊接。马某在扶钢筋时，不慎踩空，从 3.2 m 高处坠落地面，经抢救无效死亡。

事故原因分析：职工作业时未按要求佩戴安全帽，高处作业未按要求搭设操作平台。

25.2003 年 7 月 29 日 11 时 15 分，某门窗安装公司专项承包的某省戒毒所 2 号住宅楼的钢塑窗安装工程，在安装 6 层南阳台外窗玻璃时，工人张某因脚踏在下部未安玻璃的平开钢塑窗窗框上，致使合页断裂，自 6 层坠落地面，经抢救无效死亡。

事故原因分析：职工作业时未佩带安全带。

26.2003 年 9 月 14 日 16 时 50 分，某市某建筑集团公司施工的该市某公司生产车间楼工地。木工孙某在 3 楼北侧 2.9 m 高处支设圈梁，在接模板时，身体重心失稳，坠落至 3 楼地面。杨某被送往医院抢救，因伤势过重于 9 月 18 日 9 时死亡。

事故原因分析：临边防护不严；工人未正确佩带安全帽，在坠落过程中安全帽脱落，致使头部受伤。

27.2003 年 9 月 16 日 15 时 05 分，某建设工程公司施工的某市某商贸中心工地，壮工刘某在东侧电梯井处进行电线套管接管作业，由于高度不够站在了 1 m 高的木凳上。在作业过程中木凳倾倒，刘某倒在防护电梯井的竹脚手板上，由于竹脚手板未作固定，导致刘某从 6 层坠落至地下室地面，坠落高度 24 m，经医院抢救无效死亡。

事故原因分析：电梯井防护不到位，电梯井内未按要求设置兜网。

28.2003 年 9 月 20 日 10 时 50 分，某住宅开发建设公司施工的某市某房地产项目 8 号住宅楼工地，壮工张某等 3 人在 5 层室内清扫建筑垃圾后，准备将空车运至 1 层。在物料提升机吊笼由 6 楼向 5 楼下降过程中，站在 5 楼卸料平台处的张某擅自开启吊笼联动门，同时因卷扬机手对 5 层作业面视线不良、信号联络差，导致吊笼门将接料平台外侧横铺的第一块木脚手板压断。张某随折断的木板自木板缝隙处掉至提升机架体内的首层地面上(坠落高度 13 m)，经医治无效于当日 15 时 43 分死亡。

事故原因分析：作业人员违章操作，在卷扬机运行过程中擅自开启吊笼联动门，卸料平台防护不严。

29.2003 年 10 月 28 日 10 时左右，某建筑安装工程公司施工的某市某住宅区 13 号住宅楼工地，2 名工人在 10 层浇筑外侧柱子混凝土。一工人到楼下取振捣棒回来后发现另一名工人躺在脚手架外侧地面上，经医院抢救无效死亡。

事故原因分析：在铺设操作层脚手板时，未设防护栏杆及挡脚板，并将密目网部分系绳解开，该工人单独作业时，手持铁锨把突然折断致其后仰，从密目网开口处坠落地面。

30.2004 年 2 月 18 日 16 时左右，某建筑工程公司施工的某市某住宅区 18 号住宅楼工地，春节后刚刚开工，一工人在整理没有封闭严的水平兜网时，不慎从 5 层坠落至地面，经医院抢救无效死亡。

事故原因分析：违章指挥，违章作业，无证上岗，高处作业未系安全带；进场第一天项目部未进行安全教育。

31.2004 年 3 月 26 日 7 时 50 分，某建筑安装工程公司施工的某市某住宅楼工地，一工人在 6 层用铁丝作拉钩提灰桶时，因拉钩被拉直而失去平衡，随灰桶一同坠落地面，经抢救无效死亡。

事故原因分析：临边防护不严，工人违章作业。

32.2004 年 3 月 29 日，某建筑工程公司施工的某市某综合楼工地，工人因对工程进行内部改造，居住在在建工程 3 楼。当日 21 时 30 分左右，一名工人在出来上厕所时，误入相临另一工区（已停工多日），从 3 楼天井临边（大约 9 m 高）坠落至 1 楼大厅，第二天清晨被发现已死亡。

事故原因分析：施工队违反规定居住在在建工程内，临边无防护栏杆。

33.2004 年 3 月 31 日，某建筑工程公司施工的某市中心医院外科病房楼工地，一抹灰队技工之子随其父在工地玩耍时，从 19 层管道井口坠落，经抢救无效死亡。项目部在发生事故后隐瞒未报。

事故原因分析：施工现场管理混乱，洞口未采取防护措施。

34.2004 年 4 月 16 日 13 时 40 分，某建筑公司施工的某市某房地产项目 11 号综合楼 A 区工地，几名工人在室外屋面西侧檐口处对瓷砖进行勾缝时，一名工人在无任何防护的情况下，自 9.3 m 高处摔至 1 层雨棚后坠至地面，经抢救无效死亡。

事故原因分析：屋面临边无防护，施工进入后期收尾阶段，疏于管理，违章指挥，冒险作业。

35.2004 年 5 月 23 日 17 时 23 分，某建筑安装公司施工的某县某小区 25 号楼工地，一工人在浇筑 6 层抗震柱后退时失足坠落地面，经抢救无效死亡。

事故原因分析：安全防护不严密。

36.2004 年 7 月 7 日 8 时左右，某建筑安装公司施工的某市某医院工程工地，架子工在搭设 4 层外脚手架。一壮工站在 4 层楼面边沿递脚手管，由于脚下失稳，不慎坠落，撞破支挂的平网后坠落到 1 层雨篷上，经医院抢救无效死亡。

事故原因分析：临边防护不严密。

37.2004 年 7 月 9 日 15 时 40 分，某建筑工程公司施工的某市某小区 9 号高层住宅楼工地，一外来人员进入施工现场（该工程已进入收尾阶段，基本完工），找到正在 18 层进行电气安装作业的水电班的许某，在现场逗留并坐在室内通风道检查口处（通风道口宽 500 mm，高 800 mm，距地面 500 mm）时，不慎由通风道内摔至地下室地面上，经抢救无效死亡。

事故原因分析：施工现场洞口防护不严，门卫检查不严，外来人员随意进出。

38.2004 年 11 月 15 日 11 时，某建筑工程公司施工的某市某危房改造工程工地，粉刷班组使用现场塔机吊装吊篮脚手架至 13 层。当吊装完毕，塔吊起升过程中，吊钩挂住已安装完毕的吊篮脚手架体，致使架体倾斜。站在 13 层阳台上的粉刷工郭某探身拉倾斜晃动的吊篮时，被吊篮带出，自 37 m 高的阳台摔下，当场死亡。

事故原因分析：死者违章作业，高处临边作业无任何防护设施，未系安全带；施工现场严重违反有关规定，塔吊运行过程中，无塔吊指挥、司索，任由粉刷工随意指挥；各级责任制落实不到位，工人安全意识淡薄，自我保护能力差。

39.2004 年 11 月 25 日，某建筑工程公司施工的某市某高层住宅楼工程工地，当塔吊吊装完毕，14 层东单元电梯井内端的 4 块大模板就位后，该公司临时工李某爬上 2.9 m 高的大模板顶，拟临时固定 4 块模板时，因悬挑支撑操作业平台的 ϕ25 钢筋弯曲，造成李某连同总重达 3 400 kg 的 4 块大模板与操作平台急速坠落，在砸穿电梯井内的 3 道防护网后，卡落至 2 层顶，李某被当场挤压致死。

事故原因分析：施工现场严重违反有关建筑施工高处作业安全技术规范的规定，操作平台架设使用 ϕ25 钢筋作悬挑支撑，抗弯强度严重不足；模板分项工程安全技术措施针对性、指导性差；施工现场安全管理松懈，未执行安全技术交底等制度；监理单位对安全技术措施未按规定进行审批，现场监理不到位。

40.2005 年 3 月 27 日，某建筑工程公司施工的某市某大厦工程，当日 6 时 50 分，该公司职工马某在 7 层剔凿烂根混凝土墙体。因该墙体紧邻预留管道井，马某越过预留管道井周边的防护栏杆进入管道井口上方，准备剔凿井壁墙体时，失足坠落至井内的 3 层防护板上，经抢救无效死亡。

事故原因分析：施工现场违反《建筑施工高处作业安全技术规范》(JGJ 80—1991)之规定，防护不到位，其中，马某悬空作业，严重违章作业是发生事故的直接原因；作业人员安全意识淡薄，违章作业，自我防护能力差，缺乏基本的安全常识和操作技能；施工现场疏于管理，各级责任制落实不到位，重生产，轻安全，侥幸施工。

41.2005 年 4 月 25 日，某建筑公司施工的某市某房地产项目 6 号住宅楼工程，发生一起高处坠落事故。当日 11 时 10 分，该公司职工王某在 6 号住宅楼一单元 5 层南侧阳台上维修室外空调冷凝水管时，站在室外空调挑板上的王某失足坠落至室外地面上，经抢救无效死亡。

事故原因分析：施工现场违反《建筑施工高处作业安全技术规范》(JGJ 80—1991)之规定，防护不到位，其中王某悬空严重违章作业是发生事故的直接原因；作业人员安全意识淡薄，未系安全带，自我防护能力差，缺乏基本的安全常识和操作技能；施工现场疏于管理，各级责任制落实不到位，重生产，轻安全，侥幸施工；工程即将竣工，后期管理不到位。

42.2005 年 6 月 24 日，某建筑工程公司施工的某市某房地产开发项目立面装饰装修工程工地，发生一起高处坠落事故。当日 9 时 50 分，该公司勤杂工李某在该工程的 6 层东立面的 8-9 轴上安装完夹心板龙骨，在从自制的木梯子上下来时，不慎脚下滑脱，从 6 楼阳台铺板不严的约 60 cm 的缝隙中掉至 3 楼木板防护层后，又反弹至外架体的缝中坠落到地面，致脾破裂，造成重伤。

事故原因分析：施工现场违反《建筑施工高处作业安全技术规范》(JGJ 80—1991)之规定，其中李某在行走时面向外，且手中持物，严重违章作业是发生事故的直接原因；作业人员安全意识淡薄，自我防护能力差，缺乏基本的安全常识和操作技能；施工现场疏于管理，各级责任制落实不到位，重生产、轻安全、侥幸施工；工程即将竣工，后期管理不到位。

43.2005 年 9 月 14 日 6 时 20 分，某建筑安装公司施工的某房地产开发公司 1 号住宅楼工地，发生一起伤亡事故。两名女工人在没有上班的情况下私自制做溜灰槽，当二人站在窗台上开启灰斗时，灰全部卸下把溜灰槽砸翻，致使两名女工从 5 楼窗口掉到 1 楼阳台上。经医院抢救，一名女工因伤势过重于 15 日 8 时 30 分死亡；另一名女工陶某经抢救后脱离生命危险。

44.2005 年 9 月 15 日 7 时 40 分，某建材公司在向某市少年宫装修工程 5 楼运送石膏粉时，工人张某不慎从 5 楼坠落，经医院抢救无效死亡。

事故原因分析：现场疏于管理，防护有缺陷。

45.2005年11月1日上午11时30分左右，某建筑公司施工的某市某住宅区18号楼施工过程中，壮工牛某在6楼独自搬运加气块，当其从西侧龙门架上拉运加气块时不慎坠落。当工友发现时牛某已死亡。

事故原因分析：施工现场作业层周边防护措施不到位，违反《建筑施工高处作业安全技术规范》(JGJ 80—1991)、《建筑施工安全检查标准》(JGJ 59—99)之规定，是发生事故的直接原因；作业人员安全意识淡薄，缺乏自我保护的安全意识；安全教育管理制度落实不到位，安全技术交底针对性不强，未能及时告知作业人员重大危险源部位施工的安全注意事项和应采取的措施，导致工人麻痹大意、冒险施工；公司领导没有及时督促、检查本公司的安全生产工作，没有保证安全生产所需要的资金投入，生产安全事故隐患没有得到及时消除，对职工的安全教育培训不到位。

46.2005年11月13日15时30分，某房地产开发公司施工的某市"城中村"改造工程F区工地，职工周某在6楼阳台砌墙时，不慎从6楼阳台坠落至车库顶板上，经医院抢救无效于当日16时30分死亡。

事故原因分析：周某安全意识淡薄，在手搬砌块砌筑过程中，因重心失稳坠落。

47.2005年11月27日，某建筑安装工程公司施工的某市某村委会8号住宅楼工程，发生一起高处坠落事故，致一人死亡。当日11时30分，该公司架工郭某在8号住宅楼北面西单元顶层搭设外脚手架，在沿作业层脚手板行走并准备接自屋面传递来的一长4 m、宽25 cm的木脚手板时，不慎自18 m高处失足坠落至室外地面，经抢救无效死亡。

事故原因分析：施工现场违反《建筑施工高处作业安全技术规范》(JGJ 80—1991)、《建筑施工安全检查标准》(JGJ 59—99)之规定，防护不到位；作业人员安全意识淡薄，未系安全带，违章作业，自我防护能力差，缺乏基本的安全常识和操作技能；施工现场管理混乱，各级责任制落实不到位，重生产、轻安全、侥幸施工，郭某沿脚手架攀沿行走、不系安全带是发生事故的直接原因；该工程属城中村自建工程，未办理安全备案及施工许可手续，并由不具备法人资格的施工单位私自与建设单位签定合同。

48.2006年3月14日14时45分，某市某图书发行大厦施工现场4号楼4层，壮工白某在给瓦工供灰时，从脚手板上坠落至3层与4层楼梯踏步台阶处。项目部有关人员立即将白某送往医院抢救，但白某因伤势过重经抢救无效于当日18时死亡。

事故原因分析：壮工白某私自拆除四号楼梯4层临边防护栏杆，并在自己私自搭设的两块脚手板上工作，属违章操作，是造成事故的直接原因。

49.2006年4月3日9时30分左右，某建筑装饰公司承包施工的商业楼内部装修工程，木工汪某在5楼西侧楼梯间附近的一卫生间吊顶作业完毕后，准备去另一卫生间施工时，自5楼西侧的电梯井坠落至地下负二层，坠落高度达22 m，造成汪某当场死亡。

事故原因分析：施工现场作业层临边防护措施不到位，违反《建筑施工高处作业安全技术规范》(JGJ 80—1991)、《建筑施工安全检查标准》(JGJ 59—99)之规定，是发生事故的直接原因；安全教育管理制度落实不到位，安全技术交底针对性不强，未能及时告知作业人员危险源部位施工的安全注意事项和应采取的有效措施，导致工人麻痹大意；临时拆除或变动楼梯间安全防护设施时，未采取相应的可靠措施，并且作业完成后未立即恢复；公司领导没有及时督促、检查本公司的安全生产工作，各级责任制未落实，生产安全事故隐患没有得到及时消除，对职工的安全教育培训不到位；作业人员安全意识淡薄，缺乏自我保护意识。

50.2006年5月2日，某建筑公司施工的某市某高层住宅楼工程发生一起高处坠落事故，致一人死亡。当日上午 8 时 30 分，力工王某于 24 层楼梯间处与汪某等三人清理模板，楼梯间东侧轴线处为上下贯通的通风道口（该通风道长 1 350 mm，宽 450 mm，设置于各层楼梯间的楼面上，呈南北走向）。王某在下行至 22 层处的同一位置的通风道口（22 层至 24 层通风道口临边处防护刚刚拆除，正准备砌筑立面围护墙）时，不慎自已砌筑完毕的通风道坠落至负一层地下室，坠落高度 70 m，致王某当场死亡。

事故原因分析：施工现场违反《建筑施工高处作业安全技术规范》（JGJ 80—1991）之规定，其中通风道口处临边防护刚刚拆除，准备砌筑的作业面无人员看管、未设临时警戒是发生事故的直接原因；楼梯间上下通道光线亮度不足，无足够的照明设施及醒目的警示标志；专项安全技术措施、方案、安全技术交底无较强的针对性；施工现场管理不到位，各级责任制未落实，现场专职安全员配备数量不足，事故隐患不能及时发现和消除。

51.2006 年 5 月 11 日 10 时 44 分，某建筑建材公司施工的某市某住宅区 7 号、8 号、9 号楼工地，工人张某在 7 号楼 5 层阳台为刚砌好的陶粒砖墙两侧打眼，准备在阳台墙上过梁钢筋。张某在背靠陶粒砖墙时，墙体突然倒塌，致使张某坠落至地面，经医院抢救无效于当日死亡。

事故原因分析：防护脚手架未设兜网，个人安全防护意识差。

52.2006 年 7 月 9 日，某建筑公司承包的某市某科技城二期高层 51 号住宅楼工程发生一起高处坠落事故，致一人死亡。当日上午 10 时 30 分，油漆工张某与李某二人到科技城二期高层 51 号住宅楼 11 层安装外墙面粉刷用的挑梁钢丝绳时，张某不慎自 11 层屋面临边跌落至 1 层底商顶面，坠落高度 30 m，经抢救无效死亡。

事故原因分析：施工现场违反《建筑施工高处作业安全技术规范》（JGJ 80—1991）、《建筑施工安全检查标准》（JGJ 59—99）之规定，其中屋面临边未设安全设施，作业人员未系安全带且无证上岗是发生事故的直接原因；专项安全技术措施、方案、安全技术交底无针对性；施工现场管理不到位，各级责任制未落实，事故隐患不能及时发现和消除；对分包单位入场资格审查不严，现场监理不到位。

53.2006 年 10 月 19 日，某建设公司施工的某市某住宅楼工程，在卸料平台装料过程中，发生一起高空坠落事故，致一人死亡。当日 10 时 30 分，在该工程参与施工的某建筑劳务公司职工申某，在住宅楼 26 层卸料平台装料作业时，钢平台下方的东南角一 15 cm×30 cm 的钢筋混凝土支撑体系檐口被压碎，导致钢平台一角倾斜失稳，申某随平台内物料坠落至室外地面回填土上（坠落高度 73 m），经抢救无效死亡。

事故原因分析：施工现场违反《建筑施工安全检查标准》（JGJ 59—99）、《建设施工高处作业安全技术规范》（JGJ 80—1991）之规定，26 层外悬挑式钢平台上的总重量大大超过设计的容许荷载（设计的容许荷载值为 1 500 kg，实际荷载 2 800 kg），致使钢平台下方的支撑体系檐口被压碎，钢平台一角倾斜失稳，是发生事故的直接原因；作业人员安全意识淡薄，不熟悉并未完全掌握工作所需的安全生产知识，冒险作业，无视卸料平台额定载荷之规定，擅自超量堆放建筑材料，致使卸料平台体系严重超载；各级责任制落实不到位，未安排专门人员进行现场监督，未能及时发现违章隐患并予以纠正整改；对特殊部位的分部分项安全技术交底针对性差，安全措施不到位。

54.2007 年 6 月 2 日 18 时，某建筑工程公司施工的某市某住宅楼工程工地，电工胡某在刚浇筑完主体 2 层屋面混凝土的平台上安装移动式开关箱时，不慎从龙门架卸料平台处坠落至龙门架吊盘上（坠落高度 6 m），经医院抢救无效死亡。

事故原因分析：龙门架卸料平台防护不到位，工人自我保护意识差；防护网因外墙抹灰时解开一侧没有及时恢复，是此次事故发生的主要原因。

55.2007 年 6 月 9 日 14 时 24 分，某房地产开发公司施工的某市某住宅楼工地，抹灰组力工曹某在 30-31 轴阁楼层抹灰供料时，手提灰勺和胶皮桶从 K 轴外檐斜坡处上楼顶(设有专用的爬梯)时，失足从顶屋檐沟处坠落至地面。经过医务人员抢救 3 个小时后，因伤势过重经抢救无效死亡。

事故原因分析：工人安全意识淡薄，违章作业；安全防护不到位，未设置顶层兜网和层间兜网。

56.2008 年 4 月 22 日 9 时 30 分，某商住楼 1 号工地，在该楼 5 层西南侧的空中花园临边处拆除外悬挑架体过程中，陈某自 5 层临边坠落至地面(坠落高度 23 m)，当场死亡。事故发生后，相关责任单位均未按规定程序、时限及时上报有关部门。

57.2009 年 5 月 19 日凌晨 5 时 30 分左右，某建筑工程公司施工的某小区 4 号住宅楼工地，壮工马某在 3 楼浇筑构造件过程中，不慎被料斗碰撞后坠落到 2 楼阳台，经抢救无效死亡。

六、外用电梯事故

1999 年 12 月 26 日 15 时 15 分，某公司分包的某高层建筑外装施工工程，该公司职工陈某用外用电梯运送玻璃，当时与司机说运到 19 层，但到 19 层后，又指挥司机继续上升到 23 层时，陈某突然唤停打开电梯门搬运玻璃，因楼层无任何防护，造成陈某不慎从 23 层坠落至首层电梯防护棚上，当场死亡。

七、模板事故

1.2003 年 4 月 5 日，某建筑工程公司施工的某县某水泥厂工地，碎石库滑模在拆除过程中下落滑模平台，当平台由 25 m 高下落至 19 m 高时，碎石库东南角上的倒链突然断裂，平台倾覆，致使一操作人员坠落在 4.3 m 标高处的库底板上，造成该员工当场死亡。

事故原因分析：管理检查不到位，倒链断裂。

2.2004 年 10 月 23 日上午，某建筑工程公司施工的某师范学院学生食堂工程工地上，钢筋工孙某等五人负责绑扎 2 层主次梁钢筋。11 时 50 分左右，孙某在取材料时，因踩踏小次梁底模板，与模板一起坠落 2 层地面，头部碰在支撑杆上。孙某因伤势过重，经抢救无效于 24 日 21 时 30 分左右不治身亡。

3.2006 年 3 月 8 日，某建筑工程公司承包施工的某市某机械工业公司联合厂房工程，该工程项目经理李某在 1 层顶面的 C16-C17 轴检查模板安装质量时，失足自 4.3 m 高未安装完毕的模板缝隙中坠落。李某首先坠落至 1.2 m 高的房间隔墙上，后坠落至地面，经抢救无效于次日 4 时死亡。

事故原因分析：施工现场违反《建筑施工高处作业安全技术规范》(JGJ 80—1991)之规定防护不到位，是发生事故的直接原因；项目经理李某对其直接主管的安全工作存在的事故隐患未能正确处理，是发生事故的另一主要原因；施工现场疏于管理，各级责任制落实不到位，重生产、轻安全，侥幸施工。

4.2005 年 9 月 5 日，某建筑公司施工的某机械林场 12 号职工住宅楼工地，公司安排熊某与程某两人进行拆模作业。9 月 5 日上午，在 6 层由西向东拆除过程中，两人均系好安全带进行作业。10 时 30 分左右，熊某发现西面有一块悬挂的模板，于是就解开安全带，去拆未落的模板。熊某脚踩窗口去拽模板时，因模板下落，没来得及松手，与模板同时坠落至楼下，经医院抢救无效死亡。

5.2006年5月21日11时20分，某工程进行吊装2层梁底板施工过程中，向某支装底梁模板时不慎坠落至1层，经医院抢救无效于5月22日18时死亡。

6.2006年10月2日，某建设工程公司施工的某市某住宅区1号楼工地，凌晨4时15分，木工盛某等三人在1号楼12层顶板距地面36 m高处上安装电梯井大模板。作业过程中，盛某在电梯井的操作平台上负责入模板作业时，操作平台突然从电梯井口脱落，导致站在上面的盛某连同操作平台一起坠落至首层电梯井内地面，经医院抢救无效死亡。

7.2007年8月4日14时30左右，某建筑公司施工的某市某住宅区13号楼工地，木工于某在8层电梯井进行支模作业，在吊装北面大钢模板时，操作平台突然坠落。正在平台上操作的于某随同平台一起坠落，砸断电梯井内设置的几层防护网后坠落在电梯井底，致于某当场死亡。

八、施工机具事故

1.2005年9月15日17时15分，某房地产开发公司承建的某市某住宅区9号住宅楼工程工地，6层顶板混凝土浇筑完毕。田某在拆除东南角缆风绳后，到布料机最上面挂吊装钢丝绳时，布料机突然向北倾倒，造成田某从防护架子上甩到地面，经医院抢救无效死亡，

事故原因分析：施工现场严重违反规定，起重吊装过程中，钢丝绳悬挂及吊装违章作业是造成此次事故的直接原因。

九、临时设施事故

1.2007年5月11日9时40左右，某建筑公司施工的某鞋业公司1号、2号住宅楼工地，临时工人丁某在6层室内镶地板砖。丁某到窗口的溜灰槽去打开塔吊料斗卸灰时，搭设的溜灰槽坍落。丁某从溜灰槽坠落至地面，经医院抢救无效于当日10时30分死亡。经现场勘察，搭投溜灰槽所用的一只扣件已经断裂，是造成溜灰槽坍落的直接原因。

事故原因分析：丁某本人不应站在溜灰槽上放灰，应该站在地面用铁锨打开料斗堵口；扣件质量不合格；丁某本人安全意识差，未经安全教育就上岗。

2.2004年7月18日，某建筑工程公司施工的某市某住宅楼工地，一名工人在搭设卸料平台时，自7.2 m高处不慎坠落至地面，经抢救无效死亡。

事故原因分析：高处作业未系安全带，现场防护不严密，违章指挥。

十、墙板结构事故

2009年11月27日16时左右，工人赵某等3人在用风镐拆除某卷烟厂原旧车间4层挑檐时，挑檐坍落，致使赵某坠落（高度18 m）至地面，经医院抢救无效于当日17时死亡。

事故原因分析：工人拆除作业过程中无可靠立足点，未搭设防护脚手架；施工单位安全管理不到位。

第二节　坍塌事故

一、土石方工程事故

1.1998年9月1日下午5时30分左右，由某建设工程公司承建的某水泥厂职工住宅工

程,85 号柱井孔底扩孔基本结束时,下部扩孔部分井壁突然坍塌,工人杨某被埋在孔底。孔上人员立即组织抢救,但杨某因伤势过重,经医护人员抢救无效死亡。

2.1998 年 11 月 25 日,某公司承建的某市国税办公楼工程工地,在基础挖槽至 6.4 m 后,因钎探发现局部不能满足要求,需再挖 60 cm 时,基础上部土方突然坍塌,致使正在清槽的杨某、时某 2 人死亡。

事故原因分析:未按施工方案放坡;地面水管渗漏。

3.1999 年 1 月 12 日晚 8 点 30 分,某建筑公司施工的某市粮食局第四粮库综合楼工地,工人正在基础内进行钎探作业,突然边坡坍塌,造成正在基础内作业的工人 1 人死亡,1 人重伤。

4.1999 年 9 月 18 日 11 点 55 分,某建筑公司施工某市邮政局综合楼工地,工人在探找工地地下防空洞具体位置而进行挖槽过程中,发生槽体坍塌事故,造成 1 人死亡,3 人轻伤。

5.1999 年 11 月 23 日 8 时左右,某建筑安装公司工人富某等 2 人在某县某住宅楼工地挖化粪池排水沟时,北侧坑边土方突然坍塌,将富某埋在坑里。其他人员将其救出后,富某因伤势过重经医院抢救无效死亡。

6.2000 年 6 月 25 日上午 7 时 50 分,某建筑安装公司承建的某县畜牧局商住楼工地,王某在清理深 4.2 m 的基槽北侧边坡时,边坡坍塌,将王某压倒。王某经医院抢救无效死亡。

事故原因分析:基坑支护不到位。

7.由某建筑工程公司承建的某省人大招待处四号楼游泳池工地,基础开挖后,因基础旁边原下水管道漏水,为防止发生塌方,同时兼作游泳池壁混凝土外模,在基础内四周砌筑一道厚 370 cm、高 2.1 m 的挡土墙。2000 年 8 月 17 日晚 10 时 30 分,7 名工人在工地清理基础,在靠近南侧墙体处向上传土,因墙外堆土过高,造成墙体倒塌,将 4 人砸倒,致使 2 人死亡,2 人重伤。事故发生后,有关单位隐瞒不报,经举报后被揭发。

8.2000 年 8 月 22 日上午 8 时 50 分,由某建筑工程公司承建的某县民政局荣复军人医疗服务中心工地,4 名工人在工地西侧开挖基槽时,基槽南侧土方突然塌下,致使 4 人被大面积土方压住,经抢救无效全部死亡。

9.2000 年 10 月 31 日,由某建筑安装公司承建的某市某经济适用房 15 号楼工地,刘某在对搬迁户遗留的菜窖进行拆除作业时,菜窖顶板突然塌落,站在顶板上的刘福先和旁边的空压机滑落至 1.3 m 深的菜窖内。刘某被空压机砸成重伤,经医院抢救无效死亡。

10.2001 年 11 月 26 日 14 时 55 分,某建筑工程公司承建的某市某商住楼 18 号楼工地,正在施工 F—9 孔深基础扩底桩挖孔。当施工至 17.1 m 深,桩孔扩宽 4.4 m、扩高 3.8 m 时,发生土方坍塌,将施工人员王某埋住。王某经医院抢救无效于当日 6 时死亡。

事故原因分析:扩底桩开挖过程中,急于抢进度,超挖过深,每层预留深度较少;扩底桩锚杆布置间距不足,周边防护不到位。

11.2002 年 3 月 23 日 16 时 50 分,由某建筑公司施工的某市某住宅楼工程,尹某在挖该工程基础桩井时,当挖至 8 m 深时,出现流沙和塌方,将尹某埋入坑内。经多方配合抢救,于 3 月 24 日 12 时 25 分将其救出,尹某已窒息死亡。

事故原因分析:桩井坑壁防护设施不到位,安全技术交底未落实。

12.2002 年 7 月 3 日 9 时 30 分,由某建筑公司承建的某县某商贸城工地,佟某在挖 A 轴 16 号人工成孔桩基至 5 m 深时,发生土方坍塌,将佟某埋入地下。经人工机械抢救时,又出现二次坍塌,3 个小时后将佟某救出,但佟某因伤势过重经抢救无效死亡。

事故原因分析:施工场地土质不好且未采取相应的预防措施。

13.2003 年 6 月 25 日下午 16 时 10 分,某市某城建公司承建的该市某开发区道路污水及雨水管线工程中,工人张某在深 4.5 m,宽 1.5 m,长约 10 m 的沟槽底部扶尺时,沟槽北侧突然坍塌,张某被埋入土中,经抢救无效死亡。

事故原因分析:安全管理不到位,未按规定放坡或支护。

14.2003 年 9 月 8 日 9 时 30 分,某道桥建设公司施工的某市某跨线桥工程,在挖 3 号承台的 4 号桩孔至 34 m 深处时,孔壁突遇流沙并致已成型的混凝土护壁坍塌(流沙及护壁坍塌高度约 7.8 m,孔周边坍塌约 1 m),一名在孔底作业的工人被掩埋。经紧急挖救,于当日 11 时 30 分将该工人挖出,已窒息死亡。

事故原因分析:邻近桩孔浇筑振捣混凝土过程中震动力大,事故孔挖砂作业中对孔侧壁扰动过大,造成突发流沙,大面积塌方。

15.2003 年 10 月 7 日 16 时,由某公司施工的某市某热电公司外管网安装工程,在用机械开挖管沟时,沟深达 3.7 m 的管沟突然发生塌方,致使在管沟内准备做侧壁支护的 3 名工人被埋。现场监护人员进入沟内抢救时,再次发生塌方,又有一名监护人员被埋。此次事故共造成 1 人死亡,3 人轻伤。

事故原因分析:管沟紧邻街道,来往车辆形成了对土层的扰动;开挖土层为扰动土层,施工前期雨水较多,土壤含水率增大;施工方案针对性差。

16.2003 年 11 月 4 日 11 时 30 分,某建设公司施工的某市燃气集团有限公司煤气输配工程工地,在基坑(深 2.5 m,宽 0.8 m)土方开挖过程中,土方及原有砖墙基础坍塌,致使一工人被埋住,经抢救无效死亡。

事故原因分析:管沟边坡未进行放坡或支护;开挖出的土方堆放在管沟两侧,造成管沟两侧土方被压垮。

17.2004 年 4 月 3 日下午 5 时 20 分,由某市政工程公司施工的某市某路段排水工程,4 名工人正在 4 m 深的沟槽底部摊铺混凝土管底碎石时,发生土方坍塌,致使 3 人被埋住,经抢救无效死亡。

事故原因分析:未制定安全技术方案,现场未采取防护措施;沟槽西侧堆土量过大,造成沟槽西侧被土方压垮。

18.2007 年 8 月 5 日,由某建筑安装公司承包施工的某大学蒸汽管道维修改造工程,在开挖蒸汽管沟的基础土方过程中基础坍塌,致一人死亡。当日 18 时 10 分,该公司职工刘某等 6 人在清理管沟基础时(该管沟长 104 m、宽 0.8 m、深 1.82 m,东西走向,砖带基础位于沟沿口处,高 1 m,宽 26 cm,长 102 m),北侧 15 m 长,位于沟沿的隔离栅栏砖带基础突然向沟内坍塌。正在沟内作业的 6 人中,5 人逃避及时,未受任何伤害;刘某一人因胸部挤压受重伤,经抢救无效死亡。

事故原因分析:施工现场严重违反《建筑基坑支护技术规程》(JGJ 120—99)之规定,违章作业,管沟开挖未放坡且未进行任何支护,是发生事故的直接原因;在未制定各项安全技术措施的情况下,违章指挥,冒险作业,且该工程未办理安全备案手续。

19.2008 年 5 月 5 日上午 11 时 40 分,由某城建开发公司施工的某市主城区污水管网工程,进行污水管网沟槽土方开挖时,因系砂性土质,采取不中断道路交通的半幅封闭半幅通车施工。在施工过程中,因沟槽边动荷载过大,造成开挖的沟槽土方坍塌,将槽底进行清土作业的一位民工埋压。该民工因伤势过重,经抢救无效于 2008 年 5 月 6 日死亡。

事故原因分析:沟槽未按方案进行支护。

20.2008 年 12 月 3 日 9 时,由某建筑公司施工的某市某跨线桥工程,在开挖施工 P77 承台左侧 2 号桩孔过程中,发生一起土方坍塌事故。在对该孔开挖至 22.7 m 深度时,上方 17.5～22.7 m 段砂层护壁突然坍塌,将作业人员周某掩埋。当日 19 时 20 分周某被挖出,因窒息时间过长已死亡。

21.2009 年 7 月 5 日 10 时 50 分,某建筑公司负责施工的某县污水处理厂管网配套工程,施工人员在开挖下水管线坑时,未做任何防护措施,导致管线坑上部塌方,将下面正在进行施工清底的 2 名工人埋住,经抢救无效死亡。

事故原因分析:管沟两侧堆土过高,致使管沟两侧土方被压垮。

二、模板事故

1.2004 年 8 月 8 日凌晨 1 点左右,在某建筑公司施工的某医药公司麻醉剂车间工程,在浇筑屋面混凝土时,高度达 10.4 m 的模板钢管脚手架架体坍塌。屋面上作业的 13 名工人随逐步坍塌的屋面坠落至地面,造成 1 人重伤,3 人轻伤。

事故原因分析:满堂红脚手架立杆基础、纵横杆间距不符合要求,未设置剪刀撑,造成脚手架支撑系统失稳。

2.2004 年 8 月 29 日,在某大学学生活动中心报告厅混凝土顶板浇筑施工中,模板支撑系统大面积坍塌,将 1 名正在顶板下检查模板的木工挤压在下面,经医院抢救无效死亡。另外事故还造成 1 人重伤,3 人轻伤。

事故原因分析:模板支撑系统局部搭设不规范,立杆间距不均匀,造成受力不均,致使扣件损坏,支撑系统局部坍塌。

3.2005 年 5 月 13 日 15 时 50 分,某建筑工程公司施工的某市文化广场工程,在进行 E 区(报告厅)门厅屋顶(建筑面积约 110 m^2)梁板混凝土浇筑时,屋顶结构的模板支撑系统突然失稳,造成支撑系统坍塌,正在屋顶作业的 12 名工人随屋顶模板、钢筋及部分未凝固混凝土落下,造成 3 人重伤。

事故原因分析:工程模板支撑方案没有针对性;架体拉结不足,刚度不够;钢管质量不合格。

4.2005 年 9 月 25 日上午 11 时 50 分,某建筑工程公司承建的某卷烟厂技术改造项目一期工程,在浇筑卷接包车间 1 层楼板及框架梁时,钢管支承系统(高度 8.1 m)突然发生坍塌,将 3 名工人压在下边,造成 1 人死亡,2 人受伤。

事故原因分析:模板支撑系统失稳。

5.2009 年 10 月 26 日 22 时 00 分左右,某建筑工程公司承建的某县某购物中心工程,在进行四层天井顶部楼板现浇施工中,模板满堂红脚手架支撑失稳坍塌,造成 3 名作业工人坠落,致使 1 人经抢救无效死亡,2 人受轻伤。

事故原因分析:天井顶板模板支撑体系满堂红脚手架架设过高,搭设方法没有进行必要的设计,造成支撑体系受力失稳坍塌。

三、基坑事故

1.2005 年 3 月 22 日,由某市政建设工程公司施工的某市某天然气管道直顶工程,发生一起管沟坍塌事故,致 2 人死亡。事故当日 10 时 12 分,刘某、李某等 4 人在人工挖掘顶管管沟时，沟槽侧壁坍塌，将刘某、李某 2 人埋住。经现场人员抢救，30 分钟后将 2 人挖出，但因 2 人窒息时间过久，经抢救无效，分别于当日 11 时、13 时死亡。

事故原因分析：民工未严格按施工方案施工，挖出的余土堆在沟旁未及时清理，造成沟槽侧壁坍塌，是造成此次事故的直接原因；各级责任制落实不到位，工人安全意识淡薄，自我保护能力差也是发生事故另一主要原因。

2.2005 年 8 月 26 日晚，未经监理单位同意，某施工单位私自组织加班，进行某市某污水处理厂西侧顶管坑开挖作业。当晚 23 时 10 分，3 名施工人员正在坑内作业，南侧坑壁突然发生塌方，将正在南侧施工的民工任某掩埋，并将北侧 2 名民工部分掩埋。经过 10 分钟抢救，2 名受伤民工被救出，无明显创伤，神志较清。20 分钟后，被全部掩埋的任谋被清挖出坑，经急救中心医生确认已死亡。

3.2005 年 10 月 19 日，由某建筑公司施工的某市某大街道路工程，发生一起人工挖孔桩坍塌事故，致 1 人死亡。当日 15 时 30 分，作业工人吴某在浇筑 40 号桩 6 号孔位于 13 m 深处的护壁混凝土时，上部 2 m 高的已成型混凝土护壁坍塌，将吴某掩埋，造成吴某窒息死亡。

事故原因分析：施工现场违反《建筑基坑支护技术规程》(GJG 120—99)之规定，违章施工；进入砂层后，施工进度过快，11～12.5 m 采用两步护壁高度过大，正在浇筑的 12.5～13 m 护壁混凝土水灰比过大，各护壁层间没有有效连结，致使 40 号桩护壁混凝土损坏导致了大面积塌方，这是发生事故的直接原因；重生产，轻安全，安全技术措施针对性差，各级责任制不落实，检查、整改不到位；作业人员思想麻痹，安全意识淡薄，自我防护能力差，侥幸施工、冒险作业。

4.2005 年 11 月 15 日，某建筑公司承建的某市某宾馆餐饮综合楼工地，施工组长安排朱某、常某等 9 人在塔机外侧进行挖槽工作。上午挖深 1.5 m，现场技术员、安全员发现在距地面 1.5 m 深、高度约 0.8 m 的污水沟后，组织人员对槽壁进行了两排支护。下午 5 时 40 分，挖槽清底工作即将完成时，支护处土壁突然下滑，造成作业面上的常某、朱某、王某、张某 4 名工人被埋土中。工地火速组织工人进行抢救，并报医院急救中心。此次事故造成朱某、常某死亡，王某盆骨骨折，张某受轻伤。

事故原因分析：基坑未按照要求放坡，污水沟下方的原状土体受过污水的扰动，稳定性较差；两排支护位置在污水沟侧壁上，清挖槽底致使污水沟下方土体滑移倾倒，支护钢管失稳，支护体系失效；对土壁情况掌握不准、支护方案不合理、安全应急措施不到位，是造成事故发生的重要原因。

5.2005 年 12 月 6 日，由某建筑工程公司施工的某市某房地产开发项目护坡工程，发生一起基坑侧壁坍塌事故，致一人死亡。当日 9 时 50 分，李某等 4 名工人在 8 m 深的基坑底部拟支护已开挖完毕的高 5 m 的侧壁(第一步 3 m 高的护坡支护已完成)时，坑底连续出现二次坍塌，将李某等四人掩埋。经紧急挖救，40 分钟后将李某等人挖出，李某因窒息时间过长已死亡，其余 3 人均受轻伤。

事故原因分析：施工现场违反《建筑基坑支护技术规程》(GJG 120—99)之规定，施工进度过快，违章施工；基础开挖深度达 5 m 时未按规定进行支护，是发生事故的直接原因；塌方处有几处为防空洞断面，有回填扰动土层，局部较湿，土质不良；未按规定进行放坡施工，现场放坡坡率应为 1∶0.2，而实际是按 1∶0.1 放坡比实施的，坡度较陡；现场各分项分包单位协调配合性差，重生产，轻安全，安全技术措施针对性差，各级责任制不落实，检查、整改不到位；作业人员思想麻痹，安全意识淡薄，自我防护能力差，侥幸施工、冒险作业；监理单位监理不到位，对施工现场存在的事故隐患未及时发现和整改。

6.2006 年 4 月 25 日下午 4 时 20 分左右，某公司承建的某市某排水管道修复工程工地，6 名作业人员在排水管道安装过程中，土方突然坍塌，造成基坑下面西侧 3 人被埋土中。公司立即组织抢救，3 人被送往医院治疗，1 人经抢救无效死亡，2 人负伤。

事故原因分析：由于坍塌地段有一条国防电缆穿越基坑，电缆保护管已长期断裂，内存有积水渗入土壁，致使土地松软；该处基坑南侧地面 2 m 以下有一道隐蔽的旧房基，该房基外侧的沟壁与房基发生剥离，是造成塌方的原因之一；施工人员未严格按《建筑基坑支护技术规程》(GJG 120—99)有关规定施工，未严格按规范要求进行支护；对土壁情况掌握不准，作业人员思想麻痹，安全意识淡薄，自我防护能力差。

7.2007 年 4 月 15 日，某建筑安装公司承包施工的某房地产开发项目中水处理系统土建工程，进行注水试验时，发现几处有漏水现象，于是当日下午 1 时 40 分左右工人张某带料进入工地现场进行堵漏。张某刚一走进坑南端，即发生坍方，被土压住。在场人员立即组织进行抢救，但张某终因伤势过重经抢救无效死亡。

事故原因分析：试水时向外漏的水泡湿了斜坡的底部土壤，造成土壤承载力下降；施工方对安全生产重视不够。

8.2008 年 11 月 4 日，由某市政建设公司承包的某市某跨线桥一标段工程，开挖施工 P41 桩位 8 号基坑过程中，在对 22.5～23 m 开挖段的护壁进行支模时，该段护壁塌方，造成 1 人死亡。

9.2009 年 3 月 12 日由某路桥集团公司承包施工的某市某道路改造工程第二标段工程，在铺设污水管道作业面时，有两人在沟边巡视，5 人在深 5.1 m 的管沟内进行污水管道的铺设作业。10 时 35 分左右管沟南侧立面土方突然坍塌，1 人迅速跑出坑道，其余 4 人被掩埋。事故发生后，经全力挖救，有 3 人几分钟后相继被救出，最后 1 人 1 小时后被挖出，经医院抢救无效死亡。

10.2009 年 6 月 18 日 11 时 20 分左右，由某建筑公司施工的某市二环快速路提升工程供水管线改建工程，在进行自来水管道沟槽开挖作业时，东侧沟壁突然发生坍塌，致使两名正在沟内平槽作业的工人，1 人被掩埋至胸部，送至医院经抢救无效死亡；另 1 人受轻伤。

事故原因分析：由于下雨引起土物理性质发生改变；基坑没有进行支护且基坑开挖放坡不够；坑边堆土不符合规范所规定的安全距离。

11.2009 年 8 月 31 日 12 时 10 分左右，某建设工程公司承包施工的某市某热换站工程，在进行基坑开挖土方外运及边坡支护工程中，8 名工人在该基础南侧中部某处 4.5～8.4 m 深度处进行护坡作业时，作业面上方护坡土方突然发生坍塌(坍塌宽度约 3 m)，造成程某等 4 人被埋，经抢救无效相继死亡。

四、塔吊事故

2008 年 12 月 9 日下午 2 时 10 分左右，某建筑公司施工的某县某小学教学楼工程，在塔机安装顶升过程中，塔司翟某误操作转动塔臂，致使塔身顶节以上部分坠落，造成塔司翟某死亡，安装工卢某受轻伤。

事故原因分析：此工程未办理招投标及施工许可等有关手续，属非法工程；塔司违章操作。

五、施工机具事故

2009 年 4 月 23 日 16 时 55 分左右，某建筑公司承建的某市某小区 6 号楼工程，施工中由于散装水泥罐地基基础处理不当，水泥罐地基发生沉降，造成水泥罐倒向混凝土搅拌站，致使混凝土搅拌站旁的操作人郭某重伤，后经抢救无效死亡。

六、脚手架事故

2009 年 11 月 7 日上午 11 时 40 分，由某建筑工程公司施工的某市某医院医技楼工程，在浇筑候诊大厅 3 层顶板及横梁时，模板支撑脚手架突然坍塌，致使当时在下方作业的两名作业人员当场死亡。

事故原因分析：支模系统拉结点少，并且支撑数量不足，造成架体整体承载力不足，导致体系失稳。

七、其他事故

1. 1998 年 3 月 30 日 14 时 30 分，由某城建工程公司施工的某县民政局干休所公寓接建工程，在向屋面盖瓦时，由于荷载集中，致使一托架底部（两根角钢）折断，造成屋架坍塌，造成 2 人死亡，2 人重伤。

事故原因分析：该工程无设计图纸，且合同为该城建公司与甲方签订的合同，该公司不是法人单位；任意变更图集尺寸，施工不规范，人员堆料过于集中，坡屋顶四周无防护措施。

2. 1999 年 5 月 29 日上午，由某建筑安装工程公司承建的某市某运输公司住宅楼工地，5 名工人正在工地基槽西部绑地板钢筋。约 10 时许，5 位工人正在蹲着工作时，挡土墙突然坍塌将他们砸在下面，致使 4 人死亡，1 人轻伤。

3. 2002 年 3 月 20 日，由某基础工程公司承建的某市某管道热网工程。管道沟深 4.5 m，宽 6 m，支架平台位于沟底。当日 10 时 50 分，忽然该工地 49 号平台沟底东侧的土方坍塌，将正在沟底施工的任某埋住，经医院抢救无效死亡。

事故原因分析：管沟开挖已达 4.5 m 深，沟两侧均未进行任何放坡和防护措施；东立面深达 2 m 的电缆沟扰动土层；施工现场位于繁华路段，作业段周边车流量大，对土体稳定有影响；管网两侧设有护栏及道路标牌，并且当日风速较大，护栏、道路标牌晃动频繁。

4. 2004 年 9 月 7 日 20 时 40 分，由某建筑安装公司承建的某高校 1 号楼工地，因施工需要拆除 1 号楼北侧临建用房，在拆除过程中临建房东侧山墙（高 2.5 m）忽然倒塌，将 1 名拆除工人砸倒，经抢救无效死亡。

5. 2005 年 10 月 4 日 8 时 10 分左右，某房地产开发公司进行的某公司综合楼拆迁工程，在拆除房屋时，将大量建筑垃圾堆放于工地北面围墙内侧。由于建筑垃圾堆放过高（约 2.5 m）且未采取安全保护措施，致使墙体在建筑垃圾侧推力作用下突然倒塌，将围墙外侧摆摊卖早点和吃早点的人员砸伤，造成 2 人死亡，1 人重伤，7 人轻伤。

事故原因分析：围墙内违章堆放建筑垃圾，致使墙体由于侧压力过大向外倒塌。

第三节　物体打击事故

一、塔吊事故

1. 1998 年 5 月 8 日晚 8 时 30 分，某建筑集团公司承建的某市管道局北区 3 号楼工地，塔吊往 3 楼吊运模板时，由于钢丝绳绑扎不牢，致使模板在运输过程中滑落，致使正在 3 楼支模板的杨某死亡，甘某轻伤。

2.2004 年 2 月 20 日 13 时 10 分，在某建筑工程公司施工的某市某小区 10 号高层住宅楼工地，从 14 层卸料平台向地面吊运钢管时，因钢丝绳捆绑不牢，致使一根 2 m 长钢管自刚起吊的成捆钢管中滑落（高度 50 m），将施工现场的一名临时工后脑击中，致其当场死亡。

事故原因分析：司索、指挥人员无证上岗，违反操作规程，现场管理混乱。

3.2004 年 6 月 6 日上午 11 点 30 分左右，某建筑安装工程公司承建的某市某住宅区二期 1 号楼工地，在 4 层顶吊完毕准备收工时，吊钩突然坠落，将一名正在施工的木工砸中，经抢救无效死亡。事故发生后，项目部隐瞒未报。

事故原因分析：塔吊司机违章作业。

4.2005 年 6 月 1 日下午 6 点 30 分，某建筑公司承建的某市某住宅区 4 号住宅楼工地，正在吊装 7 层楼板时，楼板在吊装到 4 层顶部高度时，突然掉在地面。正在 1 层施工的周某恰被摔坏的一块楼板碎块击中头部及右臂，当场死亡。

5.2006 年 4 月 6 日 16 时 30 分，某建筑安装公司承建的某高校新校区教学楼 A 座工程工地，塔吊吊装模板，当吊至 16 m 高度，塔吊小车向回行走时，塔吊起重臂前端起重钢丝绳卡扣断裂，模板坠落，将正在地面工作的工人孟某砸伤，经抢救无效，于当日晚 22 时死亡。

二、井架及龙门架事故

1.1998 年 10 月 9 日，某市政建设公司承建的某县市政统建 2 号家属楼工程工地，在用龙门架向楼上运钢筋时，钢筋从 2 层穿出击中距龙门架 4 m 远的李某。李某因伤势过重，经医院抢救无效死亡。

2.2001 年 8 月 9 日，某建筑工程公司承建的某市某小区 2 号楼工地，工人高某在往龙门架吊盘内运送镀锌钢管时，被由 7 层卸料平台上坠落的木板砸伤，经抢救无效死亡。

事故原因分析：卸料平台防护不严，随意堆放材料。

3.2002 年 4 月 7 日 8 时 50 分，某建筑公司施工的某酒厂综合楼工程，在使用东侧的龙门架向楼顶运输隔热板时，由于小推车装载超高、超重，引起小推车发生倾斜，导致隔热板坠落。下落过程中隔热板与龙门架附墙架的横梁发生碰撞，进而击中工人马某的头部，致其死亡。

事故原因分析：违章作业，龙门架防护不严。

三、模板事故

1.2000 年 10 月 26 日 9 时 05 分，某建筑公司承建的某市某公寓工地，吴某等人在工地西侧附属工程进行基础梁施工准备工作时，公寓楼 21 层正在拆模板的工人不慎将 3.5 m 长、10 cm宽的方木从 21 层窗口坠落，击中吴某头部，经医院抢救无效死亡。

事故原因分析：违章作业，洞口防护不严。

2.2000 年 11 月 5 日 16 时 35 分，某建设公司承建的某市交警指挥中心办公楼工程工地，抹灰工王某在地面搅拌机旁配料作业时，主体 10 层作业面一根长 1.2 m，直径 48 mm 的钢架杆突然坠落，砸中王某的头部，经抢救无效死亡。

事故原因分析：主体防护不严，违章作业。

3.2004 年 11 月 5 日 13 时 15 分，某建设集团公司承建的某市某住宅区 7 号楼工地，王某在楼层清理时，将脚手板从大模板一根支腿下抽走后，再从大模板向上爬的过程中，大模板失稳倒下。王某被压在下面，经抢救无效死亡。

事故原因分析：王某违章作业。

4.2005 年 3 月 27 日，由某建筑工程公司施工的某市某城中村改造 7 号住宅楼工程，在吊运大模板过程中，发生一起物体打击事故，致 1 人死亡。当日 21 时 30 分，塔机起吊地面上的大模板(重 1 300 kg，长 4 m，宽 2.9 m)，因钢丝绳与吊点不垂直，钢丝绳斜拉起吊模板。起吊后，模板横向移动，在反方向晃动时撞击相邻模板，致使被撞击的模板倾倒，一名信号工因躲闪不及被砸伤致死。

事故原因分析：施工严重违反《塔式起重机操作使用规程》(JG/T 100—1999)之规定，斜拉、斜拽起吊物是发生事故的直接原因；大模板存放区的地面、通道、临时固定措施等不符合安全要求；各级责任制落实不到位，对分包队伍疏于管理，信号工、司索工无证上岗，违章指挥、违章作业；分部分项安全技术交底针对性差，总包单位对各分包队伍的整体协调性差。

5.2005 年 6 月 23 日 17 时，某县检察院办案技术楼工地，在吊装门厅柱模板时，模板挂钩突然断裂，致使模板下滑，砸在正准备扶模板的木工杨某的头部，使其从架体上摔落，当场死亡。

6.2005 年 10 月 7 日，由某住宅开发建设公司施工的某市某建筑工程工地，因大模板倒塌，发生一起物体打击事故，致一人死亡。当日 8 时 50 分，该公司混凝土工颜某到主体在建的 17 层一房间内去取混凝土作业工具时，大模板突然失稳向南倒下，将正在取工具的颜某砸倒，经抢救无效，于当日 10 时 25 分死亡。

事故原因分析：施工现场违反《建筑施工安全检查标准》(JGJ 59—99)之规定，大模板的拆除、临时固定等不符合要求，是发生事故的直接原因；施工作业面位于 17 层，高度达 50 余米，瞬间风力较大；各工种之间协调性差，模板拆除时未设置警戒线，人员随意进入危险区域；安全技术措施针对性不强，安全技术交底不到位。

四、临时设施事故

1.2006 年 8 月 15 日上午 10 点 30 分，某房地产开发公司承建的某市某住宅区 212 号楼工地，一木工在西单元 9 层北侧拆除阳台剩余模板过程中，由于用力过猛，将施工用的 2.5 m 长钢管滑落，将楼下正在进行钢筋切割辅助作业的魏某佩戴的安全帽击落并砸伤其后脑。工地负责人立刻组织人员将伤者送至医院进行抢救，但魏某因伤势过重经抢救无效于 8 月 18 日 13 时 05 分死亡。

事故原因分析：此次事故的主要原因是由于木工在拆除模板的过程中操作不当以致工具脱手坠落所造成，次要原因是钢筋制作区没有按规定搭建双层防护蓬，以致坠落物体直接击中工人造成伤害。

2.2008 年 5 月 25 日 11 时左右，某建设集团公司承建的某建筑工程工地，临建房屋在拆除过程中倒塌，致使 3 人死亡。

事故原因分析：人为操作不当。

五、其他事故

1.1999 年 1 月 27 日下午，某建筑公司施工的某市某粮食储备库工程，在拆除 4 号库外脚手架时，工人因违章操作，用绳子将脚手架拉倒，致使 5 号库井字架缆风绳被砸住，井字架倒塌。事故共造成 2 人死亡，1 人重伤，1 人轻伤。

2.1999 年 4 月 6 日上午 8 时 40 分，某建筑公司施工的某房地产开发项目 4 号楼工地，由于旁边另一施工场地的塔吊在自东向西旋转过程中，与该建筑公司的塔吊正向下输送的吊盘相撞,致使吊盘脱套坠落,将下方的阎某砸住,经抢救无效死亡。

3.2002 年 7 月 31 日,某建筑工程公司承建的某县某市场建设工程,木工吴某在木工棚准备用砂轮打磨锯片。当吴某拆下锯片,刚给砂轮机通上电时,砂轮突然破碎,碎块击打在吴某下颌又弹击至其喉部,经送医院抢救无效死亡。

事故原因分析:一是砂轮机没有防护罩;二是砂轮质量不合格。

4.2003 年 1 月 13 日,某建设工程公司施工的某市电力局 4 号住宅楼工地,购进一批钢筋,现场负责人指挥 5 名工人卸车时,未使用卸车机具,由人工从侧面往下撬。当第一捆钢筋撬出卡车时,卡车重心偏移发生倾斜,使第二捆钢筋紧跟滚出车身,致使一名工人因躲闪不及,被两捆钢筋挤住胸部,经抢救无效死亡。

5.2003 年 2 月 17 日,由某建筑安装公司施工的某钢铁公司车间行车梁制安工程中,该公司在一构件预制厂院内制作预制件。在制作钢梁焊接时,因工人违章操作,击打钢梁导致钢梁倒塌,造成 2 人死亡。

事故原因分析:现场管理不到位,工人违章作业。

6.2003 年 8 月 25 日 6 时 10 分,某建筑安装工程公司承建的某市某住宅区 2 号楼工地,施工用水箱放置在 2 m 高的由钢管搭设的架子上。因 24 日下雨,经雨水浸泡,基础土质松软,工人于某从北侧爬上水箱时,使水箱侧向受力过大,水箱及架子向北侧倾覆。于某坠落地面,被水箱压住胸部,经抢救无效死亡。

事故原因分析:支撑水箱的架子基础不坚固,经雨水浸泡后土质松软,整体稳定性差。

7.2004 年 11 月 27 日晚,某建筑公司施工的某市某商住楼工地,该工地木工班安排朱某等 4 人协助吊装模板。朱某在工作前喝了酒,并在上班期间用私制火炉在模板前烤火,虽经工友劝阻,但并未听取。在隔楼吊装 15 号模板时,碰到朱某烤火炉前尺寸为 1.2 m×2.8 m 的模板,致使模板倒塌,朱某被压在模板下方,经送医院抢救无效死亡。木工班私自与死者家属达成赔偿协议,并未向上级报告事故经过,直至 12 月 16 日该公司从市安监站处获悉此事故信息。

事故原因分析:工人朱某违反劳动纪律和安全规程;项目部缺乏对员工上岗检查。

8.2004 年 12 月 8 日上午 10 时左右,某建筑安装工程公司施工的某质检中心建设工程,在安装塔机时,汽吊司机李某在吊装塔机压重块时,被压重块撞击,经抢救无效死亡。

事故原因分析:汽吊司机违章作业。

9.2006 年 3 月 8 日 9 时,由某建筑公司施工的某住宅区 31 号楼正在进行施工,施工现场剩有三盘钢筋码在一起(两盘在下,一盘在上,约 2.2 m 高)。王某在清理现场钢筋下方散落的钢筋头时,弯腰抽取被压在钢筋垛下面的钢筋,垛最上面那一盘滑下将她砸住。现场管理人员组织人员急救,并拨打 120,但王某因伤势过重经抢救无效死亡。该工程项目负责人在事故发生后未上报建设单位及建设行政主管部门,私下解决。

事故原因分析:施工现场材料(钢筋)进料过多;钢筋堆放不符合要求;年前对工人进行了教育,但进入三月以来未再进行班前教育,未与个人签订安全责任书。

10.2006 年 9 月 3 日下午 17 时许,某市市政工程公司第一施工处正在该市某路段进行中水管道施工。5 名工人正在 3 m 宽、2.3 m 深的沟槽中进行扶管对口施工。当接口施工完毕,王某面向西侧,准备爬出沟槽时,突然起风,将沟槽西侧围障板刮倒,导致固定围账板的二板的二灰块滑下沟槽,砸在王东胸部,并将王某压在管道上。班长范某和其他几名施工人员紧急将王某抬到上面进行人工救护,并迅速报告 120 急救中心。王某经医院急救中心近 3 个小时的抢救,因伤势过重,抢救无效于当日晚 20 时死亡。

11.2007 年 4 月 22 日 16 时 20 分,在某市某医院综合楼 C 段 6 层至 5 层之间的楼梯踏步,抹灰工陈某从 6 层往 5 层倒退拉双轮车时,双轮车下滑撞击其胸部。工友杨某发现后立即将陈某送往医院,经抢救无效死亡。

事故原因分析:抹灰工陈某违章作业,在楼梯踏步上拉车。

12.2008 年 9 月 3 日下午 15 时 10 分,某建筑安装工程公司承建的某住宅区 3 号楼工程工地,一名瓦工在 3 号楼主体 2 层窗口下进行外墙瓷砖粘贴作业时,被上方抛出的木脚手板砸中后脑,致其死亡。

事故原因分析:现场作业人员违章作业,从窗口处抛掷脚手板是造成此次事故的直接原因;入场工人未经安全教育培训,安全生产意识淡薄。

第四节　触电事故

一、现场临时用电事故

1.1998 年 6 月 29 日,某建筑安装公司承建的某中学住宅楼工地,在浇筑 2 层现浇带时,李某推小车经过沉降缝,车轮掉到缝中,因车身将震捣棒电缆绝缘皮挤破而触电,经抢救无效死亡。

事故原因分析:临电线路乱挂乱扯,开关箱无漏电开关。

2.1998 年 8 月 13 日上午 7 时 40 分,在某市委党校车库拆建工程工地,某建筑公司工人李某等人在二楼绑钢筋。在抽钢筋时,钢筋一端搭在距建筑物 3 m 左右的 10 kV 外电线路上,导致李某触电死亡。

3.1999 年 7 月 19 日 18 时 30 分,某建筑公司承建的某镇卫生院综合楼工地,工人在工地抻钢筋时,由于电焊机电缆与旁边钢筋接触处破皮漏电,致使工人李某去解钢筋卡板时触电死亡。

4.1999 年 7 月 21 日上午 10 时,某建筑安装工程公司承建的某市水产中心实验站综合住宅楼工地,搅拌机手刘某在正常工作过程中,突然倒在搅拌机旁。事发当时发现配电箱门开着,判定其为触电。刘某经送医院抢救无效于当日中午死亡。

5.2000 年 5 月 29 日 8 时 50 分,在某建设集团公司承建的某市某小学教学楼工程工地,混凝土班组浇筑 1 层圈梁时,陈某负责从楼层卸料平台用小车将混凝土推至浇筑地点。陈某在推车过程中,小车左轮陷入楼板缝中,车向前翻倒,扎破振捣棒导线,导致陈某触电,经抢救无效死亡。

事故原因分析:临时用电电缆乱拉乱扯,不符合要求。

6.2000 年 8 月 17 日上午 12 时,某建筑工程公司刷工柴某等 4 人,在某工地极度潮湿的地下室一层进行粉刷作业时,4 人搬运活动简易钢管架体,在抬离原位下放过程中,将防水电缆明线外皮砸破,致使芯线裸露,钢架体整体带电,当场将 4 人击倒。柴某经抢救无效死亡,其余 3 人经抢救已脱离生命危险。

事故原因分析:一是地下室潮湿,工作现场违章使用 220 V 电压,严重违反技术规程;二是现场线路布置混乱,乱拉乱扯,分配电箱内漏电保护器失灵;三是操作人员的安全意识和自我防护能力差;四是“以包代管”,在思想上不重视安全管理,制度不健全,有关人员严重失职。

7.2002 年 6 月 30 日 19 时 30 分,由某建筑公司承建的某高校 323 号学生公寓楼工地,操作蛙式打夯机进行室外夯实作业时，工人发现打夯机漏电。负责回填灰土的梁某前去关掉打夯机的电源开关时，双手握住了打夯机的扶手，被带电的机体击中触电，经多方抢救无效死亡。

事故原因分析：一是漏电保护器未起作用；二是操作工人未穿带劳动保护用品。

8.2002 年 7 月 2 日 16 时 30 分，由某建筑安装工程公司承建的某市某锅炉房工地，梁某、张某、刘某等 5 人运送锅炉房屋面的第二块预应力圆孔板时，由于放在简易二轮推车上的圆孔板不居中，向前偏移 70 cm，致使推车经过一埋有电缆线的松软的上坡地面时，圆孔板向前倾翻。推车前部的钢筋挂钩把埋在地下的第一级配电直埋电缆砸破，致使整个铁制推车带电，造成梁某、张某、刘某 3 人触电，经送医院抢救，梁某于当日 19 时死亡，其他 2 人轻伤。

事故原因分析：一是施工现场临时用电严重违反《建筑施工安全检查标准》(JGJ 59—99)之规定，未执行 TN-S 系统，总配电箱未设置漏电保护器；二是临时用电线路乱拉乱扯，电缆埋设深度严重不足，基本裸露在地表面，经过往车辆人员多次碾压，损坏严重；三是施工现场脏、乱、差，场地不平，道路不畅，未设置任何排水系统，泥泞积水；四是预应力圆孔板运输工具极其简易，安全性能差；五是现场人员安全意识淡薄，自我防护能力差，新工人入场未进行任何安全教育；六是该工程未办理安全监督备案手续。

9.2002 年 7 月 19 日，某建筑工程公司承建的某市某住宅区 8 号楼工程工地，打更人员贾某从 3 楼向 1 层搬铁床，在搬至 1 层时，铁床不慎与 1 层墙壁处照明临时用电开关箱刀闸接触，造成贾某触电，后被人发现送往医院，经抢救无效死亡。

事故原因分析：一是开关箱无门，隔离开关(电闸)暴露在外；二是漏电保护器匹配不合理，动作时间过长。

10.2003 年 5 月 24 日，某建设工程公司承建的某公寓工程工地，5 名工人用撬棍推一扇垫了圆管的人防门慢慢移动，另一名工人手拎一团电线从旁边经过，有一部分线拖在地上，推门的工人未将电线移开，致使撬棍将电线轧破，使人防门带电，两人触电身亡。

事故原因分析：工人违章作业，配电箱内未安装漏电保护器。

11.2004 年 7 月 5 日，某建筑安装公司承建的某市某住宅区 38 号楼工地，工人蒋某下工后回宿舍，在楼梯间向下行走时，头部触及楼梯间照明电线，因电线老化破皮，致使其触电受伤，后经抢救无效死亡。

事故原因分析：照明所用电线老化，未及时更换所致。

12.2005 年 5 月 21 日 19 时 16 分，由某建筑工程公司施工的某电机公司电机生产厂房工程，发生一起触电事故，致 3 人死亡，3 人轻伤。当日正在工地作业的杨某、曹某、刘某、王某、李某、韩某 6 名职工，在厂房内进行室内顶棚粉刷作业。19 时 16 分，因工程需要，6 人在移动简易式钢管脚手架平台时，架体的钢性滚动轮(滚动轮的外保护胶皮已脱落)将地面上一带电电缆外皮轧破，致使整个架体及还存有养护水的整个地面带电，以上 6 人均触电。经抢救，王某、李某、韩某 3 人受轻伤，杨某、曹某、刘某 3 人死亡。

事故原因分析：施工现场严重违反《施工现场临时用电安全技术规范》(JGJ 46—88)之规定，自总配电箱引出的电缆线，未经总配电箱内设置的漏电保护器，直接接在总隔离开关上；现场电缆线乱拉乱扯，简易式钢管脚手架的钢性滚动轮将带电电缆外皮轧破，致使整个架体带电；施工现场疏于管理，各级责任制落实不到位，重生产、轻安全、侥幸施工；工程即将竣工，后期管理不到位。

13.2007 年 8 月 15 日 16 时许，某医药物流中心宿舍楼水磨石地面工程进入到踢脚打磨施工阶段。在使用手持电动工具施工中，一名操作工人触电身亡。

事故原因分析：手持电动工具未装漏电保护器，工人未配置安全防护用品。

二、外电线路事故

1.1999 年 8 月 20 日下午，某市某安居工程小区 3 号楼工地，西山墙外 2.5 m 远处有一路高压线，在相应部位已用栅栏防护。某建筑公司两名钢筋工在该工地绑扎 1 层顶圈梁钢筋时，不慎将一根钢筋伸进防护栅栏，触及外侧高压线，致两人触电受伤。经医院抢救，一名工人脱离危险，另一名工人因伤势过重于 22 日 6 时 30 分死亡。

2.2001 年 3 月 10 日，某建筑工程公司承建的某县教育局商住楼工地，施工现场正在进行绑扎 2 层门窗过梁钢筋和支模作业。钢筋工于某等人手工向上运钢筋过程中，因钢筋较长，撩开 2 层脚手架上的密目式安全网进行传递，造成钢筋与脚手架外侧的 380 V 电线接触，致使距离接触点东侧 7 m 左右正在支模作业的袁某、王某两位木工被电击伤，经抢救无效死亡。

事故原因分析：防护不到位，工人违章作业。

3.2001 年 7 月 15 日，某建设公司承建的某高校建设工程，工人李某在该高校体育管工地拆除楼西侧通道侧面立网，在取防护棚顶上的脚手管时碰到 10 kV 外电线路，导致李某触电死亡。

4.2002 年 7 月 14 日 11 时 40 分，某建筑工程公司承建的某市某经济适用房一期工程工地，工人张某到 A2、A3 楼之间的压力罐处开阀门取水时，身体碰到开关箱触电，当场死亡。

事故原因分析：电闸箱漏电。

5.2003 年 7 月 3 日 5 时 30 分，由某建筑工程公司施工的某市某住宅区 25 号住宅楼工地，正在浇筑路面混凝土时，混凝土泵送车大臂与施工现场围墙北侧 13 m 高的 10 kV 高压线发生碰撞，致使整个泵车带电，使正在现场作业 3 名工人触电，造成 1 人死亡，2 人重伤。

事故原因分析：泵送车操作人员违反操作规程、违章作业。

6.2003 年 9 月 18 日 8 时 04 分，某建设工程公司承建的某县某村委会综合楼工地，壮工刘某在 2 层顶部传递脚手钢管时，脚手钢管触到附近民用高压线，造成刘某触电死亡。

事故原因分析：施工现场外电防护不到位，作业人员违章操作。

7.2003 年 11 月 1 日 16 时 25 分，某建筑工程公司施工的某县某变电所办公楼工地，一工人在西北角利用吊篮脚手架安装完室外落水管后，在地面上拆除吊篮钢丝绳时，由于钢丝绳反弹，与距在建工程外侧 4.5 m 的 10 kV 高压线（距地高度 7.5 m）相碰，致使该工人触电身亡。

事故原因分析：外电线路未进行防护，工程后期现场疏于管理，思想麻痹。

8.2004 年 5 月 23 日上午 11 点，某建筑工程公司施工的某市某信用社办公楼工程，一架子工在进行脚手架拆除作业时，发生立杆倾倒，碰到楼旁的 1 kV 高压线而触电，经抢救无效死亡。

事故原因分析：无外电防护。

9.2004 年 9 月 26 日 15 时 08 分，由某岩土工程公司施工的某市某公司 1 号住宅楼基础处理工程，3 名职工在基坑处移动水泥土桩打夯机过程中，因打夯机上部的锤杆前倾，与直接穿过在施工场地上方的 8.1 m 高处 10 kV 高压线相连，导致一工人触电，经抢救无效死亡。

事故原因分析：施工现场不具备开工条件，10 kV 高压线（距地面 6.5 m）在直接穿越在施工程上方的情况下，建设单位强行土方开挖，并进行基础处理；施工现场疏于管理，思想麻痹，违章指挥，冒险作业；作业人员自我防护意识差、安全意识淡薄，各级责任制落实不到位；监理单位监理不到位，对存在的事故隐患未能采取有效的预防措施。

10.2005 年 5 月 6 日下午 18 时 30 分，在某建设公司承包某大街改造工程现场，雇用汽车吊吊装暖气管道。汽车吊臂转动时，因撞到高压线，致使扶管人员周某触电伤亡。

事故原因分析：操作人员无证上岗，违章作业。

11.2008 年 7 月 2 日 17 时 02 分，由某城建开发公司承建的某市某河流治理三期工程第八标段，雇用在用混凝土泵车浇筑河道亲水平台时，混凝土泵车输送臂距 110 kV 跨河输电线路过近，导致输电线路放电，将正在进行震捣作业的董某电击伤，经送医院抢救无效，于当日 18 时 09 分死亡。

事故原因分析：混凝土泵车司机违章作业。

三、施工机具事故

1.2000 年 6 月 5 日上午 8 时，某建筑工程公司钢筋工罗某同电焊工一起焊卷帘门架子，电焊机地线断开。罗某去接地线时，电焊工做搭铁操作，因瞬间电流过大，致使罗某触电，经送医院抢救无效死亡。

事故原因分析：工人违章作业，缺乏必要的安全专业技术知识。

2.2004 年 6 月 19 日 14 时 40 分左右，某建筑安装工程公司承建的某广场 2 号楼工地，在进行填充墙砌筑作业时，因搅拌机电机漏电，电工将电源线拆除。一壮工在作业时私自将电源线接在开关箱刀闸上，起动了搅拌机。该工人上料时抓握手柄的瞬间被击倒在地，经抢救无效死亡。

事故原因分析：工人违章作业。

3.2005 年 7 月 7 日，由某安装工程公司承包施工的某公司自有水源管道工程，发生一起触电事故，致 1 人死亡。当日 15 时 30 分，该工程某处自有水源管道短节，临时租用汽车吊起吊一短管节（长 200 mm，直径 600 mm），吊车钢丝绳与南侧东西走向的 10 kV 高压线间距达 1.5 m 时，因高压线放电，致使钢丝绳带电，将正在作业的王某击中，经抢救无效于当日 18 时 30 分死亡。

事故原因分析：施工现场严重违反《施工现场临时用电安全技术规范》(JGJ 46—88)之规定，违章作业，这是发生事故的直接原因；租用的汽车吊特种作业人员（司机、司索、指挥）无证上岗；现场作业人员安全意识淡薄，不熟悉并未掌握本职工作所需的安全生产知识，冒险作业；各级责任制落实不到位，未安排专门人员进行现场安全管理；对特殊部位的分部分项工程，未进行有针对性的安全技术交底，现场安全防护不到位。

4.2006 年 6 月 21 日，某建筑工程公司承包施工的某市某住宅区工程，在安装蛙式打夯机电缆线过程中，发生一起触电事故，致 1 人死亡。当日 17 时 10 分，该公司职工张某在基坑内安装蛙式打夯机电缆线时，施工现场的另一工人高某合闸送电，将正在作业的张某击中，经抢救无效于当晚 19 时死亡。

事故原因分析：施工现场违反规定，未设置警告牌，高某擅自开箱合闸，违章作业，是发生事故的直接原因；现场作业人员未经专业培训，无证上岗，不熟悉并未掌握本职工作所需的安全生产知识，安全意识淡薄，冒险作业；各级责任制与安全技术措施未落实，重生产，轻安全；分部分项未进行有针对性的安全技术交底。

四、脚手架事故

2009 年 7 月 6 日下午 3 时 15 分左右，某建筑工程公司施工的某小区 1 号、2 号住宅楼工地，工长安排架子工搭设2号楼外脚手架。在搭设过程中，架子工站在该工程东北角二步钢管架上传递钢管（长度6 m），这时该名架子工手握的钢管突然倒向东北方向，触及外电线路的380 V裸线，致其触电后从3 m高处坠落至地面，送医院经抢救无效死亡。

事故原因分析：外电线路无防护，作业人员防护意识差。

第五节　机具伤害事故

一、施工机具事故

1.1998年6月20日上午7时，某建设公司施工的某市某小区项目部，工人赵某正在操作搅拌机，在料斗升起，未停机，未挂安全挂钩的情况下，赵某对料斗内进行砂石清理，被滑下来的料斗砸住，经抢救无效死亡。

2.1999年8月25日晚8时15分左右，某市某小区B区7号、8号住宅楼工地正在进行混凝土搅拌。搅拌机手张某将料斗提起来后，不慎滑入料斗坑内，料斗从高处落下，砸在张某的胸部。在场人员将张某救出后，张某因伤势过重，送医院抢救无效死亡。

3.2002年7月12日18时30分，某建筑工程公司承建的某市某银行办事处4号住宅楼工地，木工班长带领工人支6层阳台圈梁模板。木工牛某用电锯锯木楔子时，觉得电锯发钝，拣来一张切割机用的无齿锯片，装在了电锯动力轴上。当牛某手拿电锯片锉锯时，致使无齿锯片裂碎，碎片飞出后击中牛某的胸部，经医院抢救无效死亡。

事故原因分析：一是工人违章作业，未使用专用砂轮机锉锯；二是工程项目部虽然作了有关的安全教育，但监督管理不到位。

4.2002年9月13日，某建筑公司承建的某市中级法院综合审判楼工程，机械工李某在开动搅拌机，放完一罐混凝土后，在没有关闭电源的情况下，拿着铁钎子爬上搅拌机盖板去拔已缠乱的提升料斗的钢丝绳。由于盖板松脱，致使李某连人带板一起掉进搅拌机内，被其他人发现后，立即关机将其救出，后经医院抢救无效于当日死亡。

5.2003年10月23日2时50分，某建筑安装工程公司承建的某市某住宅区11号楼正在进行浇筑基础混凝土施工。混凝土搅拌机操作人员高某发现抽水泵不能抽水，在未将搅拌机电源关闭的情况下，从操作台踩着正在运转的搅拌机罐上的铁板，准备到对面水泵处时，铁板被踩翻，掉进搅拌机内。另一操作工发现后，立即切断电源，高某被救出后经抢救无效死亡。

事故原因分析：操作人员违反操作规程，在未关闭电源的情况下进行检查。

6.2004年3月13日21时45分，由某建筑工程公司施工的某水泥公司二期A标段工程工地，在浇筑完原料调配库基础混凝土后，机械工李某在清洗运转中的搅拌站强制式搅拌机时，不慎掉入搅拌筒内，经抢救无效死亡。

事故原因分析：作业人员违章作业是造成事故的直接原因。

7.2004年3月18日16时，某建设工程公司施工的某市某礼堂扩建工程工地，钢筋工正用卷扬机拉伸钢筋。当拉伸到钢筋末端时，断头反弹，将一工人左眼弹伤，致其左眼失明。事故发生后，施工单位未按规定进行报告。

事故原因分析：安全防护措施不到位，违章指挥，冒险作业。

8.2004年3月27日5时30分，在某建筑工程公司施工的某市某住宅楼工地，一抹灰工人站在搅拌机上向搅拌机滚筒内探望时，搅拌机料斗突然上升，将其夹在料斗与滚筒之间，经抢救无效死亡。

事故原因分析:施工现场管理混乱,违章操作、违章指挥。

9.2004 年 4 月 25 日,某建设工程公司承建的某市某交易中心工地,木工王某用切割片在园锯上伐锯时,切割片粉碎,碎片击中王某左胸部,在场工人随即将王某送往医院,因伤过重经抢救无效死亡。

10.2004 年 6 月 6 日上午 10 时,在某地质基础工程公司施工的某市某住宅区 16 号住宅楼工程,在进行粉喷桩施工时,钻机操作人员在施工过程中被主机转动轴挤压致伤,经抢救无效死亡。

事故原因分析:操作人员违章作业。

11.2007 年 5 月 19 日下午 1 点左右,某市某路网工程 A、B 段工地,工人李某正在清理强制式搅拌机时,机手刘某违章操作启动开关,机械转动后致使李某受伤。项目部立即启动应急救援预案,将伤者送往医院救治,但因李某伤势过重,于下午 4 时左右,经抢救无效死亡。

事故原因分析:搅拌机操作员刘某违章操作;项目部安全教育不充分。

12.2009 年 8 月 11 日 9 时 47 分,某建筑工程公司承建的某市某剧院工程,木工周某在修理圆盘锯的过程中私自用切割锯片伐锯,造成切割锯片碎裂,碎片飞出后伤及周某左胸和脸部,经抢救无效死亡。

二、土石方工程事故

1999 年 1 月 11 日下午,在某建筑公司自建家属楼 5 号楼工地,韩某开翻斗车向基槽内直接倒土时,连人带车翻入基坑(深 2.75 m)内,被翻斗车油箱砸住头部,当场死亡。

三、井架及龙门架事故

1.1999 年 7 月 13 日,某房建公司施工的某市某高校住宅楼工地,安排 7 名架子工搭设 3 号楼龙门架。14 日 17 时 35 分,龙门架高度达 25.4 m,超过了塔吊大臂 18.5 m 的高度,且龙门架在塔吊活动半径内。此时,塔吊在回转时将龙门架挂倒,致使龙门架上的 6 名工人坠落,造成 4 人死亡,2 人重伤。

2.2002 年 4 月 28 日 14 时 40 分,某建设集团公司施工的某市某住宅区工地,壮工刘某在用提升机自 6 楼向下运料时,卷扬机突然失控,吊盘快速下滑导致卷扬机皮带轮破碎。碎片打在路过的装修工朱某臀部,致其因失血过多经医院抢救无效,于当日 21 时 10 分死亡。

事故原因分析:工人违反操作规程、无证操作。

3.2002 年 9 月 4 日,某建设工程公司承建的某市某住宅区 15 号楼工地,工人李某在 2 层铺脚手板后,未按要求从通道下楼,而从龙门架接料平台处沿防护架向下爬时,被从 5 楼向下运行的龙门架吊篮挤在接料平台处,经医院抢救无效死亡。

4.2003 年 5 月 20 日,在某建设工程公司承建的某市某住宅区 1 号楼工地,架子工在拆卸龙门架时,拆至 3 层即将防护架拉结杆件全部拆除。此时由于某架子工违章操作卷扬机将吊盘升起,拆卸人员将吊盘向外推移时,龙门架架体发生倾斜倒塌,将 3 名工人砸伤。经医院抢救,致 1 人死亡,1 人重伤,1 人轻伤。

事故原因分析:无拆除方案、交底,工人违章操作。

5.2004 年 2 月 26 日下午 1 时 10 分左右,某建设集团公司建筑构件厂内,正在用龙门吊向运输车上吊装天车天梁构件。当吊装完第一组,龙门吊返回吊第二组时,一工人在将要吊装的构件旁核对编号,被龙门吊减速器挤伤,经抢救无效死亡。

6.2004年8月12日凌晨5时，某建筑公司承建的某高校工地南北楼B区，物料提升机在上料过程中发生机械故障。在操作人员叫人来修理时，一工人私自启动机器，头部被卷扬机靠背轮碎片击中，经医院抢救无效于当日23时30分死亡。

事故原因分析：工地管理混乱，工人违章作业。

7.2005年5月19日，某工程施工队伍在该工程西龙门架使用作业过程中，当晚19时50分，卷扬机操作者因违反操作规程，造成卷扬机制动轮破碎，致其被碎片击中胸部，经送医院抢救无效，于当晚22时30分死亡。

事故原因分析：卷扬机手由某壮工临时操作，未经过培训；卷扬机手违反卷扬机操作规程，违章操作；在龙门架使用中违章用外力松开制动体，致使吊盘自由下降，接近地面时，制动轮转速极高，突然制动刹车，造成制动轮碎裂。

四、塔吊事故

1.2002年3月28日14时30分，由某建筑公司施工的某省体育馆游泳训练馆工程，进行拆除自升式塔式起重机施工，在拆自上而下的第七个标准节(距地面高度7.2 m)开始下降套架时，起重大臂抖动，根部突然断裂，套架猛然下滑1.8 m，造成强烈震动，后平衡臂严重折弯，驾驶室下两根连接杆从槽内弹出倾翻，驾驶员王某被甩出摔至地下，另有3名正在塔吊上操作的人员被挤伤。经医院抢救，王某于当日17时不治身死亡，金某重伤，其他两人轻伤。

事故原因分析：塔吊存在质量问题。

2.2002年8月6日，某建筑安装公司承建的某市某住宅区A座综合楼工程，正在进行塔吊机塔身顶升作业(塔吊高度为44 m)。塔吊顶升外套架下侧横梁突然开裂，抛到10 m外地面上，致使塔吊平衡臂下弯，塔吊失去平衡，起重大臂旋转至平衡臂一侧弯曲至3层上料平台处，附着固定点开焊，塔身也向平衡臂方向倾倒，塔吊倒塌。塔吊上7名作业人员均受轻伤，塔吊报废，经济损失30万元。

3.2003年4月7日，某建设集团公司施工的某高校西校区一期工程C座教学楼工程，租用谭某的QTZ40型塔吊，由不具备起重设备安装专业承包资质的谭某个体安装队安装。在第一节顶升过程中，安装人员违反安装程序和操作规程，在塔吊液压顶升套架及标准节全部未与下支座连接牢固的情况下，回转起重臂，使起重臂及塔帽等倾斜坠落，造成在塔吊上的安装电工及现场一名支模木工共2人死亡，1人重伤，2人轻伤。据查，此工程未办理开工许可手续及安全备案手续。

事故原因分析：塔吊安装由无资质队伍进行，违章作业。

4.2005年11月30日17时20分，在某市某住宅区8号楼施工现场，正在用塔吊由料场向8号楼9层吊运大模板穿墙螺杆。当吊钩起至可以回转塔吊大臂时，吊钩连同物料一起滑落，塔吊司机采取制动失败后，吊运的物料坠落至现场办公室屋顶，穿透屋顶将室内的李某砸伤，经抢救无效死亡。

五、其他事故

1.2002年5月28日16时10分，某建筑工程公司职工食堂内，炊事班长私自将外来人员董某带入食堂。董某在清理和面机时，不慎被和面杆压伤，经抢救无效死亡。

事故原因分析：公司管理不严。

2.2004年4月29日15时40分，由某建筑安装公司施工的某粮油公司住宅楼工程，新购进某型号塔机。在由生产厂家安装完毕并进行试车时，发现吊钩钢丝绳打拧。厂家派人调试，将吊钩放在塔身套架护栏处调整钢丝绳，调整完毕后试车时，小车向前行走，导致吊钩被拽下，将地面上一木工砸伤，经抢救无效死亡。

事故原因分析：违章作业，未设置隔离区域。

3. 2004 年 9 月 1 日 23 时 45 分，由某建筑公司承建的某市某商业广场工地，正在进行基础垫层混凝土施工。因场区道路不畅，影响罐车行走，铲车司机将影响进出的铲车移走后平整路面时，将在路边熟睡的工人杨某轧伤，经抢救无效死亡。

事故原因分析：死者违反劳动纪律，睡在施工道路边，施工作业区夜间照明不足，视野不良。

4. 2004 年 9 月 5 日 13 时 20 分，由某建设公司承建的某市某住宅区 31 号楼工地，在浇筑 15 轴基础构造柱混凝土时，混凝土泵车右侧前支腿垫板失陷，造成泵车倾斜，混凝土输送管压在一震捣工人上半身，经医院抢救无效死亡。

事故原因分析：泵车支腿临基坑边太近，造成泵车倾斜。

第六节　起重伤害事故

一、塔吊事故

1. 2000 年 11 月 4 日，某建筑安装公司承建的某市某土地管理局职工住宅楼工地，在塔吊安装过程中，当用租用的 16 吨汽车起重机吊装塔吊大臂时，汽车起重机吊臂根部突然断裂。正在 13 m 高处验收构造柱钢筋的白某躲闪不及，被汽车起重机吊臂砸中头部，经抢救无效死亡。

事故原因分析：汽车起重机机械事故造成。

2. 2001 年 8 月 28 日，在某建筑工程公司承建的某县某公寓楼工程中，正在使用塔吊往 4 楼西边楼梯平台吊模板。当吊至距楼梯平台 3 m 时，绑扎模板的钢丝绳卡扣突然崩裂，致使钢模板散落，将正在准备接模板的韩某和在楼梯间搬运模板的吴某砸伤。事故发生后吴某经抢救无效于次日 2 时 40 分死亡，韩某脚骨骨折。

事故原因分析：检查不到位，工人违章作业。

3. 2002 年 8 月 26 日，某建筑工程公司承建的某公司科研楼工程工地，作业塔吊在移运 2 层梁钢筋过程中，由于违章指挥和违规操作，吊起高度不够，钢筋碰到脚手架和柱子钢筋，致使钢筋变向旋转碰到塔身。并且两根吊绳较短、夹角过大，吊绳受到震动后，其中一根从吊钩内脱出，致使钢筋一端下落，将正在支 2 层梁模板的瞿某的头部砸伤，经抢救无效于当晚 19 时死亡。

事故原因分析：违章指挥，违章操作，指挥员无证上岗，无专职司索；现场人员安全意识淡薄，管理松散，安全措施落实不到位。

4. 2002 年 9 月 25 日，某建筑公司承建的某市某住宅区 1 号楼工地，塔机拆装队在安装塔吊底梁时，在底梁的两个销子只穿进去一个的情况下，塔吊安装负责人孙某安排让汽车吊吊起底梁。吊装时用一根钢丝绳往汽车吊钩上一搭，两头的挂钩一个挂在底梁的正上方，另一个挂在底梁侧面的吊耳上。吊起来后，孙某到穿销处查看情况，将头探入梁底下，这时挂在底梁侧面的吊钩脱落，底梁下落砸在孙某头上，经医院抢救无效死亡。

事故原因分析：违章操作，吊具不符合要求。

5.2003 年 4 月 30 日，某建筑工程公司承建的某市某商务公寓楼工地，QTZ-80 型塔吊正在起吊两块重约 250 kg 的角模时，塔吊钢丝绳主绳突然断裂，致使吊钩及起吊物坠落至 5 层临边作业面上(坠落高度 16 m)，工人杨某被击中头部，当场死亡。

事故原因分析：钢丝绳存在质量问题，维修保养不及时，疏于管理。

6.2004 年 5 月 13 日上午，某建设集团公司承建的某公司车间工程内，司机正用龙门吊吊运钢板。一工人在正对轨道位置并排摆放的五根钢梁刷油漆，司机喊他躲开后，认为其已离开危险区，随后开吊车从钢梁西面向南绕。这时钢板前端摆幅增大，碰到第二根钢梁，将规格为 14.6 m×0.5 m×0.2 m 的钢梁碰倒，砸在油漆工人的右小腿上，造成油漆工右小腿骨折。

事故原因分析：工人违章作业，钢梁支护不当。

7.2004 年 5 月 25 日 5 时 40 分，由某建筑装饰工程公司施工的某农机公司 3 号住宅楼工程，使用塔吊起吊重约 700 kg 的混凝土吊罐。当吊罐距地面 5 m 时，在大臂回转过程中，距塔身 14 m 以外的 33 m 长的大臂整体折覆。

8.2004 年 7 月 15 日上午 9 时 40 分，由某建设公司承包施工的某大厦建设工程，塔吊司机在用吊笼起吊混凝土振动器过程中，当起吊高度达 30 m，小车运行距塔身根部 30 m 时，塔吊主吊钢丝绳在距固定点 2.6 m 处断裂，致使吊笼及吊钩(吊笼、振动器重 300 kg，吊钩重 320 kg)急速下落，将正在钢筋制做场地作业的 1 名钢筋工头部击中，经抢救无效死亡。

事故原因分析：新换钢丝绳存在质量问题，现场防护不严密。

9.2004 年 8 月 10 日早 7 时 15 分左右，某建设集团公司施工的某场厂 5 号制氧站过滤器检修工程，在吊装盖板作业时，吊装钢丝绳脱钩，造成盖板倾倒，将 1 名工人砸住，经抢救无效死亡。

事故原因分析：现场违章作业，开天车人员不是专业特种作业人员。

10.2005 年 9 月 8 日 9 时 45 分，在某市某平改楼 6 号工地，进行塔吊拆除作业，准备拆除塔吊前大臂拉杆连接销。作业时，20 t 汽车吊吊起塔吊前大臂时，索具钢丝绳突然折断，造成塔吊前大臂反弹。当时有 4 名工人在现场作业，其中的杨某由 25 m 高的塔吊前大臂上坠落至地面，当场死亡，其余 3 人均受轻伤。

事故原因分析：使用前未对索具进行检查；施工前未编制塔吊拆除方案，对作业人员未进行安全技术交底；未请专业拆除队伍，拆除作业人员无拆除作业上岗证；项目管理人员安全意识淡薄，管理不到位。

11.2005 年 11 月 20 日 7 时 10 分，某住房发展中心承建的某道路拓宽改造居民安置用房工程住宅楼工地，3 号楼的塔吊在吊运 1 号楼的振捣器时。吊运走行在 1 号与 3 号楼之间时，吊运的振捣器突然从距地面 8 m 左右的高度落下，将正在下方的壮工刘某砸伤，送往医院后经抢救无效死亡。

12.2008 年 3 月 17 日 10 时 27 分，由某建筑工程公司承包施工住宅楼工程，在吊运大模板过程中，起重钢丝绳突然发生断裂，致使大模板下落后击中两名施工人员，致 1 人死亡，1 人轻伤。

13.2008 年 4 月 1 日 11 时 50 分，由某建工集团公司承包施工的房地产开发项目工程，塔吊司机在吊运钢管作业时，钢管滑落，现场工作的 3 名木工砸伤，致其中 1 人死亡，其余 2 人受伤。

事故原因分析：施工现场架子工违章绑扎钢管，并违章指挥；塔司违章操作。

14. 2008 年 5 月 4 日 16 时 50 分，某市某机械租赁公司作业人员在拆除 QTZ80 塔吊第 15 节标准节过程中，塔吊回转以上部分整体倾覆，4 名拆塔作业人员和 1 名司机自随同倾覆的塔吊回转部分坠落地面(高 46 m)，造成 1 人死亡，2 人重伤，2 人轻伤。经查明，该工程未办理施工许可及安全备案手续。

15. 2008 年 5 月 14 日下午 15 时 15 分，某市某医院北楼建筑工地 1 号塔机在安装顶升过程中，顶升液压装置油管爆裂，致使塔臂配重臂整体下落，塔机上 3 名作业人员随之坠落地面，当场死亡。

16. 2009 年 1 月 9 日 17 时左右，由某建设公司施工的某市某商住综合楼工程，在塔吊作业过程中，当塔吊起吊卸料完毕的混凝土吊罐，回转下降至 18 层(高度 58.5 m)位置时，罐体与 18 层层间平网相挂，吊罐钢丝绳脱钩，罐体坠落至警卫室屋顶，致使屋顶坍塌，造成一名门卫当场死亡。

17. 2009 年 2 月 28 日 8 时 10 分左右，由某建筑工程公司承包施工的某市某住宅区 2 号楼施工工地，塔吊司机刘某在吊装完一 4 m×2.8 m 钢模板后，进行塔式起重机回转大臂、小车回收、空载升钩等操作。在小车行走至距塔体中心线 15.7 m 时，吊钩与行走小车相撞，致使受力钢丝绳被拉断，吊钩(重 370 kg)自 23 m 高空坠落，将正在 9 层顶板上作业的两名木工砸伤，经抢救无效死亡。

18. 2009 年 7 月 31 日下午 15 时 30 分，某建筑公司承建的某市某住宅小区 7 区 6 号楼工地，施工项目部准备进行塔吊加节顶升作业。工长安排 4 人进行塔吊加节顶升施工，16 时 30 分，塔吊加节施工开始，施工至顶升外套架时，作业人员在未松动顶节封口螺栓情况下，擅自将顶节下端螺栓全部拆除，以致顶部失稳，外套架根部以上及大臂全部倾覆至地面，造成 1 死 1 伤。

事故原因分析：作业人员无证上岗，均不是塔吊安装拆卸特种作业人员；塔吊加节顶升作业无专项施工方案，无专门防护措施，无专人监护，未设安全隔离区。

19. 2009 年 9 月 27 日，某县某住宅区 1 号住宅楼施工现场，在进行塔机拆除作业时，发生平衡臂倾覆事故，造成在现场施工的 4 名工人 1 死 3 伤。

事故原因分析：施工单位违章指挥、违章操作。

20. 2009 年 10 月 25 日 20 时 20 分，某建设公司负责施工的某市某住宅区 13 号住宅楼项目工地，塔吊在 25 层左右的高度吊运模板的过程中，钢丝绳扭结。在塔司停止作业后下塔过程中，塔吊在 26 层高度折断，发生倾覆。塔司随塔身坠地，塔机大臂将场外小卖部砸塌。此次事故造成塔司和小卖部一售货员 2 人轻伤。

二、其他事故

1. 2003 年 11 月 15 日 22 时 20 分，某工程建设公司施工的某炼铁厂高炉本体及粗煤机系统工程工地，职工朱某负责安装高炉本体水箱。在使用吊车吊运第六块水箱时，朱某准备用卡扣拴拉水箱上的吊环，水箱突然倾斜，朱某被挤在两个水箱之间，经抢救无效死亡。

事故原因分析：管理不善，水箱放置不稳固。

2. 2004 年 6 月 10 日 11 时 33 分，某建设工程公司承建的某市某商城工地，工人在 4 层顶部吊运钢筋网片时，发生脱钩，将楼下 1 名工人砸成重伤，经医院抢救无效死亡。

事故原因分析：吊索具不符合要求，操作人员违章作业。

第七节　中毒和窒息事故

一、市政管道事故

1.1998 年 3 月 30 日，某建设公司负责施工的某段高速公路工地，工人张某在临时住所内值班时，燃烧木柴取暖，被煤气熏到，第二天送到医院后，经抢救无效死亡。

2.1999 年 1 月 26 日上午，某建设公司的两名工人在对某钢厂 3 号高炉及 2 号热风炉内进行喷涂作业。10 时 05 分，外面监护人员进入炉内，发现炉内 2 名工作人员因窒息倒在跳板上，送医院抢救无效死亡。

3.1999 年 11 月 25 日夜，某房屋建筑公司 2 名保卫人员在某高校二期建设工程工地值班时，私自在屋内点火取暖，造成一氧化碳中毒死亡。

4.2005 年 10 月 4 日 14 时 30 分，某市政工程管理处施工的某河道污水干管工程，在进行工程闭水试验抽水过程中，1 名作业人员下到管道中检查水泵故障时突然晕倒。在场 6 名作业人员对其进行抢救时，也都相继晕倒。该市公安消防支队等有关部门接到报告后赶赴现场进行抢救，立即将伤者送往医院救治。事故共造成 3 人死亡，另外 4 人经医院抢救后脱离危险。

事故原因分析：缺氧窒息。

5.2005 年 12 月 12 日上午 10 时，某房地产开发公司开发的某住宅区建设工地，5 名民工 11 日离开工棚到车库居住，并私自燃烧木材取暖，造成一氧化碳中毒，致使 2 人经抢救无效死亡，3 人经救治后脱离生命危险。

6.2006 年 12 月 3 日 16 时左右，某市政公司承建的某市某污水提升泵站附属排水管道工程，1 名施工人员在未采取有效防护措施的情况下，进入新建污水管道检查井内准备接通原有污水管道。在拆除管堵时，原有管道内涌出大量硫化氢气体，导致该名工人中毒晕倒井下，地上 2 名施工人员没有采取正确施救措施贸然下井救人，导致 3 人全部死亡。

事故原因分析：公司对工程现场管理缺失，工人下井前未采取防护措施；公司缺乏对施工人员的安全生产教育，施工人员违规操作；总包单位将该工程的附属工程（进出水管道工程）违法分包。

二、基坑事故

2006 年 3 月 11 日，在某市地志展览馆工程工地，在进行回填土工作中发生掩埋事故。当日回填现场深度 4 m 左右，在回填工作中，贾某下到基坑底部，而铲车司机王某未发现基坑内有人，继续作业，而造成意外事故发生。经过数小时的挖掘工作，于 3 月 12 日晚贾某被挖出时已死亡。

第八节　火灾和爆炸事故

一、基坑事故

2006 年 11 月 24 日，由某道桥建设公司总承包、某公司劳务分包的某市电力工程指挥部高温水管道隧道工程，在隧道竖井工程施工过程中，发生一起火灾事故，致 1 人死亡。当日 19 时，现场项目经理牟某安排 5 名工人在该段隧道工程的北竖井进行加固模板作业。19 时 30

分左右，壮工张某自竖井下到 8 m 深的隧道口，对隧道口的钢筋拱架进行调整作业。在电焊切割作业过程时，焊渣掉落在下面的水平供热管道保温层上，引燃聚氨酯保温层。王某、李某两人听到张某救火呼声后，立即下到隧道内救援灭火，虽经积极扑救，但火势仍逐渐扩展，3 人见无法扑救后，决定撤离火灾现场。在撤离过程中，李某受轻伤，王某不幸窒息，经 120 现场紧急抢救无效死亡。

事故原因分析：施工现场违反《特种作业人员安全技术考核管理规则》(GB 5306—85)、《建筑安装工人安全技术操作规程》之规定，劳务人员张某无证上岗、违章操作、冒险进行电焊作业是发生事故的直接原因；施工现场管理不到位，各级责任制未落实，施工现场各工种之间混杂作业，职责不明，交叉施工，事故隐患不能及时发现和消除；总包单位对分包单位作业人员的入场资格审查不严，现场管理不力；现场监理人员未严格实行“旁站”式监理制度，监理不到位；现场作业人员自我保护意识淡薄，缺乏必要的火灾逃生安全知识；该工程未办理安全备案手续。

二、其他事故

1. 2003 年 11 月 1 日 10 时左右，由某建筑装饰工程公司施工的某市残疾人综合服务中心工地，木工周某一人在 2 层淋浴间内安装木门。因淋浴间楼面刚做完防水，防水材料中的聚氨酯挥发遇明火爆燃，气浪将木门封死，致周某严重烧伤，经抢救无效于当日 11 时死亡。

2. 2006 年 2 月 20 日 20 时 15 分，某市某商场二期工程楼内 3 层发生一起火灾事故，过火面积 8 000 m^2，经济损失 23.17 万元，无人员伤亡。

第九节 车辆伤害事故

2005 年 3 月 9 日下午 14 时左右，某建筑安装公司施工的某市某住宅区 1 号车库工程，在进行铲土作业时，由于铲车司机违章作业，铲车失控，顺坡撞上地下车库门梁，铲车司机张某被当场挤死。

第十节 其他伤害事故

一、塔吊事故

1. 2005 年 3 月 6 日下午 13 时 45 分左右，某通信公司综合楼工程附属蓄水池基础土方施工过程中，正在进行人工清槽施工，同时塔机正在清运土方。此时塔身在第二道附墙拉结处(高度 55 m)突然断裂，塔尖，前、后臂及配重和塔吊司机从高处坠落到地下室顶板上，司机受轻伤。

事故原因分析：塔身焊接方钢断裂。

2. 2005 年 4 月 7 日 6 时，在某房地产开发公司承建的某市某住宅区工程工地，钢筋工指挥塔机司机倒运钢筋后，塔机开始起吊运行，将钢筋吊至 4 m 高向北回转，同时变幅小车向大臂远端运行。当运至卸钢筋位置时，司机打返向停车，塔机开始向西侧倾倒，司机跑出驾驶室，迅速离开塔机，吊臂和平衡臂随即落在地面上，未造成人员伤亡。

事故原因分析：司机违章操作；塔机严重超载；限位器被他人绑死造成失灵。

3. 2005 年 5 月 4 日，由某建筑安装公司承包施工的某公司综合写字楼工程，发生一起塔机大臂折覆事故，未造成人员伤亡。当日6时43分，该公司使用QTZ20型塔式起重机（该塔机未由有安装资质的安装公司安装，未经法定部门检测，擅自使用。事故发生时塔机起升高度9 m，小车工作幅度22 m，起吊吊罐高度距地面6.5 m）起吊260 kg的罐装砂浆时，在起重臂回转就位过程中，距塔身根部12 m以外的13 m长的起重臂整体弯折，其它部位均不同程度的变形。因采取措施及时，未造成人员伤亡。

4.2005年6月23日下午6时10分左右，由某建筑工程公司承建的某市某住宅区8号住宅楼工程，塔吊司机赵某吊装木方（约1.5 t）逆时针转起重臂行至正南方，将所吊木方放落地面然后再次起吊时，发生塔机倒塌事故。

事故原因分析：塔机本身存在一定的质量问题，塔机底座与所相连法兰焊接不符合有关要求；塔机日常检查维护不到位；吊物落地后再次起吊时，作业人员操作不当，塔机失稳，起重臂端部触地，平衡臂受惯性作用继续向西转动，塔身受力不均倒向西南方。

二、墙板结构事故

2008年10月22日10时，莫某承租的某市某房屋局部装修改造工程中，施工人员在拆除卫生间间墙时，间墙倒塌，将正在施工的张某砸伤。张某随即被送往医院，经抢救无效于次日上午11时死亡。

三、其他事故

1.2006年4月13日凌晨1时20分，某建筑工程公司承建的某县某住宅区建筑工地，发生一起因山体滑坡砸毁工地临建工棚事故，造成3人死亡，1人轻伤。

2.2007年4月18日上午，某县建设局经举报得知，该县污水处理厂发生了一起死亡1人的安全事故。该局立即派专人进行调查，经调查，污水处理厂设备安装工程由某建筑安装公司承包。4月11日上午10时30分左右，在滗水器设备安装过程中，吊装设备绳索突然拉断，导致滗水器撞击作业人员魏某，致其死亡。

第四章　重大安全生产事故案例

第一节　重大事故案例

案例一　衡水市英才学校学生餐厅工程高处坠落事故

一、事故主要情况

事故发生时间:2001 年 8 月 18 日

工程名称:衡水市英才学校学生餐厅工程

事故单位:衡水市第一建筑工程处

二、事故主要经过及采取应急措施情况

2001 年 8 月 18 日下午 6 时 30 分左右,衡水市第一建筑工程处雇用私人安装拆卸队,在位于开发区内的英才学校餐厅楼建筑工地拆卸塔吊。在拆到第一标准节时,塔吊的塔尖、塔臂出现扭曲,致使塔尖和塔吊的前臂、后臂及配重铸件扭曲塌倒。当时,5 名作业人员中有 4 人随塔吊一起倒塌坠地,造成 3 名拆卸工人当场死亡,1 名受重伤。

事故发生后,现场人员及时拨打 120 救护电话,衡水市第四医院、哈励逊国际和平医院救护车先后赶到出事地点,伤者由第四医院救护车拉走进行救治,3 名死者由哈院救护车拉送至哈院太平间存放。衡水市第一建筑工程处法人代表接到报告后,于当晚 8 时左右,电话向衡水市桃城区安委办主任和市乡镇企业局进行了报告,安委办主任当即向衡水市劳动局进行了报告,但市建一处未向市建委报告。

8 月 20 日上午 11 时 35 分,经安监站调查确认英才学校工地发生 3 死 1 伤重大事故后,衡水市建委领导非常重视,主管副主任立即抽调得力人员组成调查组。调查组由副主任任组长,监理科科长、质监站站长、安监站站长任副组长,同时抽调监理科、安监站、质监站、建管处等单位共 12 名同志组成联合调查组,分头开展调查工作。下午 5 时,调查组成员会同省安监总站张科长共同赶赴事故现场进一步勘察、拍照、询问、取证。事故发生后,市委、市政府主要领导非常重视,分别做出批示。8 月 20 日,市长批示:一是要通过此事举一反三,对所有建筑工地进行一次安全大检查,发现问题及时处理;二是对事故责任人抓紧调查取证,依据有关法律严肃处理。8 月 22 日,常务副市长召开会议进行研究,并成立了以劳动局局长牵头的事故调查组,同时分别成立两个工作小组。第一组由建委牵头,并抽调建委、劳动、信访、工会、建工、人寿保险公司等 6 个单位各一名科级干部组成,负责进行死者家属补偿问题的处理工作。第二组由公安局牵头,负责协调各部门之间的问题,防止互相推诿、互相扯皮,确保工作顺利开展。

三、事故原因、人员伤亡及财产损失情况

(一)直接原因

(1)按照拆塔程序,应将头一节顶到位后,收缩油缸活塞,将爬爪放到一个标准节的踏步上,抽去上一个标准节,收缩油缸活塞。而操作人员却操作为顶升油缸活塞,致使稳定抱轮冒顶,造成配重臂、吊臂和塔帽坠地事故。

(2)作业人员属临时安装拆卸队,没有经过特殊工种培训取得上岗证,不懂操作规程,拆除前没有制定拆除方案,没有安全技术交底。

(二)间接原因

衡水市第一建筑工程处没有对安装队资质进行严格审核,致使无安装资质的队伍从事拆除塔吊作业。

(三)人员伤亡及财产损失情况

死亡 3 人,伤 1 人;直接经济损失 40 多万元。

四、事故性质和责任

这是一起由于操作人员不懂操作规程,违章作业引起的安全生产责任事故。

五、有关事故责任者追究行政、法律责任情况

(1)公司法人代表虽然已经委托李某来负责该企业全面管理工作,但对公司的安全管理工作督察不力,有不可推卸的责任;李某作为企业的实际负责人,没有严格执行落实单位的安全责任制和规章制度,抓安全生产工作力度不够,对各级管理人员抓得不严、不细致,使此项目部有章不循,有制不遵,检查落实不到位,应负实际领导责任。

(2)主管安全副经理王某作为塔吊拆除队伍的联系人,虽然与塔吊拆装队多年打交道、但对队伍及人员情况却不了解,尤其是该工程承包双方并未签定书面合同,负有直接领导责任。

(3)项目经理应对本项目的安全生产全面负责,但其对安拆队伍的拆除方案及安全技术交底情况没有严格审查把关,导致事故发生,应负直接管理责任。

(4)拆装塔吊队伍的负责人,在接到工作后,没有编写塔吊拆除方案,对工人未做安全技术交底,违章指挥,使作业人员在不懂操作规程的情况下,违章冒险作业,是导致事故发生的主要责任人。

六、防止类似事故应采取的措施及建议

(1)立即在施工现场和公司召开安全生产紧急会议,分析原因、吸取教训,在安全生产管理上针对规范、规程、标准查找漏洞,加大落实力度。

(2)针对这次血的事故教训,应在公司开展一次普遍的安全生产教育,增强职工的自我保护意识和遵章守纪意识,做到领导不违章指挥,职工不违章作业。

(3)加大安全管理的奖惩力度,对违法指挥、违章作业人员严肃处理,绝不姑息迁就。

(4)进一步健全安全生产管理各项规章制度,提高安全生产的自觉性,做到"五同时",真正把预防为主的方针落到实处。

七、事故点评

施工单位没有对塔吊安装队的资质进行严格审核,致使无安装资质的队伍从事拆除塔吊作业。作业人员无证上岗,作业进程中又违反操作程序,引发这起重大安全事故。施工单位将工程分包给无资质的拆除队伍,充分说明单位领导对安全法规、法律的漠视。施工管理人员必须学习相关法规,提高法律意识,保护职工在生产过程中的安全。

案例二　廊坊市锦绣大厦工程火灾事故

一、事故主要情况

事故发生时间:2003 年 12 月 20 日

工程名称:廊坊市锦绣大厦工程

事故单位:荣盛建设工程有限公司

二、事故主要经过及采取应急措施情况

2003 年 12 月 20 日，荣盛建设工程有限公司承建的廊坊市锦绣大厦，建筑物 1 层作为职工宿舍，四周用竹脚板、草帘、彩条布围挡，内部按工种分成若干间供职工居住，采用煤炉取暖，因取暖用煤炉引燃可燃物，导致火灾事故发生。当时住了约 210 人。起火后工人及时报警，经半小时的抢险火被扑灭。此事故共造成 4 人死亡，14 人不同程度受伤。

三、事故原因、人员伤亡及财产损失情况

(一)直接原因

违章安排职工入住在建工程主体，采用煤炉取暖，且大量使用易燃物围挡。

(二)间接原因

施工现场管理混乱；现场管理措施、安全教育、安全检查、现场防火制度与措施落实不到位；职工逃生自救知识和能力差；公司、分公司领导与公司相关部门安全意识不强，安全检查频率偏低，致使此严重违章行为未得到及时纠正。

(三)人员伤亡及财产损失情况

死亡 4 人，7 人重伤，7 人轻伤。

四、事故性质和责任

这是一起由于违章安排职工入住在建工程主体内，安全责任制落实不到位，所造成的生产安全重大三级责任事故。

五、有关事故责任者追究行政、法律责任情况

(1)对荣盛建设工程有限公司给予停止投标 5 个月的处理(自 2004 年 1 月 1 日至 2004 年 5 月 31 日)；暂扣荣盛建设工程有限公司安全资格证；所有在建工程停业整顿，待主管部门逐一复查验收合格后，方可复工。

(2)吊销荣盛公司三分公司经理陈某、项目经理王某的项目经理资格证书，吊销公司安全人员田某、藏某、赵某的上岗证书。责令荣盛公司对上述人员和公司、分公司、项目部的其他相关管理人员作出严肃处理并报廊坊市建设局。

(3)责令荣盛公司调整和加强公司、分公司、项目部的安全生产管理力量，按规定配足专职安全管理人员。

(4)将此次事故负有直接管理责任的有关人员移送司法机关立案调查追究责任。

(5)给予事故连带责任方四川仪陇劳务建设总公司清除出廊坊建筑市场的处理。

(6)对工程监理方“廊坊市金桥监理公司”通报批评，吊销总监的监理执业资格证书。

六、防止类似事故应采取的措施及建议

(1)成立事故抢险和调查处理领导小组，组织指挥现场抢险和人员疏散，尽快控制火势，最大限度减少人员伤亡，全力抢救伤员，做好群众的稳定工作。

(2)立即开展调查，尽快查明事故原因及损失程度，按建设部和省政府有关规定追究责任单位和责任人，对其进行严肃处理。

(3)责令荣盛建设公司全力做好伤员救治和民工稳定工作，积极配合调查，迅速查清事故原因和责任，并依法严肃处理。

(4)对荣盛建设公司承建的所有在建工程责令全面停工，责令企业认真按照市建设局要求和有关规定及标准彻查安全保障体系、责任制、现场防护情况，未经市建设局验收通过不得复工。

(5)市建设局立即下发紧急通知，对全市在建工程进行一次拉网式大检查，重点检查建筑

工地安全生产责任制的落实；起重机械设备的使用和备案管理；安全生产技术措施和有关程序；现场安全隐患和违章行为是否得到及时纠正；从业人员持证上岗和掌握操作规程及自我保护知识的情况；消防措施、取暖设施、食堂卫生等。以此事故为鉴，全面消除安全隐患。

七、事故点评

这是一起违章安排职工入住在建工程主体，安全责任制落实不到位而引起的重大火灾事故，不仅给死伤者家属造成了极大痛苦，也使企业本身蒙受了相当大的损失，为建设工程安全生产监督管理工作再次敲响了警钟。施工企业应从提高意识、强化责任，健全制度、规范管理，强化措施、严格执法，分层培训、提高素质，定期考核、严格奖惩等五个方面加强安全生产工作，杜绝重大伤亡事故的发生。

案例三　邯郸市广泰路污水工程坍塌事故

一、事故主要情况

事故发生时间：2004 年 4 月 3 日

工程名称：邯郸市广泰路污水工程

事故单位：邯郸市承建市政工程有限公司

二、事故主要经过及采取应急措施情况

2004 年 4 月 3 日下午 5 时 30 分，邯郸市承建市政工程有限公司承建的邯郸市广泰路污水工程在 4 m 深污水沟槽内，由北向南摊铺钢筋混凝土污水管底的碎石基础。该公司施工队 4 名工人在距南端沟槽 10～20 m 处，刘某、卢某在其北侧。正在作业时，刘某抬头看到污水沟槽壁西侧（直壁）上方向下掉土出现坍塌征兆，刘某拉住卢某立即逃离现场，并喊道“土落了”（要塌方），未反应过来的 4 人被污水沟槽西侧突然坍塌的土方（长 20 m，高 4 m）掩埋。

事故发生后，现场人员及时向 119 和 110 报警，邯郸市消防支队官兵接报后迅速赶到事故现场奋力抢救，于下午 6 时 30 分左右将人救出，120 救护车立即将伤员分别送往邯郸县医院和邯郸市第一医院抢救。经邯郸县医院抢救无效，其中 2 人于当晚 7 时 10 分左右死亡；经邯郸市第一医院紧急抢救无效，另 1 人于晚 8 时左右死亡，共计造成 3 人死亡，1 人轻伤。

三、事故原因、人员伤亡及财产损失情况

（一）直接原因

安全投入不足，现场的安全防护不到位，是造成此次重大伤亡事故发生的主要原因；施工前没有制定安全技术方案，仓促开工，施工现场未采取安全防护措施，致使沟槽西侧堆土量过大，造成沟槽西侧壁被上方堆土压垮坍塌。

（二）间接原因

(1)施工企业安全生产责任制未落实，安全生产管理表面化，缺乏深层次的管理。

(2)作业人员不按操作规程和标准要求进行施工，违章作业，冒险施工。

(3)职工安全教育制度未落实，特别是劳务人员的安全知识教育不到位，造成作业人员安全意识差，自我保护能力弱。

(4)因工程小、投入低、工期紧，现场各方主体安全责任落实不到位，缺乏有效的安全监管措施，造成小工程发生大事故。

(5)限额以下工程尤其是专业工程未办理安全监督备案手续，造成在施工过程中安全监督被动监管的局面，事故隐患得不到及时查处。

(6)北京众智科威建设监理咨询所在该项目监理中，聘用无监理资质人员担任该工程项目监理，未能认真履行其监理职责。

（三）人员伤亡及财产损失情况

死亡 3 人，轻伤 1 人；直接经济损失 28 万元。

四、事故性质和责任

这是一起由于安全投入不足，安全管理不到位，职工安全教育制度未落实，监理单位未认真履行其监理职责所造成的重大责任事故。

五、有关事故责任者追究行政、法律责任情况

(1)对邯郸市承建市政工程有限公司给予全市通报批评，并自通报之日起吊扣企业安全资格证书 3 个月，停止招投标 3 个月。

(2)依据《建设工程安全生产管理条例》第 64 条规定，应给予邯郸市承建市政工程有限公司经济处罚。鉴于邯郸市安全生产监督管理局已对该公司做出了经济处罚，故不再另行给予经济处罚。

(3)对有关责任人的处理将依据邯郸市安全生产监督管理局对“4 · 3”事故调查处理意见的批复，由相关单位严肃追究责任，构成犯罪的移交司法机关追究刑事责任。

(4)责令邯郸市承建市政工程有限公司对本项目和其他工程建设项目围绕安全生产进行全面整顿，对全体员工进行一次认真的安全生产规章制度学习教育。

(5)根据邯郸市安全生产监督管理局对“4 · 3”事故处理意见的批复，责令北京众智科威建设监理咨询所退出邯郸建筑市场，并建议企业所在地建设行政主管部门对该公司有关责任人追究相关责任。

六、防止类似事故应采取的措施及建议

(1)监理单位、施工单位要加强安全生产责任制的落实，要结合实际强化对特种作业人员和劳务工开展实用有效的安全教育培训，特种作业人员必须持证上岗。

(2)加大施工现场安全生产监督力度，确保各项安全措施真正落实到位。

(3)施工企业和项目部都要制定相应的奖罚制度，罚款用于奖励在安全生产工作方面作出贡献的先进集体和个人。

(4)全市实行建设施工企业向建设工程项目部派驻专职安全员制度，施工现场必须按规定配备专职安全管理人员，专职安全员须持证上岗并由建筑业企业直接管理，主要负责建设工程项目全过程的安全生产监督检查工作。

(5)施工现场监理工程师必须经相应安全知识培训，经建设行政主管部门考核合格后方能上岗，并按照有关法律法规切实履行现场安全监理职责。

(6)建设单位在编制工程概算时，必须单列职工意外伤害保险费和安全作业环境及安全施工措施费，并制定计划按工程施工进度按时拨付。

(7)完善事故应急救援预案，配备必要的应急救援器材，并组织演练，提高事故预防和事故应急抢险处置能力。

七、事故点评

这起事故是由于企业安全管理不到位，安全操作规程不健全，作业人员安全培训教育不到位，作业人员缺乏安全意识、自我保护意识造成的。这起惨痛事故给我们的启示是要加强一线操作人员的安全意识，普及安全常识是我们当前一项重要工作，安全培训教育要重点向一线倾斜。

案例四　石家庄市河北电机科技园专特电机生产厂房触电事故

一、事故主要情况

事故发生时间：2005 年 5 月 21 日

工程名称：河北电机科技园专特电机生产厂房

事故单位(总包单位)：河北省第二建筑工程公司

分包单位：邯郸市爱民建筑安装有限公司

二、事故主要经过及采取应急措施情况

2005 年 5 月 21 日，由河北省第二建筑公司总承包，邯郸市爱民建筑安装有限公司分包的河北电机科技园专特电机生产厂房工程，邯郸市爱民建筑安装有限公司石家庄分公司职工杨某等 10 名职工在专特电机生产厂房内进行室内顶棚粉刷作业。登高作业采用长、宽均为 5.7 m，高 11.25 m，底部设有钢性滚动轮的移动式方形操作平台。19 时 16 分，因粉刷需要，粉刷队队长带领 6 名职工移动操作平台时，未对操作平台底部地面上的塑料电缆线采取任何保护措施，移动式操作平台无防护胶皮的钢性滚动轮与塑料电缆线斜向碾压，将塑料电缆绝缘层轧破，移动式操作平台整体带电，致使正在移动操作平台的 6 名职工触电，3 人经抢救无效死亡。

事故发生后，分包单位职工鲍某最先发现触电情况，马上喊在室外总配电箱附近的总包单位职工薛某切断电源开关，并马上报告项目部。闻讯赶来现场的鲍某等 4 人对触电者立即进行胸外按摩和人工呼吸等现场急救措施。同时总包单位职工胡某等 3 人即刻相继拨打了 120 急救电话并报警求救，向有关部门紧急报告事故情况，及时封闭保护好事故现场。现场有关人员用出租车将杨某送往附近的窦妪镇卫生院，后由于窦妪镇卫生院医疗条件有限，19 时 40 分，再次返回施工现场。19 时 37 分第一辆救护车到事故现场对受伤较重的触电者进行急救，随后又有市急救中心及栾城县急救中心 3 辆救护车陆续到达事故现场抢救。20 时 30 分救护车将触电者全部送往市急救中心抢救，3 人经抢救无效死亡。

接到事故紧急报告的市政府副秘书长等市委、市政府、市安监局、栾城县公安局、栾城县安监局的领导同志相继赶到事故现场和石家庄市第三医院，指挥部署了现场应急救援和人员抢救工作。

市政府副秘书长高度重视这次事故，在石家庄市第三医院对事故处理的有关问题进行了布置，一是要求全力抢救受伤者；二是由市安监局牵头，依照国家事故调查处理规定，组成事故调查组立即开展调查工作，按照“四不放过”原则查清事故原因，依法追究处理；三是责成市安监局立即以市安全生产委员会名义向全市各县(市)区和市安委会成员单位发出事故通报，提出要求并明确提出加大建筑行业的安全生产监管力度，切实保障人民生命财产安全；同时对死者善后处理等工作做了具体部署。按照《企业职工伤亡事故报告和处理规定》(国务院令第 75 号)的规定，于当晚组成了以市安监局为组长单位，市建设局为副组长单位，成员由市安监局、市监察局、市总工会、市建设局、栾城县公安局、栾城县安监局等单位有关人员组成的事故调查组，随即展开了事故调查工作。

三、事故原因、人员伤亡及财产损失情况

(一)直接原因

(1)邯郸市爱民建筑安装有限公司施工人员在移动操作平台时，明知地上有电缆线，未将电缆移开也未采取任何保护措施，野蛮施工、冒险作业，强行推动操作平台，致使轮子轧破电缆,造成触电事故。

(2)在移动操作平台时,未将电缆线电源开关切断。2005 年 5 月 6 日河北二建与邯郸爱民公司签署的“安全技术交底”第 13 项中明确写明:“在现场移动脚手架作业,不得碰损现场布设的电缆、电线,如果离电缆电线小于安全距离工作,必须将电路切断。”其中,施工队的被交底人签字者正是事故中的死者之一——粉刷队队长杨某。这项安全技术交底没有贯彻执行。

(3)未采取将防止轧坏电缆的保护措施。

(4)移动式操作平台 3 个滚动轮,包括东北角碾压塑料电缆的钢性滚动轮防护胶套已脱落,没有及时更换修理。

(5)发生事故时正在浇水养护混凝土地面,地面上存在的养护水,加重了触电事故的后果。

(6)施工现场总配电箱内的塑料电缆线未经漏电保护器直接接在总隔离开关上,违反了《施工现场临时用电安全技术规范》(JGJ 46—88)的规定,事故发生后,不能自动切断电源,使事故的后果更加严重。

(7)在主体工程完工后,对重新敷设的临时用电线路没有按照《施工现场临时用电安全技术规范》(JGJ 46—88)规定的要求,在厂房内规范设置,而是在厂房内的地面上穿行。

(二)间接原因

(1)邯郸市爱民建筑安装有限公司的各级领导,对“安全第一,预防为主”的思想树得不牢,重生产轻安全,安全生产管理存有重大漏洞,安全意识淡薄,对各项规章制度执行情况监督管理不力,对职工未进行有效的进行“三级安全教育”;特别是对施工现场存在事故隐患,以及职工冒险、违章作业行为不能及时发现和消除,安全管理和安全落实不到位。

(2)河北省第二建筑工程公司的有关领导及项目有关领导,对“安全第一,预防为主”的思想树得不牢,安全管理存有漏洞,安全技术措施针对性差,安全技术交底未能有效落实。对分包单位的安全生产工作统一协调、管理不到位。

(3)安全教育不到位,职工缺乏必要的安全和技术素质。总包单位、分包单位的部分管理人员、操作人员(包括特殊工种作业人员)的基本安全素质较低,对作业场所和工作岗位存在的危险因素缺乏足够的认识了解,思想麻痹,心存侥幸,冒险、违章作业,忽视防范措施。不能正确应对、判断、处理施工过程中的各种问题。

(4)现场检查监督、监理不到位。按照国家标准中的安全规范,应当对现场实施严格的安全条件检查,指定专人负责安全监护。事发的前两天,现场监理人员虽然提出了部分事故隐患要求,但没有进一步落实隐患整改措施,没有对工作中违规作业的行为加以制止;总包单位的项目经理、专职安全员及分包单位的项目负责人作为现场的直接管理人员对不按要求施工作业的行为没有及时检查纠正,对监理单位下达的隐患整改通知书没有引起高度重视,制止违章不力,是此次事故主要的管理原因。

(三)人员伤亡及转产损失情况

死亡 3 人;经济损失约 30 万元(其中直接经济损失约 25 万元)。

四、事故性质和责任

这是一起由于施工单位对现场工作缺乏检查力度,安全教育不到位,操作人员野蛮、冒险作业,强行推动操作平台,致使轮子轧破电缆而造成的重大安全生产责任事故。

五、有关事故责任者追究行政、法律责任情况

(1)邯郸市爱民建筑安装有限公司石家庄分公司事故工程项目负责人刘某作为分包单位施工现场的第一责任人,安全管理工作不到位,对施工现场存在的事故隐患整改不力,应对此

次事故的发生负安全管理上的直接责任。建议给予刘某行政撤职处分，并按照爱民建筑安装有限公司的意见处以 4 000 元罚款。

(2)邯郸市爱民建筑安装有限公司石家庄分公司粉刷队队长杨某，在组织指挥施工的同时，未采取可靠的安全技术措施，冒险作业，对此次事故的发生负有直接责任，鉴于杨某已在事故中死亡，不再追究其责任。

(3)邯郸市爱民建筑安装有限公司石家庄分公司经理栗某作为石家庄分公司第一负责人，对分公司安全管理工作管理不到位，对施工现场存在的事故隐患未能及时发现和整改，对此次事故的发生应负安全管理上的直接领导责任。建议给予栗某行政记大过处分，并按照爱民建筑安装有限公司的意见处以 3 000 元罚款。

(4)邯郸市爱民建筑安装有限公司主管安全的副总经理陈某，未能及时发现和解决石家庄分公司存在的问题，监督检查不到位，对此次事故负有领导责任。建议责令陈某作出深刻的书面检查，给予行政警告处分，并按照爱民建筑安装有限公司的意见处以 2 000 元罚款，免发 6 个月奖金。

(5)邯郸市爱民建筑安装有限公司总经理李某，对公司的安全生产负总责，对下属企业施工管理和技术管理力度不够，对事故的发生负全面领导责任。建议责令李某作出书面深刻检查，并按照爱民建筑安装有限公司的意见处以 1 500 元罚款，免发 8 个月奖金。

(6)省、市建设行政主管部门依据相关规定对邯郸市爱民建筑安装有限公司给予降低《建筑业企业资质证书》等级，暂不予办理《安全生产许可证》。

(7)河北省第二建筑工程公司第二分公司电机园现场电工杨某，未能及时发现和改正现场临电线路存在的事故隐患，致使触电事故后果更加严重，对事故的发生负有一定的直接责任。给予杨某行政记过处分，按照河北省第二建筑工程公司意见处以 500 元罚款，并由河北省第二建筑工程公司安全部门吊扣其《电工操作证》6 个月，记入操作证。

(8)河北省第二建筑工程公司第二分公司电机园项目经理任某，没有认真履行职责，对施工现场管理不力，对这起事故的发生负直接领导责任。建议给予任某行政警告处分，按照河北省第二建筑工程公司意见处以 1 500 元罚款。

(9)河北省第二建筑工程公司第二分公司电机园项目专职安全员刘某，负责事故工程的现场安全生产具体工作，对施工现场安全监督检查整改不力，安全管理不到位，对事故的发生应负直接管理者的责任。给予刘某行政警告处分，按照河北省第二建筑工程公司意见处以 1 500 元罚款。

(10)河北省第二建筑工程公司第二分公司副经理孙某，分工负责分公司安全生产工作，对施工现场安全监督检查不力，安全管理不到位，对事故的发生应负直接管理责任。给予孙某行政警告处分，按照河北省第二建筑工程公司意见处以 1 000 元罚款。

(11)河北省第二建筑工程公司第二分公司经理王某，全面负责分公司安全生产工作，对事故的发生应负直接领导责任。给予王某行政警告处分，按照河北省第二建筑工程公司意见处以 1 000 元罚款。

(12)河北省第二建筑工程公司副总经理王某，负责总公司施工生产和安全工作，对事故的发生负有领导责任。责令王某作出书面深刻检查，按照河北省第二建筑工程公司意见处以 500 元罚款。

(13)河北省第二建筑工程公司总经理郑某，负责公司的全面工作，对事故的发生负领导责任。责令郑某作出深刻书面检查，按照河北省第二建筑工程公司意见处以 500 元罚款。

(14)河北冀科工程建设监理有限公司总监理工程师高某对工地管理组监管不力,未能严格履行安全生产方面的职责,负有一定的监理责任,责令其作出书面深刻检查。

六、防止类似事故应采取的措施及建议

(1)邯郸市爱民建筑安装有限公司要对河北电机科技园专特电机生产厂房铸造车间顶棚及内墙粉刷工程,进行认真的安全检查,完善该工程安全施工的安全技术措施,按规定审批,消除事故隐患,确保后续工程的安全施工。

(2)河北省第二建筑工程公司第二分公司河北电机科技园专特电机生产项目经理部,按照《施工现场临时用电安全技术规范》(JGJ 46—88)规范的要求,立即更换铸造车间工地厂房内临时用电的塑料电缆,按规范敷设塑料电缆线,将塑料电缆线接于施工现场总配电箱内的漏电保护器。同时要对施工现场的临时用电安全进行一次专项安全大检查,发现并及时消除事故隐患,确保安全用电。

(3)邯郸市爱民建筑安装有限公司和河北省第二建筑工程公司的有关领导及直接指挥生产的中层干部和管理人员,要认真学习"安全第一、预防为主"的方针,学习《安全生产法》,提高对安全生产工作重要性的认识。要进行全员的安全生产教育,聘请有关安全专家进行讲课,努力提高全员安全生产意识,提高企业安全管理水平。

(4)由建设方河北电机股份有限公司总牵头,各施工单位和监理单位参加,立即对河北电机科技园所有施工现场进行一次详细全面的安全大检查,对查出的事故隐患,按"三定四不推"的原则,分解到各责任单位,限期整改,确保河北电机科技园工程安全施工。

(5)强化制度建设,落实各项措施。坚持"安全第一、预防为主"的基本方针,全面落实各级岗位责任制。施工现场的总包单位和专业分包单位切实吸取事故的深刻教训,举一反三,高度重视安全生产工作,健全和完善各级各部门和各岗位安全生产责任制,真正把安全生产法规、制度、措施、规程等落实到基层和每个作业人员,形成有效预防事故的管理机制。

(6)加强对各项目工程的现场安全生产管理,切实加强对施工现场的监督检查,认真执行检查制度,要对每一个工作、作业程序进行全面检查,不留死角。做到责任到人,人员职能到位,技术措施落实,事故隐患消除,确保安全生产。

(7)各建设责任主体,包括建设、勘察、设计、施工、工程监理单位,要继续加强对《安全生产法》、《建筑法》、《建设工程安全生产管理条例》的主要内容和基本精神的贯彻。督促总包单位、分包劳务单位根据各单位的实际情况,全面开展对建筑劳动力的安全培训,切实提高其劳动力的安全素质。重点督查施工企业认真贯彻落实《安全生产法》、《建设工程安全生产管理条例》中关于安全培训教育的各项要求,强化对一线操作人员安全教育。建立管理人员和作业人员年度安全生产教育培训制度,加强进入新的施工现场和岗位,以及采用新技术、新工艺、新设备、新材料时对作业人员的安全教育,切实推行持证上岗制度,取消不具备安全生产知识和管理能力的有关人员的任职资格,禁止未经培训人员上岗作业。要坚持以人为本,"关爱生命、关注安全",切实保障从业人员特别是农民工的安全健康。

(8)强化监理单位的监理工作,严格履行法律法规赋予的责任。加强责任心,树立良好的职业素质,加大对施工现场安全生产工作的监督管理力度,对存在的安全隐患,认真履行职责。

七、事故点评

这起事故是由于邯郸市爱民建筑安装有限公司的各级领导,对"安全第一,预防为主"的思想树得不牢,重生产轻安全,安全生产管理存有重大漏洞,安全意识淡薄,对各项规章制度执行情况监督管理不力,对职工未进行有效的"三级安全教育"造成的;特别是施工人员在移动操作平台时，明知地上有电缆线，未将电缆移位，野蛮、冒险作业，强行推动操作平台，致使轮子轧破电缆，造成触电事故。这起事故告诉我们加大安全生产教育培训、监督检查力度，消除违章作业现象，提高安全意识，才能真正做到安全生产。

案例五 张家口市高新区纬三路段东沙河污水干管工程中毒窒息事故

一、事故主要情况

事故发生时间：2005 年 10 月 4 日

工程名称：张家口市高新区纬三路段东沙河污水干管工程

事故单位：张家口市桥东区市政工程管理处

二、事故主要经过及采取应急措施情况

2005 年 10 月 4 日下午 2 时 30 分，张家口市桥东区市政工程管理处第二项目部承建的张家口市高新区纬三路段东沙河污水干管工程，在做完污水干管闭水实验后，用汽油机水泵放在井下抽排管中的存水时，水泵出现故障。民工魏某到井下检查水泵故障时晕倒在井下，这时民工武某发现后，下井施救未果，随后上到井口喊人。项目部经理赵某带领工人赶到现场组织营救，民工李某首先下井救人未成晕倒，项目部经理赵某随后下井，并指挥兼职安全员杨某等 3 人下井救人。下井人员先后感到头晕、身体发软等症状。

事故发生后，市建设局、市安监局、市公安局主要领导、市消防支队官兵、120 急救中心工作人员等立即赶赴事故现场进行抢救工作。经过一个多小时的紧急抢救，将井下人员全部救出，紧急送往市第一人民医院进行抢救。经医院抢救，4 人脱离危险，包括项目经理赵某在内的 3 人经抢救无效于当日晚间死亡。

三、事故原因、人员伤亡及财产损失情况

（一）直接原因

将水泵放置井下进行抽水作业时，因井下空间狭小，汽油机工作时需耗费大量氧气，造成井下氧气稀薄；在随后的施救过程中，项目经理赵某没有采取正确的施救措施，盲目下井救人，施救人员未配戴防护装备，指挥施救方法不当，促使事故进一步扩大。

（二）间接原因

(1)闭水试验方案有缺陷，安全操作规程不健全，抽水作业安全操作规程不明确，没有进行抽水作业安全技术交底。

(2)安全教育培训针对性差，抽水作业前未进行专门安全技术知识培训。

(3)安全监管不到位，未能及时制止施救中的违规行为。

(4)项目部没有制定事故应急救援预案，未配备必要的事故救援器材，导致事故应急处置不力。

（三）人员伤亡及财产损失情况

死亡 3 人；直接经济损失约 40 万元。

四、事故性质和责任

这是一起由于安全管理不到位，安全操作规程不健全，从业人员缺乏抢险急救知识所造成的重大死亡事故。

五、有关事故责任者追究行政、法律责任情况

(1)张家口市桥东区市政工程管理处处长贾某为企业安全生产第一责任人，没有认真履行安全生产工作职责，对这起事故负领导责任，给予行政警告处分。

(2)张家口市桥东市政工程管理处副处长赵某分管生产技术工作,对该工程施工组织设计、专项安全施工方案未认真审查,方案中存在的缺陷未及时得到纠正,对这起事故负一定管理责任,给予行政记过处分。

(3)该企业安全科科长钱某,没有认真检查落实项目部对从业人员上岗前的安全教育和安全技术交底情况,对这起事故负一定管理责任,给予行政警告处分。

(4)该项目部兼职安全员杨某,没有认真履行现场安全管理职责,对盲目下井救人的违规行为没及时制止,给予行政记过处分。

六、防止类似事故应采取的措施及建议

(1)加大施工现场安全生产监督力度,确保各项安全措施真正落实到位。

(2)建立健全闭水试验安全操作规程,为井下作业人员配备保证安全生产必需的劳动保护用具;井下作业时,必须采取可靠的通风措施,并安排专人对作业人员实施监护。

(3)强化从业人员尤其是农民工的安全教育培训和本岗位安全操作规程及安全操作技术知识培训。

(4)完善事故应急救援预案,配备必要的应急救援器材,并组织演练,提高事故预防和事故应急抢险处置能力。

七、事故点评

这起事故是由于企业安全管理不到位,安全操作规程不健全,作业人员安全培训教育不到位,严重缺乏相应急救抢险知识造成的。事故发生后抢救伤者是应倡导的,但在不明原因的情况下盲目抢险救人,可能会造成事故的进一步扩大。这起惨痛事故告诫我们,加强安全生产教育,普及抢险急救知识是当务之急。

案例六　石家庄市桥东污水处理厂模板坍塌事故

一、事故主要情况

事故发生时间:2005 年 12 月 14 日

工程名称:石家庄市桥东污水处理厂

事故单位:北京长城贝尔芬格伯格建筑工程有限公司

二、事故主要经过及采取应急措施情况

2005 年 12 月 14 日,北京长城贝尔芬格伯格建筑工程有限公司承建的石家庄市桥东污水处理厂,两台汽车泵在消化池东北角进行混凝土浇筑,10 名工人在内侧东北角操作平台用 4 条震动棒进行混凝土浇筑作业。当浇筑的混凝土上表面接近模板上口时,东北角处混凝土出现漏浆现象,现场操作工人正准备对模板进行维修时,听到东北角一声巨响,内模板及混凝土从东北角开始坍塌,并由此向两侧瞬间依次塌落,造成 7 人被埋在散落的模板、钢筋及混凝土内。

事故发生后,现场管理人员在向公司报告事故的同时,向 120、119、110 进行求助,并于 15 日凌晨将 1 名工人救出。由于坍塌事故现场的损毁模板、架板、钢筋及预应力钢绞线相互交错,且被混凝土掩盖,随着 C40 级混凝土强度逐步上升,抢救工作面狭小,救援工作难度加大,进展困难。至 16 日 23 时 30 分,遇险者赵某被挖出;17 日 20 时 30 分,遇险者刘某被挖出;17 日 23 时,遇险者姜某被挖出;18 日 4 时,遇险者文某被挖出;19 日 3 时 40 分遇险者梁某被挖出;21 日 8 时 30 分,最后一名遇险者段某被挖出。上述 6 名工人经现场急救医务人员确认均已死亡。

三、事故原因、人员伤亡及财产损失情况

(一)直接原因

(1)模板体系设计上不具有本质安全性能。RSB模板体系没有根据国内现行规范标准及工程的实际施工工艺要求、材料进行技术分析研究,科学的确认模板体系的适用性、安全性、可靠性;不能做到即使在异常情况下,也不会出现任何危险和产生任何有害因素。

(2)没有针对性专项施工方案。缺乏对RSB模板体系结构进行工程实际复合计算以确定专项施工方案。

(3)RSB模板没有产品质量合格证书,模板的制造、安装存在一定的质量缺陷。施工中,RSB模板的安拆未有相应的施工操作、质量要求及施工验收标准文件。

(4)混凝土的浇筑施工作业没有根据RSB模板的设计条件进行控制。对混凝土的初、终凝时间没有控制措施;冬季施工也是影响混凝土初凝时间的不利因素。

(二)间接原因

(1)技术和质量管理不到位。除上述技术和质量管理问题外,还存在无螺栓周转次数及模板杆件周转中的检验技术标准文件;使用的模板经过5次周转;螺栓紧固情况不一;模板方钢管环梁与工字钢连接与图纸不符;混凝土无初凝时间等相关技术指标的认定文件;混凝土浇筑没有严格进行对称作业。

(2)安全生产职责落实不到位。建设、监理、施工等单位未全面履行安全生产职责,未能将安全生产列入重要议事日程。安全管理不到位,存在重大漏洞,对各项规章制度执行情况的监督管理不利。

(3)现场检查监督、监理不到位。监理单位未按照国家标准中的安全规定,对现场实施严格的安全条件检查,没有发现冬季施工方案安全保证措施不到位问题,没有及时发现模板安装及使用过程中存在的诸多安全隐患。在混凝土浇筑过程中,监理人员没有全过程旁站监理。

(4)安全意识不到位。建设、总包、施工、监理等单位安全教育工作不到位,致使有关人员缺乏安全意识,对工作场所和工作岗位存在的危险因素认识不足,思想麻痹,忽视防范措施。不能正确判断、应对、处理施工过程中的各种问题,不能采取有效的安全防范措施。

(5)建设项目未能作到安全设施"三同时"。该建设项目没有将安全设施"三同时"纳入建设项目管理程序,未经过国家有关部门的安全设施"三同时"审查。

(三)人员伤亡及财产损失情况

死亡6人,重伤1人;直接经济损失约198.6万元。

四、事故性质和责任

这是一起由于安全管理不足,安全意识淡薄所造成的三级安全生产责任事故。

五、有关事故责任者追究行政、法律责任情况

(1)对该联营体未能全面履行安全生产管理职责的行为责令限期改正,对该联营体项目的主要负责人处10万元罚款。

(2)对土建施工项目经理马某处1万元罚款。

(3)对主要负责人总经理赵某处1.5万元罚款。

(4)对项目副经理杨某给予行政记大过处分,处8 000元罚款。

(5)对质量主管闪某给予行政记大过处分,处6 000元罚款。

(6)对项目工程师杨某给予行政记过处分,处5 000元罚款。

(7)对现场安全管理负责人张某给予行政记过处分,处4 000元罚款。

(8)对公司总工程师李某给予行政警告处分,处3 000元罚款。

(9)对公司安全保卫部部长白某给予行政记过处分,处2 000元罚款。

(10)对承德京宇建筑劳务公司总经理胡某给予行政警告处分,处2 000元罚款。

(11)对承德京宇建筑劳务公司生产经理文某给予行政记大过处分,处3 000元罚款。

(12)对承德京宇建筑劳务公司项目负责人赵某给予行政记大过处分,处5万元罚款。

(13)对承德京宇建筑劳务公司项目技术员刘某给予行政警告处分,处3 000元罚款。

(14)对北京磐石建设监理公司总经理张某,处6万元罚款。

(15)对北京磐石建设监理公司总工程师骆某给予行政警告处分,处2 000元罚款。

(16)对北京磐石建设监理公司土建监理工程师总监鄢某给予行政记大过处分,处3 000元罚款。

(17)对北京磐石建设监理公司土建工程师董某给予行政记大过处分,处5 000元罚款。

(18)对石家庄污水处理有限公司总经理刘某处5万元罚款。

六、防止类似事故应采取的措施及建议

(1)桥东污水处理厂建设工程如继续使用RSB模板体系,有关单位要向政府主管部门申请组织专题技术论证;建设、总包、施工等单位在技术论证的基础上,结合工程施工的实际情况,应对该模板体系提出针对性的安全技术保证措施;按照建设部《施工工程建设强制性标准监督规定》第5条的要求,报建设行政主管部门或者国务院有关主管部门审定、备案后,在确保安全的前提下,方可继续使用该模板体系进行施工。坚决杜绝类似事故发生。

(2)立即组织全市的施工企业,在桥东污水处理厂召开事故现场会,要认真吸取这次重大事故教训,切实强化安全生产管理和技术质量管理,加强社会责任感和政治灵敏感性,落实各项安全生产职责制。

(3)全市建筑施工企业立即全面开展一次安全生产大检查,由企业主管安全副经理带队,对所属施工现场安全生产状况进行一次严格检查,重点检查土方、大型、超大型模板支撑系统、高处作业、施工用电、宿舍消防安全和防煤气中毒情况。对查处的隐患,要按照"三定四不推"的原则,切实将整改工作落实到实处。对于达不到建设工程安全生产标准及存在隐患的,要坚决予以停工整改,直至验收达标,由企业主管副经理签字后,方可复工。

(4)建筑施工企业要认真落实《建筑工程预防坍塌事故若干规定》、《危险性较大工程安全专项施工方案编制及专家论证审查办法》之规定,对模板、深基坑工程等危险性较大工程编制专项施工方案,并组织专家进行论证审查。论证审查合格并经企业技术负责人和总监理工程师签字后,方可进行施工。

(5)建筑施工企业必须严格按照国家有关安全生产的法律法规要求,加强安全生产管理,加大安全生产投入,严格按照有关规定和程序对在建工程进行审查和施工,防止安全生产事故的发生。

(6)建筑施工企业要加强对安全防护用具、机械设备、施工机具及配件的管理,进入施工现场前,必须查验其是否具有生产许可证和产品合格证,以保证本质安全。

(7)要全面落实安全生产责任制,建设、勘察、设计、施工、工程监理及其他与建设工程安全生产有关的单位,必须遵守安全生产法律法规的规定,严格履行安全生产职责,保证工程建设安全。

(8)要强化建设项目审批许可后的动态监管。各行政主管部门要按照谁颁发施工许可证、谁履行安全生产监管职责、谁负责安全生产指标控制的原则,做好日常工作。

七、事故点评

这是一起由于安全管理不足，质量管理不足，管理人员及作业人员安全意识淡薄所造成的三级重大生产安全责任事故。这次事故启示各施工单位、建筑施工企业要加强对安全防护用具、机械设备、施工机具及配件的管理。进入施工现场前，必须查验各种机具是否具有生产许可证和产品合格证，以保证本质安全。要全面落实安全生产责任制，建设、勘察、设计、施工、工程监理及其他与建设工程安全生产有关的单位，必须遵守安全生产法律法规的规定，严格履行安全生产职责，保证工程建设安全。

案例七　保定市涞源县"山水名都"山体坍塌事故

一、事故主要情况

事故发生时间：2006 年 4 月 13 日

工程名称：涞源县山水名都综合楼第二标段

事故单位：涞源县谈氏基业建筑工程有限责任公司

二、事故主要经过及采取应急措施情况

2006 年 4 月 13 日凌晨 1 点 20 分左右，由涞源县谈氏基业建筑工程有限责任公司承建的山水名都综合楼施工现场，因山体坍塌，砸毁施工现场临建职工宿舍，造成 3 人当场死亡的重大安全事故。

事故发生后，保定市建设局立即启动了应急救援预案，并采取以下紧急措施：

(1)建设局立即将事故逐级上报省安监总站、省建设厅。

(2)成立以建设局主管领导为组长的、有关单位人员和安全专家组成的事故调查组，全面展开事故的调查；详细查看了有关的资料记录，对现场进行了摄像和录像，保留现场有关资料。

(3)责成涞源县建设局对事故的现场进行保护，对事故现场仍存在第二次塌方的严重隐患采取了应急治理措施，动用挖掘机，在有人员监控的情况下，对现场的塌方部位浮土进行清理，按照有关规定对陡坡进行放坡；积极采取有效措施，对死难者家属进行安抚工作。

(4)责成涞源县建设局对次此事故及时进行全县通报；对发生事故的施工现场下达停工整改通知书，并要求对全县所有的在建施工现场的临建设施进行全方位、认真的检查，如发现存在隐患，应立即停工整改。

(5)由保定市建设局对全市各有关部门和单位下发了《关于对涞源县"4·13"重大安全事故的通报》，以及《关于加强当前建筑安全生产工作遏制重特大伤亡事故的紧急通知》，要求各施工企业和有关单位，要以此次事故为戒，确保"四不放过"的原则，采取有力措施，加大安全隐患的排查力度，保证安全生产，坚决杜绝任何安全事故的发生。

三、事故原因、人员伤亡及财产损失情况

(一)直接原因

(1)施工现场违反安全生产的有关法律、法规和规定，在高切坡下方搭建临时库房和生活用房。

(2)施工现场没有按照有关规定和技术指标放坡，或者做边坡支护。

(3)坡顶处的供水管道在埋设施工时，挖沟深埋管道，降低了坡顶部外侧的土体整体黏结力。

(4)临建搭设质量不符合国家、省、市的有关规范要求。

(5)在 HDPE 管线和铸铁管线连接处有漏水现象，因渗水浸泡而使山坡梁土质松动，再加之高切坡经过了一个雨季及冻融的影响，以及外界的干扰、震动，致使边坡失稳造成坍塌，坍塌土方挤压临建房屋致其倒塌，使休息的工人被砸埋在下面造成人员伤亡。

(二)间接原因

(1)施工企业安全管理制度不健全，落实不到位；施工组织设计内容过于简单，在临建选址上未充分考虑周边环境的危险性，没有针对施工现场的实际情况对生活区和有关作业区间进行设计和布置。

(2)施工现场没有专项安全技术措施以及临建搭设的方案和具体要求，没有经过监理公司总监和相关人员的审批。

(3)施工现场管理混乱，项目经理没有按照临建搭设的有关规定和质量、强度标准，随意进行临建的搭设。

(4)施工项目管理人员，对施工现场的周边环境没有进行认真的核实，尤其是高切坡没有按照计算确定支护方案或者放坡方案，只凭借原有当地施工的一般经验，未采取相应防护措施。

(5)项目部在原有宿舍拆除后，未能及时提供工人住宿条件，致使部分工人搬入库房居住，而管理人员安全检查不到位，未对民工住宿情况进行有效控制。

(6)定州市鑫隆建设工程有限公司作为劳务分包单位未对该项目进行管理。其作业队伍无企业安全规章制度、无专职安全员、无任何书面的安全管理资料，对职工宿舍管理混乱，对库房内违规住人现象未进行有效管理。

(7)企业管理人员安全意识淡漠，对县建设局、安监机构下达的安全隐患通知未认真、及时执行，没有及时消除安全隐患。

(8)涞源县建设局、安监机构督导不到位，虽然下达了隐患整改通知和停工通知，但是，没有进一步强制执行停工决定。

(三)人员伤亡及财产损失情况

死亡 3 人。

四、事故性质和责任

(1)项目经理在没有专项安全技术措施，以及临建搭设的方案和具体要求的情况下，随意进行临建搭设，并且没有为职工提供适宜的住宿条件，是事故发生的直接责任人。

(2)施工现场技术负责人、企业技术总工对施工组织设计在临建选址上未充分考虑周边环境的危险性，没有针对施工现场的实际情况对生活区和有关作业区间进行设计和布置，是事故发生的直接责任人。

(3)施工企业法人没有健全本企业安全管理制度，制度落实不到位，是事故的主要责任人。

(4)定州市鑫隆建设工程有限公司作为劳务分包单位未对该项目进行严格管理，对本次事故负有主要责任。

(5)该项目劳务分包作业班组的工人，不听管理人员的安排，随意住宿，是本次事故的主要责任人。

(6)施工企业安全科长、现场安全员对本企业的规章制度没有认真的执行，没有按时进行安全检查，及时消除隐患，是事故的重要责任人。

(7)项目总监在施工现场没有专项安全技术措施，以及临建搭设的方案和具体要求情况下，没有及时要求施工单位及时修改审定方案，对施工现场存在的安全隐患没有及时、彻底的下达停工指令，对企业不执行安全隐患整改的情况没有及时上报有关部门，是事故发生的重要责任人。

(8)涞源县的违规情况建筑工程施工安全监督站，对施工现场监督不到位，没有及时采取强有力的手段对施工现场的违规情况进行处罚，负有监管不到位的责任。

(9)涞源县建设局对本次事故负有领导责任。

五、有关事故责任者追究行政、法律责任情况

(1)对施工企业按照《中华人民共和国安全生产法》第80条、81条，《建设工程安全生产管理条例》第64条，《河北省建设工程安全生产监督管理规定》第39条，《河北省安全生产条例》第52条的有关规定，处以罚款5万元；对劳务分包单位处以罚款5万元。

(2)对施工单位技术总工进行通报批评，由施工单位对其进行行政处分。

(3)对监理单位进行通报批评，根据《建设工程安全生产管理条例》第57条，《河北省建设工程安全生产监督管理规定》第39条处以5 000元罚款；由监理单位对该项目总监进行行政处分。

(4)根据《建设工程安全生产管理条例》第53条以及《河北省建筑条例》第67条，对涞源县建设局进行全市通报批评。

(5)鉴于劳务分包作业组受害人已经死亡，故免于相关处分。

(6)事故发生后，省建设厅对事故单位作出暂扣《安全生产许可证》30日的行政处罚。

六、防止类似事故应采取的措施及建议

(1)加大对施工单位、监理单位方案的编制和审批的制度；加强对施工企业、监理单位技术人员安全知识的培训。

(2)项目部应严格责任制度，尤其是对劳务分包的管理，必须要加强。

(3)建设行政主管部门应该加大监督、查处的力度。

七、事故点评

这起事故是由于施工现场违反安全生产的有关法律、法规和规定，在高切坡下方搭建临时库房和生活用房，且临建搭设质量不符合国家、省、市的有关规范要求所造成的。事发时边坡失稳造成土方坍塌，坍塌土方挤压临建倒塌，使休息的工人被砸埋在下面，造成工人窒息死亡。这起事故中，施工企业安全管理制度不健全，落实不到位，施工现场没有专项安全技术措施，并且临建搭设的方案和具体要求，没有经过监理公司总监和相关人员的审批；企业管理人员安全意识淡薄，对县建设局、安监机构下达的安全隐患通知未认真、及时执行，没有及时消除安全隐患；涞源县建设局、安监机构督导不到位，虽然下达了隐患整改通知和停工通知，但是没有进一步强制执行停工决定。因此要加大对施工单位、监理单位方案的编制和审批的制度，加强对施工企业、监理单位技术人员安全知识的培训；建设行政主管部门应该加大监督、查处的力度避免类似事故发生。

案例八　石家庄市幼儿师范专科学校新校区起重伤害事故

一、事故主要情况

事故发生时间：2006年8月19日

工程名称：石家庄市幼儿师范专科学校新校区工程

事故单位：河北省建材建设有限公司

二、事故主要经过及采取应急措施情况

2006年8月19日上午8时，河北省建材建设有限公司承建的石家庄市幼儿师范专科学

校工程，进行塔机拆卸，违规将塔机拆除工程承包给了一无资质的私人队伍。前一日已拆卸了塔机上部的第 9、第 8 标准节。当日拆卸队张某带领王某等 3 人爬上 25.5 m 的塔机，王某在驾驶室操作，张某在引进平台的西北侧，1 人在引进平台的东南侧，1 人操作油泵，将起重臂回转至标准节引进方向，在塔机顶升油缸活塞杆伸出将塔机上部顶起，第 7 节标准节移出放至引进平台时，塔机重心失稳，自根部向东整体倾覆事故。正在作业的 4 人随倒塌的塔身一同坠落，造成 3 人死亡，1 人受伤。

事故发生后，现场警戒人员即刻拨打了 120 求救，并向有关部门紧急报告事故情况，在现场的建设单位电工马上切断了电闸箱电源开关，并使用现场的车辆把受伤较重的作业人员送往和平医院与附近的鹿泉市上庄镇卫生院包扎治疗。

三、事故原因、人员伤亡及财产损失情况

(一)直接原因

塔机拆卸人员未严格按照 QTZ60 塔吊说明书中所规定的拆卸程序进行作业，并严重违反了《塔式起重机操作使用规程》，塔机在顶起油缸，将第 7 节标准节放至引进平台后，顶升套架其中一侧爬爪难以承受塔机上部约 28 t 的重量，致使该侧爬爪受力变形。同时造成顶升油缸一侧挂板断裂落地，顶升套架急速下滑，另一侧的爬爪受阻断裂落地，破坏了塔机在下落过程中的两侧的杠杆平衡，使塔机系统重心偏移失衡，平衡配重及平衡大臂的平衡力矩发生改变，平衡配重力矩大大减少。上部巨大的冲击力、扭曲力矩造成塔机基础节主弦杆、底梁发生扭曲变形，致使基础横梁连接螺栓拉断，基础节连接底板拉弯后撕裂，最终塔机整体倾覆。

(二)间接原因

(1)河北省建材建设有限公司的有关领导及项目有关领导，“安全第一，预防为主”的思想树得不牢，重生产轻安全，忽视后期管理，安全生产管理存有重大漏洞，安全意识淡薄，对各项规章制度执行情况监督管理不力，未根据施工现场的环境和条件、塔机状况，制定拆卸方案和安全技术措施，无企业技术负责人审批手续。特别是对施工现场存在事故隐患、职工冒险、违章作业行为不能及时发现和消除，安全管理和安全生产落实不到位。尤其是施工现场的项目经理作为第一责任人，违规与个人签定拆卸协议，严惩违反了国家安全施工的强制性标准、规章制度和操作规程。

(2)安全教育不到位，缺乏必要的安全和技术素质。施工现场的部分管理人员、操作人员(尤其特殊工种作业人员)的基本安全素质较低，对作业场所和工作岗位存在的危险因素缺乏足够的认识了解，思想麻痹，心存侥幸，冒险、违章作业，忽视防范措施。

(3)现场检查监督、监理不到位。按照国家标准中的安全规范，应当对现场实施严格的安全条件检查，指定专人负责安全监护。塔机拆除自 8 月 18 日已开始，石家庄汇通工程建设监理有限公司现场监理人员，既未对拆卸队伍资质及拆除作业技术方案进行审查及审批，又没有对施工现场拆卸工作中的违规作业行为加以制止；河北省建材建设有限公司专职安全员作为现场的直接管理人员，对不按要求而进行违章施工作业的行为没有及时检查纠正，对此次事故的发生负主要管理责任。

(三)人员伤亡及财产损失情况

死亡 3 人；经济损失约 50 万元。

四、事故性质和责任

这是一起违章指挥、违章操作引发的重大安全生产责任事故。

五、有关事故责任者追究行政、法律责任情况

(1)河北省建材建设有限公司项目经理张某作为石家庄市幼儿师范专科学校工程的第一责任人,安全管理工作严重失职,对事故的发生负主要管理责任。河北省建材建设有限公司给予张某行政撤职处分,吊销张某项目经理资质,处以 2 000 元罚款。

(2)张某负责的安拆队无安装塔机资质,在组织指挥施工的同时,未采取可靠的安全技术措施,违章指挥,冒险作业,对此次事故的发生负有主要直接责任,鉴于张某已在事故中死亡,不再追究其责任。

(3)河北省建材建设有限公司承建的石家庄市幼儿师范专科学校工程的技术负责人李某,负责该工程的具体技术工作,对事故工程的施工管理和技术管理力度不够,对事故的发生负技术上的重要责任。河北省建材建设有限公司给予李某行政记过处分,责令其作出书面深刻检查,处以 2 000 元罚款。

(4)河北省建材建设有限公司承建的石家庄市幼儿师范专科学校工程的现场材料员王某,对自己分管的机械设备管理工作未尽职责,对事故的发生负有一定的直接管理责任。河北省建材建设有限公司给予王某行政记过处分,处以 5 000 元罚款,并由河北省建材建设有限公司劳资部门吊扣其《材料员证》3 个月,记入岗位证。

(5)河北省建材建设有限公司承建的石家庄市幼儿师范专科学校工程专职安全员李某,负责事故工程的现场安全生产具体工作,未能及时发现和改正塔机拆卸中存在的问题,安全管理不到位,对事故的发生负直接管理者的责任。河北省建材建设有限公司给予李某行政警告处分,处以 2 000 元罚款,并建议发证机关暂扣其《安全生产考核合格证书》6 个月。

(6)河北省建材建设有限公司中心库主任王某,负责公司的所有机械设备管理,对施工现场机械设备监督检查不力,对事故的发生负有一定的设备管理责任。河北省建材建设有限公司给予王某行政警告处分,处以 2 000 元罚款。

(7)河北省建材建设有限公司副经理李某主管公司安全生产工作,深入基层不够,对现场塔机拆卸缺乏严格管理,对事故的发生负有主管领导责任。河北省建材建设有限公司责令李某作了深刻的书面检查,并给予行政警告处分,处以 15 000 元罚款。

(8)河北省建材建设有限公司技术负责人王某,负责公司的全面安全技术工作,对事故的发生应负一定的技术领导责任。责令王某写出深刻检查,处以 5 000 元罚款。

(9)河北省建材建设有限公司总经理赵某,负责公司施工生产和安全工作,对事故的发生负有一定的领导责任。责令赵某作出书面深刻检查,处以 10 000 元罚款。

(10)河北省建材建设有限公司董事长肖某,负责公司的全面工作,对事故的发生负一定的领导责任。责令肖某作出深刻书面检查,处以 5 000 元罚款。

(11)依据《建筑施工企业安全生产许可证管理规定》第 15 条、第 22 条、第 23 条,《河北省〈建筑施工企业安全生产许可证管理规定〉实施细则》第 26 条,河北省建设厅对河北省建材建设有限公司给予暂扣《安全生产许可证》45 天的处罚;同时依据《建设工程安全生产管理条例》第 65 条的规定,依照法定程序,由石家庄市建设局给予河北省建材建设有限公司经济罚款若干的处罚。

(12)石家庄汇通工程建设监理有限公司电气工程师张某,现场专业监理不到位,负有一定的直接监理责任。责令张某作出书面深刻检查,依据《建设工程安全生产管理等条例》第 58 条的规定,依照法定程度,责令张某停止执业 6 个月。石家庄汇通工程建设监理有限公司对张某处以 2 000 元罚款。

(13)石家庄汇通工程建设监理有限公司总监代表苏某，未能严格履行安全生产方面的总监代表职责，负有一定的监理责任。责令苏某作出书面深刻检查，依据《建设工程安全生产管理条例》第58条的规定，依照法定程度，责令苏某停止执业1年。石家庄汇通工程建设监理有限公司对其处以2 000元罚款。

(14)石家庄汇通工程建设监理有限公司总监理工程师李某对工地管理组监管不力，负有一定的监理责任。责令李某作出书面深刻检查，依据《建设工程安全生产管理条例》第58条的规定，依照法定程序，责令李某停止执业6个月。石家庄汇通工程建设监理有限公司对其处以1 000元罚款。

(15)石家庄汇通工程建设监理有限公司总经理为公司第一责任人，对事故的发生负一定的监理的领导责任，责令其作出书面深刻检查，上报市建设局。

(16)责令石家庄汇通工程建设监理有限公司对其违规行为限期30日内整改完毕。

六、防止类似事故应采取的措施及建议

(1)对河北省建材建设有限公司幼儿师范专科学校工程项目经理部进行全面认真安全检查，完善倒塌塔机拆除过程中的安全施工技术措施，按规定程序审批和拆卸，消除事故隐患，确保后续工程的安全施工。

(2)河北建材建设有限公司对所有施工现场进行一次专项安全大检查，特别是对使用塔吊的工程，要严格按照《塔式起重机操作使用规程》(JG/T100—1999)、《建筑机械使用安全技术规程》(JGJ 33—2001)等要求，作为检查重点，发现并及时消除隐患。

(3)河北省建材建设有限公司的有关领导及直接指挥生产的中层干部和管理人员，要认真学习“安全第一、预防为主”的方针，学习《安全生产法》，提高对安全生产工作重要性的认识。要进行全员的安全生产教育，聘请有关安全专家进行培训讲座，努力提高全员安全生产意识，提高企业安全管理水平。

(4)由建设方石家庄市幼儿师范专科学校筹建处牵头，各施工单位和监理单位参加，立即对石家庄市幼儿师范专科学校新校区所有施工现场进行一次详细全面的安全大检查，对查出的事故隐患，按“三定四不放过”的原则，分解到各责任单位，限期整改，确保石家庄市幼儿师范专科学校所有工程的安全施工。

(5)强化制度建设，落实各项措施。坚持“安全第一，预防为主”的基本方针，全面落实各级岗位责任制。切实吸取事故的深刻教训，举一反三，高度重视安全生产工作，健全和完善各级各部门和各岗位安全生产责任制，真正把安全生产法规、制度、措施、规程等落实到基层和每个作业人员，形成有效预防事故的管理机制。

(6)加强对各项目工程的现场安全生产管理，切实加强对施工现场的监督检查力度，认真执行检查制度，要对每一个工作、作业程序进行全面检查，不留死角；做到责任到人，人员职能到位，技术措施落实，事故隐患消除，确保安全生产。

(7)各建设责任主体，包括建设、勘察、设计、施工、工程监理单位，要继续加强对《安全生产法》、《建筑法》、《建设工程安全生产管理条例》的主要内容和基本精神的贯彻。根据各单位的实际情况，全面开展对建筑企业全员的安全培训，切实提高其安全素质。重点督查施工企业认真贯彻落实《安全生产法》、《建设工程安全生产管理条例》中关于安全培训教育的各项要求，强化对一线操作人员的安全教育。

(8)强化监理单位的监理工作，严格履行法律法规赋予的责任。加强责任心，树立良好的职业素质，加大对施工现场安全生产工作的监督管理力度，对存在的安全隐患，认真履行监理职责。

七、事故点评

从技术和安全的专业角度去审视这起事故，该事故的发生是必然的。塔吊的安装和拆卸、操作是一项专业性很强而且危险性很高的工作，因此国家、行业制定了严格的规章制度，对此项工作实行了市场准入制度，对从业人员实行了资质考核制度。但该起事故的所有当事人均无视法律法规和技术条件要求，不具备从业资格。随着高层建筑的增加和施工工艺的变化，塔吊的安装和拆卸日益频繁，本次事故的肇事原因在许多施工企业中存在，这是导致我国近年来塔吊事故上升的一个重要因素。因此除对从业人员进行严格培训，严格审核外，尚应加大对非法组织者的惩罚力度，打击非法“包工头”，以遏制恶性事故的发生。

案例九　廊坊市西外环污水提升泵站附属工程中毒窒息事故

一、事故主要情况

事故发生时间：2006 年 12 月 3 日

工程名称：廊坊市西外环污水提升泵站附属工程

事故单位：廊坊市长安市政工程有限公司

二、事故主要经过及采取应急措施情况

2006 年 8 月 30 日，廊坊市长安市政工程有限公司与张某所带领的施工队签定工程分包合同书，将廊坊市西外环污水提升泵站附属工程承包给张某的施工队。后张某又与李某口头约定，将该工程劳务分包给李某。9 月 14 日，李某组织人员进场施工。

2006 年 12 月 3 日 13 时 30 分左右，李某带领王某等二人拆除西外环路污水管道终点的管堵。王某携带工具进入污水检查井内拆除原有污水管道的管堵。在拆除管堵过程中，污水管道中存有的大量硫化氢气体进入污水检查井内，王某因吸入过量硫化氢气体昏迷，李某等两人随即下井施救，均因吸入过量硫化氢气体昏迷。15 时许，张某施工队的材料员孙某来到施工现场，发现李某施工队的汽车和部分施工用具在现场，但不见施工人员，经四处寻找，仍未发现。16 时 30 分许，孙某打电话向张某汇报，张某 17 时许赶到现场并组织多名人员搜寻，于 19 时左右，发现了在污水检查井内已昏迷的王某。在场人员随即拨打了 110、119 和 120 急救电话，公安、消防人员和医疗救护人员赶到后，将王某、李某从污水检查井内救出并送往医院，二人经抢救无效死亡。经不间断现场搜索，第二天 15 时许，在距事故现场南 200 m 处的泵站蓄水池中找到另一名已经死亡的施工人员。此次事故共造成 3 人死亡。

在搜索抢救期间，市长、市委副书记、市委常委、秘书长以及市安监局、市建设局、市公安局领导同志在事故现场指挥事故救援工作，紧急调用挖掘机、装载机、高压冲洗车、管道清淤绞车、复合气体检测仪等应急救援设备，组织了百余名救援人员逐段进行搜索，先后开挖土方 2 000 余方，不间断工作 18 小时。

三、事故原因、人员伤亡及财产损失情况

（一）直接原因

在拆除原污水管道的管堵过程中，污水管道中存有的大量硫化氢气体进入污水检查井内，下井施工的王某和盲目下井救人的李某等两人吸入过量硫化氢气体。

（二）间接原因

（1）廊坊市长安市政工程有限公司违法分包工程。廊坊市长安市政工程有限公司将该工程违法分包给无施工资质、不具备基本安全生产条件的张某施工队。

(2)承揽该工程的张某施工队不具备安全生产条件。张某施工队无施工资质和安全生产许可证,不具备基本安全生产条件,违法承揽该工程并组织施工,并且将该工程劳务分包给不具备资质和基本安全生产条件的李某施工队。张某和李某也均未取得执业资格证书,不具备对工程施工进行管理的能力。

(3)施工方法不正确。3名施工人员在进行拆管堵施工前未采取措施清除原污水管道中污水和有害气体,在施工时未佩戴有针对性的劳动防护用品,在施工前未做好事故应急救援准备。

(4)施工人员未经专业培训上岗作业。李某施工队的施工人员均未经过系统的安全教育,缺乏安全技术知识,没有意识到潜在的安全隐患。

(5)安全管理措施不到位。廊坊市长安市政工程有限公司没有针对廊坊市西外环污水提升泵站附属工程制定专门的施工组织设计和安全技术措施。西外环污水提升泵站的施工组织设计中,也没有对井下作业工序制定专门的安全技术措施。项目经理王某不在施工现场,安全员孙某在发生事故当天没有做好安全检查工作,没有发现该工程的施工行为。

(6)监理单位履行监理职责不到位。监理单位廊坊市置恒工程建设监理有限公司履行监理职责不到位,没有发现该工程无施工组织设计和安全技术措施,没有发现该工程施工过程存在的违法分包,违章施工行为。

(三)人员伤亡及财产损失情况

死亡3人。

四、事故性质和责任

这是一起由于将工程违法分包给无资质队伍,安全管理不到位,施工人员缺乏安全知识而引起的重大生产安全责任事故。

五、有关事故责任者追究行政、法律责任情况

(1)廊坊市西外环污水提升泵站附属工程(廊坊市西排渠泵站进出水管道工程)的承包人张某,自行组织的施工队不具备资质和基本的安全生产条件,擅自承揽该工程,并组织人员施工,忽视安全生产,未履行安全生产职责,对事故的发生负有主要领导责任。依据《中华人民共和国安全生产法》第81条、《中华人民共和国刑法》第135条,将张某移交司法机关处理。

(2)廊坊市长安市政工程有限公司总经理宋某,是该公司主要负责人,违反《安全生产法》,擅自决定将工程分包给不具备资质和基本安全生产条件的张某施工队。未有效检查、督促本单位的安全生产工作,消除事故隐患,致使廊坊市西外环污水提升泵站附属工程的施工过程中安全管理和安全措施严重缺失,对该事故的发生负有主要领导责任。给予宋某党内严重警告处分,并依据《中华人民共和国安全生产法》第81条,由廊坊市安全生产监督管理局给予其罚款20万元的行政处罚。

(3)廊坊市长安市政工程有限公司副经理王某,西外环污水提升泵站工程项目经理,安全生产职责履行不到位,致使西外环污水提升泵站附属工程存在施工人员未经安全教育培训并未考核合格就上岗作业,没有对井下作业工序制定专门的安全技术措施,对该事故的发生负有主要领导责任。给予王某党内严重警告处分,并由廊坊市长安市政工程有限公司给予其相应行政处分。

(4)廊坊市长安市政工程有限公司安全科科长刘某,对本公司安全生产工作管理不力,对事故的发生负有管理责任。由廊坊市长安市政工程有限公司给予其相应行政处分。

(5)廊坊市长安市政工程有限公司技术员解某,在廊坊市西外环污水提升泵站附属工程的

现场协调管理工作中，对施工队伍的安全管理、督促检查不到位，在此次重大安全事故中负有管理不严、监督不力的直接责任。给予解某党内严重警告处分，并由廊坊市长安市政工程有限公司给予其相应行政处分。

(6)廊坊市长安市政工程有限公司安全员孙某，在廊坊市西外环污水提升泵站附属工程的现场安全管理工作中，存在严重疏漏，对事故的发生负有直接管理责任，由廊坊市长安市政工程有限公司给予其相应行政处分。

(7)东方污水处理有限公司法人代表张某，对施工单位安全教育抓得不够紧，安全措施落实监督不够到位，在此次重大安全事故中负有管理不严的领导责任，给予张某党内警告处分。

(8)东方污水处理有限公司现场负责人宋某，对施工队伍的安全管理、督促检查、防范措施落实不够到位，在此次重大安全事故中负有管理不严、监督不力的直接责任，给予宋某党内警告处分。

(9)廊坊市置恒工程建设监理有限公司总监理工程师马某，对廊坊市西外环污水提升泵站附属工程的监理工作把关不严，对事故的发生负有间接管理责任，由廊坊市置恒工程建设监理有限公司给予其相应行政处分。

(10)廊坊市置恒工程建设监理有限公司监理工程师刘某，在廊坊市西外环污水提升泵站附属工程的现场监理工作中，履行监理职责不到位，未能发现该工程中存在的违法分包、安全技术措施不到位等多处安全隐患，对事故的发生负有间接管理责任，由廊坊市置恒工程建设监理有限公司给予其相应行政处分。

(11)针对廊坊市长安市政工程有限公司违法发包工程的行为，由廊坊市安全生产监督管理局依据《中华人民共和国安全生产法》第86条，给予廊坊市长安市政工程有限公司罚款5万元的行政处罚。

六、防止类似事故应采取的措施及建议

廊坊市长安市政工程有限公司落实以下防范措施：

(1)进一步建立健全企业安全生产责任制和各项安全管理规章制度，并采取切实有效的措施确保其得到贯彻落实。特别是要建立工程分包审查制度，杜绝违法分包行为。

(2)完善事故应急救援预案，提高事故应急救援预案的针对性。

(3)针对此事故对全公司展开安全教育，吸取教训，提高全体职工安全意识。

(4)对公司所有的在建工程进行全面安全检查，消除事故隐患。

(5)责令廊坊市置恒工程建设监理有限公司建立健全施工组织设计审查制度，加强对现场监理工作的管理。

(6)廊坊市建设局对辖区所有在建市政工程进行安全生产检查，严厉查处违法分包、违法转包行为，消除各种事故隐患。

七、事故点评

这是一起由于工程违法分包，企业安全管理不到位，监理未履行职责，作业人员缺乏安全知识，事故发生后盲目下井救人而引起的重大生产安全责任事故。施工企业要建设建全安全生产责任制，特别是建立工程分包审查制度，杜绝违法分包行为。建设行政主管部门要严厉查处违法分包，违法转包行为，监理单位要认真履行监理职责，加强对现场监理工作的管理。此次事故的教训是惨痛的，提高职工的安全意识，加强职工的安全培训教育是保证生产安全的重要环节，普及抢险急救知识是当务之急。

第二节 高处坠落事故案例

(一)洞口与临边

案例十 石家庄市金谈固村民住宅楼 18 号楼高处坠落事故

一、事故主要情况

事故发生时间:2004 年 2 月 18 日

工程名称:金谈固村民住宅楼 18 号楼

事故单位:河北东兴建筑工程有限公司

二、事故主要经过及采取应急措施情况

2004 年 2 月 18 日,河北东兴建筑工程有限公司承建的金谈固村民住宅楼 18 号楼工程,春节后第一天开工,副工长陈某安排李某和袁某清理 5 层地面及外架平网内垃圾,并告知工人带上安全帽和安全带。工人干到下午 3 点多时,袁某清理室内,李某清理外侧,当清理到北侧时,李某不慎从外架兜网的缝中掉到 1 层兜网上,后又坠落至地面。当袁某发现时,李某已经坠落到地面。袁某马上喊人用车将李某送往医院抢救,但李某终因伤势过重,于当晚 8 时 20 分死亡。

三、事故原因、人员伤亡及财产损失情况

(一)直接原因

作业人员素质较低,麻痹大意。

(二)间接原因

作业人员对危险源的识别不够。

(三)人员伤亡及财产损失情况

死亡 1 人,经济损失 20 余万元。

四、事故性质和责任

这是一起由于违章操作所造成的安全生产责任事故。

五、有关事故责任者追究行政、法律责任情况

分别处以公司质安处经理赵某和项目经理陈某、史某 3 000 元,项目副工长陈某、技术员袁某、安全员刘某各 2 000 元的经济罚款。

六、防止类似事故应采取的措施及建议

(1)成立以项目部为核心的工地安全管理组织,负责工地施工全过程的监督。

(2)安排专人按照安全检查标准实施细则的要求认真整理安全资料,指导安全生产。

(3)定期组织召开工地专题例会进行安全教育,并认真做好记录。

(4)组织工地有关人员对工地的安全防护措施进行检查,并做好记录。

(5)及时根据工程进度做好对班组的分部、分项工程安全技术交底。

(6)做到对入场新工人的三级安全教育,并对受教育人进行考核,对合格人员安排上岗。

七、事故点评

这起事故是由于企业安全管理不到位,项目安全教育培训不足,职工安全意识淡薄,自我保护意识差,监理工作不积极主动造成的。这起事故给我们惨痛的教训,告诫我们一定要加强安全教育培训工作,普及安全常识,防止类似事故的发生。

案例十一　承德市金三角花园楼工程高处坠落事故

一、事故主要情况

事故发生时间:2004 年 3 月 26 日

工程名称:承德市头道牌楼金三角花园楼

事故单位:承德华宇建筑安装有限责任公司

二、事故主要经过及采取应急措施情况

2004 年 3 月 26 日早 7 时 50 分左右,承德华宇建筑安装工程有限责任公司承建的金三角花园楼工程,在进行外部装修墙体抹灰作业时,抹灰工人刘某被安排在西北角 6 楼进行抹灰作业。接料过程中刘某使用直径为 6.5 mm 钢筋铁钩向上提灰桶,当灰桶运行至 3 层楼高度时,钢筋铁钩被灰桶拉直,灰桶下落导致刘某重心失衡,从 6 层楼跌落至 2 层楼平台,当场昏迷。事故发生后现场人员立即将刘某送往承德市附属医院进行抢救,经抢救无效死亡。

三、事故原因、人员伤亡及财产损失情况

(一)直接原因

作业人员安全意识淡薄,自我保护意识差,不按操作规程和标准要求进行施工,违章作业,冒险施工。施工现场安全措施未落实,安全防护不到位。

(二)间接原因

(1)施工现场安全生产责任制未落实,安全管理体系存在严重漏洞,安全管理人员监督检查不力。

(2)职工安全教育未落实,未按规定召开班前安全教育活动和进行安全技术交底。

(3)企业因“抢工期、赶进度”,对施工现场缺乏有效安全监管。

(三)人员伤亡及财产损失情况

死亡 1 人;直接经济损失 16 万元。

四、事故性质和责任

这是一起由于施工作业人员安全意识淡薄,自我保护意识差,违章作业,施工企业安全生产管理体系存在严重漏洞所造成的安全事故。

五、有关事故责任者追究行政、法律责任情况

(1)对承德华宇建筑安装工程有限责任公司给予全市通报批评,自通报之日起事故项目部经理半年内不得在承德市范围内承揽工程。

(2)将承德华宇建筑安装工程有限责任公司记入行政主管部门对企业动态管理的不良记录档案。

(3)对承德华宇建筑安装工程有限责任公司处以 3 万元的经济处罚,并责成华宇公司对此次事故的相关责任人员给予相应的处罚。

六、防止类似事故应采取的措施及建议

(1)施工企业要强化安全生产责任制的落实,建立健全各岗位责任制和操作规程,做到责任明确。

(2)加强作业人员的安全教育培训,增强一线人员的安全生产意识和自我保护意识。

(3)严格按规范要求落实各项安全防护措施,避免因安全防护不到位导致安全事故发生。

(4)完善企业安全生产管理体系,加强对施工现场的安全监督检查。

(5)安全生产务必要克服侥幸心理的出现,杜绝因“抢工期、赶进度”忽视安全生产导致安

全事故发生。

七、事故点评

这是一起由于施工作业人员安全意识淡薄，违章作业，施工企业安全生产管理体系存在严重漏洞所造成的死亡事故。这起事故给我们的启示是要严格落实安全教育培训，增强施工作业人员的安全生产和自我保护意识，杜绝违章作业、冒险施工是防止各类生产安全事故的最有效途径。

案例十二　衡水市胜利西路何庄综合楼高处坠落事故

一、事故主要情况

事故发生时间：2004 年 3 月 29 日

工程名称：衡水市胜利西路何庄综合楼工地

事故单位：衡水广厦建筑工程有限公司

二、事故主要经过及采取措施情况

2004 年 3 月 29 日，衡水广厦建筑工程有限公司承建的衡水市胜利西路何庄综合楼工地，宋某（抹灰工）和另外 9 名工人对何庄综合楼工程进行内部改造。晚上下班后，大约 21 点 30 分左右，宋某从所住宿舍（在建工程 3 楼）出来，找地方方便。因宋某系工长张某未经公司及项目部许可私自招来的工人，未进行安全教育，且其刚到工地两天不熟悉环境，加上天黑看不清路，不慎误入相邻一区工地（因资金短缺已停工多日），从 3 楼天井临边（高度大约为 9 m）坠落到 1 楼大厅地面，直至第二天清晨才被工友发现，发现时宋某已经死亡。

施工现场其他工人立即报告项目经理孟某，孟某在赶往施工现场的同时，向公司汇报了这起事故，公司立即成立了以总经理尚某为组长的事故调查处理小组处理善后。由于当时宋某死亡原因不明，遂立即向辖区派出所报案，公安部门怀疑有他杀的可能性，对相关人员进行传讯。由于当时公安部门在调查破案中，所以未及时向主管部门报告。

三、事故原因、人员伤亡及财产损失情况

（一）直接原因

由于此工程主体已于 2003 年 6 月份全部完工，因甲方资金不到位，后续工程已停工数月，后来甲方提出局部改造，所以项目部只派了工长张某带领几个人前去施工，而忽视了安全方面的管理，没能及时发现工长张某私自招工这一严重问题，从而也未能及时对宋某进行安全教育。

（二）间接原因

（1）公司安全检查制度没有切实落实，对工地安全检查不及时，从而发生在建工程住人这一严重违规行为。

（2）防护措施不到位，没有和相邻工程采取隔断措施。

（三）人员伤亡及财产损失情况

死亡 1 人；经济损失 10 万元。

四、事故性质和责任

这是一起由于安全管理不到位所造成的生产安全责任事故。

五、有关事故责任者追究行政、法律责任情况

公司总经理尚某、主管副总张某，对项目部管理监督不力，负有领导责任；项目部经理孟某对施工现场监督检查管理不到位，负第一责任；工长张某未经公司及项目部许可私自招人，并

违反公司规定安排施工人员在在建工程内住宿，负主要责任；宋某违反公司规定，于在建工程内住宿，负直接责任。对责任者的处理按照“四不放过”的原则，并依据公司安全管理制度做出如下处理：

(1)对负有领导责任的总经理尚某、主管副总张某，责令做出深刻检讨。

(2)对负第一责任的项目经理孟某给予停职反省处理，罚款1 000元，并在全公司通报批评。

(3)对负主要责任的工长张某予以辞退。

(4)对负有直接责任的宋某，因其已死亡免于追究。

六、防止类似事故应采取的措施及建议

(1)公司成立以总经理尚某为组长的安全生产领导小组，立即对公司全部在建工程进行拉网式大检查。

(2)公司全部在建工程立即停工整改，重点检查临边、洞口、电梯井口等处防护栏杆的设立，密目网、安全兜网等的搭设情况。对存在坠落隐患的地点及部位，立即进行整改，要求写出整改报告，由各项目经理直接落实。

(3)各项目部组织本施工现场全体人员，召开一次安全教育会议，以本次事故为案例，教育人们关注安全、关爱生命。

(4)对公司各施工现场全体作业人员再进行一次摸底。核对人员，核实身份，对漏报人员重新进行教育和培训，重点学习《建筑工程安全生产管理条例》，同时认真落实条例第29条“不得在尚未竣工的建筑物内设置员工宿舍”的规定，并保证作业人员持证上岗。

(5)对在建工程职工宿舍进行大检查，坚决清除在建工程内的住宿人员，并对有该种违反规定的工程项目负责人罚款1 000元。

七、事故点评

这是一起由于施工企业未认真落实《建筑工程安全生产管理条例》第29条“不得在尚未竣工的建筑物内设置员工宿舍”的规定，以及未保证作业人员持证上岗而造成的责任事故。这起事故再次教育人们要关注安全、关爱生命。

案例十三　藁城市郁馨苑11号综合楼高处坠落事故

一、事故主要内容

事故发生时间：2004年4月16日

工程名称：藁城市市府路中段郁馨苑11号综合楼A区

事故单位：藁城市廉州建筑有限公司

二、事故主要经过及采取应急措施情况

2004年4月16日13时30分，藁城市廉州建筑有限公司承建的市府路中段郁馨苑小区11号综合楼A区工程，对顶层挑檐天沟内墙面改为贴面砖。装修班组长刘某安排张某等4人到3层顶西侧进行挑檐天沟内面砖勾缝作业。13时40分左右，4名工人施工时，张某由于操作不慎，从屋顶坠落到1层雨篷后落地。事故发生后，项目部安全员周某、装修班组长刘某、技术员张某听到人们呼叫后立即跑到现场，用小推车将张某送往藁城市人民医院进行抢救（工地现场距医院300 m），张某因伤势过重于15时30分左右经抢救无效死亡。

三、事故原因、人员伤亡及财产损失情况

(一)直接原因

工人自身素质低。因施工作业人员全部为农村劳动力，只能从公司每年的几次安全教育中获得安全知识，使得工人安全意识谈薄，存在侥幸心理，无自我保护意识，在事故隐患面前没有提出异议和拒绝施工。

（二）间接原因

（1）虽然公司多次强调安全生产，下达了相应的安全规章制度和《施工质量安全强制标准》，对现场从业人员进行了安全教育，并发放了安全教育宣传材料，但是缺乏有针对性的防护措施。在生产过程中，检查落实的力度不够。

（2）事故发生部位没有防护措施。外墙在 3 月底前已施工完毕，4 月 12 日接到变更通知，对挑檐天沟内墙面变更为贴面砖。由于外防护架已拆除，增加了防护难度，虽然项目经理和安全员在事故发生前对安全隐患已发现，但未监督落实与采取安全防护措施，最终导致事故的发生。

（三）人员伤亡及财产损失情况

死亡 1 人；经济损失 92 350 元。

四、事故性质和责任

这是一起由于安全防护不到位而发生的责任事故。

五、有关事故责任者追究行政、法律责任情况

（1）公司法人代表张某对此事故负有领导责任，责令其作出书面检查，扣发当月工资及奖金。

（2）项目经理李某为项目安全生产第一责任人，在安全生产的意识上，疏忽大意，致使安全生产事故未能得到控制，应对事故发生负管理责任。责令李某立即停止该工程施工，进行全面整改，并处罚金 2 万元。

（3）项目安全员周某，对存在的安全隐患未能及时发现和采取可靠的安全防护措施；对现场施工人员的违章操作行为未能及时发现和制止，对事故的发生负管理责任。责令周某作出书面检查，扣除当月奖金及年终奖金，并予以通报。

（4）装修班组长刘某，对本次事故负有管理责任，责令其作出书面检查，扣除当月奖金，并予以辞退。

六、防止类似事故应采取的措施及建议

（1）郁馨苑 11 号综合楼 A 区工程发生事故后立即停止施工，对施工现场的安全生产情况进行全面的大检查。重点检查临时用电、三宝四口、临边防护、架体搭设、龙门架安全防护、防火设施等安全防护措施，杜绝此类及其他安全事故的发生。对发现的安全隐患及时进行整改，整改后由公司安全科复查合格后方可继续施工。

（2）立即召开项目部全体人员会议。要求专职安全员及各级管理人员认真落实安全管理职责，强化对施工过程安全生产的监管力度。对发现的安全隐患责成专人实施整改。严格落实安全员每日的安全检查巡视，对发现的违章操作行为及时制止、整改。对拖延不办的人员有权责其停工，对情节严重的给予辞退处理。

（3）召开现场职工大会，进一步加强现场职工的安全教育，有针对性的对施工班组进行安全操作规程的教育，提高全体职工安全技术知识水平。加强对职工法律、法规的教育，提高职工的安全意识、法律意识和自我防护能力。

（4）施工班组加强班前班后安全宣传教育，班组长应根据当天的施工部位，作业环境及施工中的危险点对操作人员进行有针对性的安全交底和加强对工人遵章守纪的教育。对重点施

工部位设专人监管，专人指挥，专人负责，彻底杜绝管理不到位的漏洞。

(5)公司领导班子要将抓生产安全工作列入重要的议事日程，定期召开公司安委会会议。在每月两次召开的生产调度会上，由各部门、项目部重点汇报安全生产工作的开展情况，安全措施落实情况及存在问题。对涉及安全生产防护措施、劳动保护用品经费的优先给予解决，优先落实，保证防护设施及时到位。

(6)公司对项目经理部加强职业健康安全管理体系运作的检查。在施工过程中，严格按职业健康安全管理体系的标准，定期对施工现场的贯标工作进行监督审核。项目经理部对编制的应急予案定期进行演练。在防范安全事故发生的同时，做好紧急情况发生时对施工人员身体健康及人身安全的保护。

七、专家点评

这是一起由于工人素质低，安全教育，安全防护不到位而引发的责任事故。加强现场职工的安全教育，有针对性的对施工班组进行安全操作规程的教育，提高全体职工安全技术知识水平，加强对职工法律、法规的教育，提高职工的安全意识、法律意识和自我防护能力，是解决生产安全问题的关键。

案例十四　邯郸市磁县滏苑小区 25 号楼高处坠落事故

一、事故主要情况

事故发生时间：2004 年 5 月 23 日

工程名称：磁县滏苑小区 25 号施工楼

事故单位：河北省磁县第一建筑安装公司

二、事故主要经过及采取应急措施情况

2004 年 5 月 23 日，河北省磁县第一建筑安装公司承建的磁县滏苑小区 25 号施工楼，混凝土班组魏某、周某、郭某三人浇筑 25 号楼 6 层混凝土构造柱，魏某是振动棒操作员，郭某为壮工，周某负责清理。在连续浇筑过程中，当日 5 时 20 分浇筑完⑨轴与 D 轴相交处构造柱准备搬移，此时郭某准备下墙，手扶柱子钢筋，移动到柱子南侧向下时，一脚踩空致使身体失去平衡，由 6 层⑧-⑨轴线采光间摔到地面(6 层距地面高度达 18 m)。事故发生后，项目负责人侯某、安全员陈某等人赶到现场进行抢救，用小排车将郭某送到磁县医院急诊科，经医生检查郭某已死亡。

9 时 45 分县安监局接到报告后，立即赶赴现场，县公安局、建设局也赶到事故现场。随后，市安监局、市建设局等有关部门先后赶到事故现场指导事故调查处理工作，根据县政府指示，妥善处理善后事宜，做好稳定工作。由县安监局牵头，有关部门配合成立"5·23"事故调查组，展开了事故调查工作。

三、事故原因、人员伤亡及财产损失情况

(一)直接原因

壮工郭某手扶柱子钢筋，移动到柱子南侧，未采取安全防护措施，一脚踩空，身体失去平衡摔至地面，是造成事故的直接原因。

(二)间接原因

(1)该工地 6 楼防震柱浇筑施工处，未设工作平台、护栏，未按规定搭设平网，仅在 2 楼设一层平网，且多处漏洞，搭设不牢固。安全设施不完善是造成事故发生的重要原因。

(2)工地安全管理人员对安全生产隐患督促整改不力，事故隐患未能及时排除。

(3)该企业安全管理制度不健全,落实不到位;安全责任制不落实;安全教育培训不足,造成职工安全素质低,不能按规定佩戴使用劳保防护用品。

(4)该公司重生产轻安全,对事故隐患督促整改不落实,安全管理不到位,工作措施不得力。

(5)县建设行政主管部门,多次对该施工工地进行安全生产检查,对发现的安全生产事故隐患查处不力,工作失职。

(6)邯郸市高鑫工程建设监理有限公司,在对该项目监理过程中,聘用无资质人员担任现场监理,对存在的施工安全隐患不予制止,未采取有效措施,未认真履行监理职责。

(三)人员伤亡及财产损失情况

死亡 1 人;直接经济损失 8 万元。

四、事故性质和责任

这是一起由于安全管理不到位而造成的责任事故。

五、有关事故责任者追究行政、法律责任情况

(1)壮工郭某在高处作业,变换工作位置时,未采取安全防护措施,自保意识差,是这起事故的直接责任者。鉴于郭某本人在事故中遇难,责任不再追究。

(2)安全员陈某对事故隐患督促整改不力,未能及时排除事故隐患,未尽到其职责,违反了《中华人民共和国安全生产法》第 38 条的规定,是造成这起事故的主要责任者,给予陈某开除公职处分。

(3)施工负责人侯某,在 25 号楼施工中未按规定搭设平网,只有 2 层搭设一层平网,且不规范,违反了《中华人民共和国安全生产法》第 36 条的规定,是造成这起事故的主要责任者,给予侯某开除公职处分。

(4)项目经理侯某,做为该施工项目部安全生产第一责任人,未尽其职责,对安全生产疏于管理,违反了《中华人民共和国安全生产法》第 17 条的规定,是造成这起事故的主要责任者,给予侯某开除公职处分。

(5)磁县第一建筑安装公司副经理李某主管该项目部安全生产工作,对该项目施工安全监督检查不力,工作失察,负有直接领导责任,给予李某行政记大过处分。

(6)磁县第一建筑安装公司经理张某,作为公司安全生产第一责任人,对安全生产管理不力,工作失察,负有领导责任,给予张某行政警告处分。

(7)磁县建设局建管站站长宋某,负责建筑施工单位的管理工作,对该施工单位安全生产监管不力,督促隐患整改不到位,工作失察,给予宋某行政记过处分。

(8)磁县建设局副局长陈某,是主管建设行业的主要负责人,对这起事故负有一定的领导责任,县政府给予陈某通报批评。

(9)磁县建设局是磁县建设行业的行政主管部门,对该施工单位安全监管不到位,工作失察,责成建设局向县政府写出深刻的书面检查。

(10)邯郸市高鑫工程建设监理有限公司聘用无监理资质人员担任该项目监理,且未能认真履行其监理职责。根据《国务院建设工程安全管理条例》第 57 条的规定,依法对邯郸市高鑫工程建设监理有限公司和总监工程师王某追究相关责任。

(11)磁县第一建筑安装公司,安全生产制、规章制度、操作规程落实不到位;对安全生产投入不足;未能消除安全事故隐患,严重违反了《中华人民共和国安全生产法》第 17 条的规定,并依据该法第 80 条,对磁县第一建筑安装公司经济处罚 3 万元。

六、防止类似事故应采取的措施及建议

(1)建筑施工单位要依法组织施工。施工前要编制施工组织设计,制定相应的安全技术防范措施,建立安全组织机构。施工中严格按照国家行业标准和安全操作规程规范施工。对施工中发现的新问题,要及时采取相应的安全措施,确保安全生产。

(2)所有施工单位都要以此次事故为戒,举一反三,认真排查事故隐患,制定整改措施。责任落实到人,避免事故的发生。

(3)落实安全生产责任制,完善安全规章制度,加强职工安全教育培训,提高职工安全素质。特殊工种要经有关部门培训考核合格后,持证上岗。

(4)监理单位要按照有关规定,认真履行职责。要吸取本次事故教训,对负责监理的工程,监理单位要聘用有相应资质的人员担任相应的工程监理,严格履行职责,切实负起责任。

(5)建设行政管理部门要以这起事故为戒,吸取教训,举一反三,在全县开展安全教育和建筑整顿安全检查活动,加大对建筑施工队伍的监督和检查力度,及时消除各类事故隐患,遏制各类生产安全事故的发生。

七、事故点评

这是一起由于安全管理不到位而引发的责任事故,施工单位要以这起事故为戒,认真落实安全生产责任制,完善安全规章制度,加强职工安全教育培训,提高职工安全素质,特殊工种要经有关部门培训考核合格后,持证上岗。监理单位要聘用有相应资质的人员担任相应的工程监理,严格履行职责,切实负起责任,及时消除各类事故隐患,遏制各类生产安全事故的发展。

案例十五　沧州市黄骅港医院工程高处坠落事故

一、事故主要情况

事故发生时间:2004 年 7 月 7 日

工程名称:黄骅港医院工程

事故单位:沧州市第三建安公司

二、事故主要经过及采用应急措施情况

2004 年 7 月 7 日上午 8 时左右,沧州市第三建安公司承建的黄骅港医院工程工地,架子工马某搭设 4 层至 5 层外脚手架时,普工李某站在 4 层楼面边给马某递脚手架管,由于脚下失稳,李某不慎滑下,撞破支挂的安全网后坠落到 1 层雨篷上。事故发生后,现场人员及时联系 120 急救,但李某经抢救无效死亡。

三、事故原因、人员伤亡及财产损失情况

(一)直接原因

临边防护网强度降低,没起到防护作用。

(二)间接原因

(1)受沿海地域气候影响,安全网强度减低。

(2)检查不到位。

(3)未认真落实公司安全规章制度。

(三)人员伤亡及财产损失情况

死亡 1 人;直接经济损失近 10 万元。

四、事故性质和责任

这是一起安全检查不到位,安全规章制度不落实的四级事故。

五、有关事故责任者追究行政、法律责任情况

(1)依据公司奖惩制度对项目经理、工长、安全员给予经济处罚;对安全设施搭设人员给予清退处理。

(2)吊销该工程项目经理资质证书。

六、防止类似事故应采取的措施及建议

(1)施工单位、监理单位要加强安全生产责任制的落实,要结合实际工程地点环境状况加强监督检查。

(2)确保各项安全制度、措施真正落实到位。

(3)制定严厉的奖罚措施。

(4)加强教育培训。

(5)完善应急救援预案。

七、事故点评

这起事故是由于管理不到位,安全规章制度不落实,作业人员缺乏自我保护意识造成的。这起事故给我们的启示是要加强一线操作人员的安全意识教育,重视安全规章制度的监督落实。

案例十六　石家庄市四中路68号院综合楼工程高处坠落事故

一、事故主要情况

事故发生时间:2004 年 11 月 15 日

工程名称:石家庄市四中路 68 号院

事故单位:石家庄市公建建筑工程有限公司

二、事故主要经过及采取应急措施情况

2004 年 11 月 15 日上午 10 时 30 分,石家庄市公建建筑工程有限公司承建的石家庄市四中路 68 号院综合楼工程,粉刷工序承包人郭某等 2 人,在 13 层顶进行外墙粉刷的准备工作。在安装外墙吊篮,司索工未到场的情况下,郭某擅自指挥塔吊司机起吊吊篮,将吊篮安装到挑杆上后,即到 13 层阳台解开吊钩。塔吊离开后,郭某发现吊篮东面吊扣安装不到位,即探出身体用手按压,突然吊篮东面吊绳脱钩滑落,因郭某未佩戴安全带随即坠落至地面上。工地工长立即打电话找 120 前来救治,经 120 确认郭某已经死亡。

三、事故原因、人员伤亡及财产损失情况

(一)直接原因

工人自身安全防范意识差,专业培训不到位,缺乏自我保护意识,在高处作业不系安全带,没有设置安全绳防护。塔吊司机在司索工未在场的情况下,擅自听从无证人员指挥,进行违章操作,导致了这次事故的发生。

(二)间接原因

(1)公司领导对安全管理重要性认识有差距,重视不够,对安全工作没有足够的认识。在生产与计划、布置检查总结同步的情况下检查落实力度不够,没有真正把“以人为本,安全第一,预防为主”放在首位。

(2)施工现场管理混乱,安全岗位责任制未落实到人,各岗位职责形同虚设,只顾生产进度,忽视安全生产,使一些安全措施落实不到位,管理不到位,存在管理上的漏洞。

(3)安全教育存在以包代管的思想,各项规章制度虽较全,但在实际的操作中又存在对各

规章制度执行不力的问题。

(三)人员伤亡及财产损失情况

死亡1人;经济损失20万元。

四、事故性质和责任

这是一起由于违章操作所造成的生产安全责任事故。

五、有关事故责任者追究行政、法律责任情况

(1)公司法人代表、董事长孟某对本次事故负有企业管理责任,责令其写出书面检查,经济处罚按公司经济责任考核责任制规定执行。

(2)公司生产副经理王某对本次事故负有领导责任,责令其写出书面检查,经济处罚按公司经济责任考核责任制规定,免除当年安全责任奖励。

(3)公司副经理兼项目经理郝某对本次事负有直接管理责任,责令其写出书面检查,并给予行政警告处分。根据公司经济责任制考核办法规定,对其处罚款5 000元。

(4)该项目工长周某对本次事故负有直接管理责任,责令其写出书面检查,停止工作,给予行政记过处分。根据公司经济责任制考核办法规定,对其处罚款3 000元。

(5)该项目安全员吴某对本次事故负有直接管理责任,责令其写出书面检查,罚款500元。

六、防止类似事故应采取的措施及建议

(1)公司领导接到安监局的通知后立即停止一切工作,公司安全主管部门及安全管理人员拿出处理方案,作好死者家属的善后工作,按照"四不放过"原则进行处理。

(2)要求各级领导对此次事故引起高度重视,认真学习《安全生产法》和各项规章制度,建立健全安全生产岗位责任制。特别是公司安全主管部门一定要把标准、规范和各项规程落实到工作中去,增强工人的安全意识和自我保护意识。

(3)安全防护设施要到位,项目安全管理人员要保持每天至少检查一次现场的安全生产情况,消除各种隐患,把事故苗头消灭在萌芽之中。项目部每天要进行岗前教育和安全交底,多增加安全教育课,举一反三,给工人创造一个良好的安全作业环境。

七、事故点评

这起事故是由于专业培训不到位,工人违章操作造成的。我们要吸取这起事故的教训,加强对操作人员的安全教育,严格执行岗位安全技术操作规程及对现场环境、机械状态和操作行为的安全确认、记录、监护。进一步完善各单位内部各项安全管理制度,把事故苗头消灭在萌芽之中,给工人创造一个良好的安全作业环境。

案例十七　石家庄市槐安路香榭里工地高处坠落事故

一、事故主要内容

事故发生时间:2004年11月25日

工程名称:石家庄市槐安路香榭里工程

事故单位:河北瀛源建筑工程有限公司

二、事故主要经过及采取应急措施情况

2004年11月25日晚7时,河北瀛源建筑工程有限公司承建的香榭里3号楼工地,发生一起电梯井内大模板坠落事故。当时木工李某正在进行电梯井模板入模工作,突然大模板失稳,滑落下30 cm马登,撞击在电梯井操作平台上。因瞬间撞击力过大造成支撑操作平台的3根50 cm长$\phi22$和一根50 cm长$\phi25$钢管弯曲变形,致使操作平台、李某和四块大模板从14

层电梯井坠下，在砸穿电梯井3道防护网后，卡落在电梯井2层部位，李某被卡在两块模板之间。因井筒狭窄，模板及人卡在井筒内随时会出现危险，在现场人员及武警官兵的奋力抢救下，在晚7时40分将李某救出并送往医院抢救，经抢救无效死亡。

三、事故原因、人员伤亡及财产损失情况

（一）直接原因

操作平台支撑受力过大弯曲变形，在外力作用下，造成模板与平台同时坠落，致使伤亡事故发生。

（二）间接原因

（1）公司领导对安全管理的重要性认识有差距，力度不大，虽然有公司的各项安全规章制度，明确了"安全第一"的生产方针，但是缺乏检查落实的力度。

（2）项目部安全管理工作不认真、不细致，对存在的安全隐患检查不到位，对各项安全施工技术操作规程、规章制度的落实工作不具体，对违章作业行为，没有及时纠正。

（3）项目部管理人员对安全工作的责任心不强，对工人高空作业不戴安全带，没有作到仔细认真的检查纠正；有关管理人员和技术人员监督、检查流于形式；对工作人员的安全技术交底不详细、不具体。

（三）人员伤亡和财产损失情况

死亡1人。

四、事故性质和责任

这是一起由于违章操作引发的生产安全责任事故。

五、有关事故责任者追究行政、法律责任情况

（1）对公司法人代表给予行政记大过一次，扣罚其半年全部奖金。

（2）公司主管安全、生产的副经理，对本次事故负有领导管理责任，对其行政记过一次，扣罚其本季度的全部奖金。

（3）项目部经理，对本次事故负有现场第一负责人的管理、领导责任，对其行政记大过一次，扣罚其本季度全部奖金的50%。

（4）项目部副经理，对本次事故负有现场负责人的管理、领导责任，对其行政记大过一次，扣罚其本季度奖金的全部40%。

（5）项目安全员，负有检查、监督不力的管理领导责任，对其提出警告一次，并罚款2 000元。

（6）项目部工长，负有现场检查、落实不到位、交底不明确的管理责任，对其提出警告一次，并罚款2 000元。

六、防止类似事故应采取的措施及建议

（1）召开全体职工、全体管理人员安全生产会议，认真学习落实"安全第一，预防为主"的安全工作方针，吸取此次事故教训，进一步提高全体职工的安全意识，提高自我保护能力。

（2）严格按照建设部制定的安全检查标准和河北省制定的"安全生产检查实施细则"，对施工现场的模板支设、施工作业面、施工机械、临时供电、"三宝"的正确使用，"四口、五临边"的安全防护等，进行逐项全面细致的检查、整改。

（3）对所查事故隐患，做到边检查边整改，对当时不能整改的按照"三定"原则限时进行整改，经复查验收合格后方可施工。

（4）对支模方案、方法及特殊部位的脚手架、操作平台搭设重新进行计算设计，提高安全系

数。对现场立即进行整改，确保其安全性、稳固性。

(5)对各工种操作人员，进行安全培训教育工作，严格执行安全技术操作规范，技术交底，互相监督、检查，消除安全隐患，创造安全生产环境。针对架子工、机械工、电工等特种作业人员，必须要经上级有关部门培训，考试合格后持证上岗，严禁无证人员从事特种作业。

(6)强化安全违章的处罚力度，对违章指挥、违章操作、冒险蛮干、随意拆除安全防护设施，事故隐患改正不及时等违反安全纪律和有关规定的人员，要及时纠正并从重处罚。

七、专家点评

这起事故是由于管理不到位，安全规章制度不落实，作业人员缺乏自我保护意识造成的。我们要吸取事故的教训，加强一线操作人员的安全教育培训，重视安全规章制度的落实。

案例十八　石家庄市立凯大厦高处坠落事故

一、事故主要情况

事故发生时间：2005 年 3 月 27 日

工程名称：立凯大厦工程

事故单位：天津一建石家庄分公司

二、事故主要经过及采取应急措施情况

2005 年 3 月 27 日早上，天津一建石家庄分公司承建的东风路与建设大街交口处的立凯大厦工程(该工程施工分包给湖北省孝感市天瑞建筑工程有限责任公司)，分包单位现场负责人张某分派工人马某和石某二人去 7 层剔凿墙面及柱干周围的混凝土突出部分。6 时 40 分左右，马某越过主体结构中预留管道井孔洞的安全防护栏杆(预留管道井孔洞为 55 cm×200 cm)准备去别处作业时，失足坠落至 3 层用脚手板搭设的防护设施上，头部摔成重伤，昏迷不醒。马某坠落之后，和他一起干活的石某立即从 7 楼向下跑至 3 楼，喊过来正在 3 楼做清理工作的张某，一起将伤者背负下楼。下楼后，闻讯赶来的分包队负责人张某立即叫来救护车，将伤者马某送往人民医院进行抢救，马某因伤势过重于 28 日凌晨因抢救无效死亡。

三、事故原因、人员伤亡及财产损失情况

(一)直接原因

马某忽视安全、忽视警告，自我保护意识差，违反操作规程，冒险进入危险区域，是发生这起事故的直接原因。

(二)间接原因

项目中的安全管理人员对现场的各类隐患查处不力，未能及时发现和消除隐患。施工现场安全防护设施存在严重缺陷是导致这起事故的主要原因。

(三)人员伤亡及财产损失情况

死亡 1 人。

四、事故性质和责任

这是一起由于工人违章操作，粗心大意、盲目蛮干引发的责任事故。

五、有关事故责任者追究行政、法律责任情况

(1)湖北省孝感市天瑞建筑工程有限责任公司农民工马某，忽视安全、自我保护意识差，不听从同伴劝其不要进入危险区域的告诫，同时未能听取负责人对其在施工过程中的安全要求，冒险进入危险区域，违反操作规程，且未佩带任何个人防护用品，是造成这起事故的发生的直接原因，应对这起事故负有直接责任。

(2)项目经理张某在指挥现场全面施工过程中，未能高度重视生产安全，在项目安全管理上平时要求不严，导致施工现场安全防护设施未能完善，应对这起事故负有主要责任。

(3)安技科长窦某放松安全管理，对施工中的安全生产重视不够，对现场中的各类安全隐患查处不力，致使在施工中未能及时发观孔洞防护不完善这一隐患，使隐患未能得到及时整改，应对这起事故的发生负有重要责任。

(4)生产经理汤某在主管生产中本应同时主管安全，但其在平时的生产管理上未能高度重视安全，对各级管理人员要求不严，对各类安全生产的法律、法规落实不力，应对这起事故的发生负有一定的领导责任。

六、防止类似事故应采取的措施及建议

(1)针对此次事故的发生，对全体施工人员重新进行一次有针对性的安全教育，提高所有人员的安全意识和自我保护意识，落实“三不伤害”。特别是加强现场各类人员对规章制度的学习，使现场每一个人都能充分熟悉施工中各类规章制度，并自觉地维护，掌握和遵守安全生产中的各项规章制度。同时要求各带班负责人每天工作前，根据当天的施工部位、施工特点，对施工中的危险点进行班前提示，及时排除隐患，保证施工安全。

(2)立即组织相关人员对施工现场进行一次全面的安全大检查，对检查出的各类安全隐患要根据定人、定措施、定整改期限的“三定”原则逐条落实。尤其是根据对“四口五临边”防护要按照标准彻底完善，预留孔洞要封实、封严。大的孔洞在装设临边防护的情况下，加设平网防护，电梯井每层装设平网防护做到万无一失，彻底堵塞安全防护设施上的一切漏洞，杜绝类似事故重复发生。

七、事故点评

基层建筑施工队伍，大多是农民工，文化素质低，施工技术水平和管理水平都急需提高。这些人胆子大，容易有冒险心理，忽视安全。有些施工队伍，连基本的安全管理制度都没有，或者有而不健全，即使有制度往往也执行不到位，这些都是事故隐患。隐患不除，必然事故不断，因此，提高从业人员的安全意识是当务之急。

案例十九　石家庄市和平世家 6 号楼高处坠落事故

一、事故主要情况

事故发生时间：2005 年 4 月 25 日

工程名称：石家庄市和平世家 6 号楼

事故单位：石家庄第八建筑有限公司

二、事故主要经过及采取应急措施情况

2005 年 4 月 25 日上午 11 时 10 分左右，石家庄第八建筑有限公司承建的石家庄市和平世家 6 号楼工程。水暖班工人王某在 6 号楼二单元 501 南侧阳台上维修空调冷凝管时，一只脚踩在阳台窗上，另一只脚踩在外墙窗台上，因操作不慎致使其从 5 层阳台窗坠落至室外地面，高度约 11 m。事故发生后，工地有关人员紧急拨打 120 急救电话，将王某送往石家庄第三医院进行抢救，但经抢救无效死亡。

三、事故原因、人员伤亡及财产损失情况

(一)直接原因

作业人员违章操作，安全防护意识差，高处作业未系安全带而失足坠落，是这起事故的直接原因。

(二)间接原因

(1)各级领导工作管理上没有牢固树立“安全第一,预防为主”的安全管理思想,管理上麻痹大意,安全检查工作没有落到实处。

(2)现场管理人员的管理经验和工作方法不能适应当前施工生产的管理形式,造成安全教育跟不上,且有以包代管的思想,未能严格按照公司有关岗位责任制和安全生产检查制度进行管理。

(3)对安全技术交底执行笼统、执行不认真,安全技术交底中明确规定了室外作业人员必须佩带安全带,将安全带绑在牢固的物体上。但实际上未执行,出现了布置和教育不同步,布置和检查不同步,教育和监管不同步的问题。

(4)石家庄第八建筑有限公司和平世家 6 号楼项目部管理不到位,是造成此次事故的主要原因。

(5)操作工人自我保护意识差,现场管理人员及施工人员相互保护意识差,现场无自报互报的防护措施。

(三)人员伤亡及财产损失情况

死亡 1 人;经济损失约 20 万元。

四、事故性质和责任

这是一起因违章作业,工人缺乏安全防护意识,操作不慎造成的责任事故。

五、有关事故责任者追究行政、法律责任情况

(1)公司总经理李某对发生的安全事故负总的领导责任,依据公司规定处以罚款 1 000 元,并在公司大会上作出书面检查。

(2)公司主管安全、生产的副经理司某对发生的安全事故负主要领导责任,依据公司规定处以罚款 1 500 元,并在公司大会上作出书面检查。

(3)项目经理侯某对发生的安全事故负直接领导责任,按公司规定处以罚款 2 000 元,并作出书面检查。

(4)项目安全员付某对发生的安全事故负监督管理不到位的责任,依据公司规定处以罚款 500 元。

(5)工长对发生的安全事故负直接责任,依据公司规定处以罚款 1 000 元,作出书面检查,并给予行政警告处分。

六、防止类似事故应采取的措施及建议

(1)4 月 25 日下午公司召开了安全生产紧急会议,对当前扫尾工程做出具体要求,同时布置了在公司范围内进一步加强安全生产的措施。

(2)项目部也于 4 月 26 日上午对工地所有人员就 25 日上午发生的事故进行了通报,并对后期要求进行了具体的布置。

(3)通过本次事故,对公司范围内所有在施工程的员工进行一次安全生产教育和操作规程的教育。从而加强管理,堵塞漏洞,消除事故隐患,提高工人自我保护意识。

(4)公司有关部门联合开展一次安全生产大检查,查思想,看各级领导是否把安全工作放在了议时日程;查制度,看各级安全生产规章制度等执行情况;查隐患,看职工是否有良好的作业环境。

(5)和平世家工程工地全面停工整改,对现场存在的问题,认真进行处理。整改完毕,经公司安全处验收合格后,方可施工。

(6)对所有施工人员的安全防护用品要认真加以检查。在施工过程中操作人员如果不随身携带或未正确使用安全防护用品,将对其严肃查处,从重处罚。

七、事故点评

建设承包单位的项目负责人及工地的工长决不能只挂职不管理,如按职务及应负的职责,他们应负主要责任。两个以上生产经营单位在同一作业区域内进行生产经营活动,可能危及对方生产安全的,应当签订安全生产管理协议,明确各自的安全生产管理职责和应当采取的安全措施,并指定专职安全生产管理人员进行安全检查与协调。

案例二十　承德市盛世山庄小区工程高处坠落事故

一、事故主要情况

事故发生时间:2005 年 9 月 14 日

工程名称:承德市盛世山庄小区

事故单位:承德市围场县鑫亚建筑安装有限公司

二、事故主要经过及采取应急措施情况

2005 年 9 月 14 日 6 时 20 分,围场县鑫亚建筑安装有限公司承建的盛世山庄小区工程,工人在铺 5 楼地板砖时用自制溜灰槽卸砂灰。当塔吊从 5 楼窗口卸砂灰时,砂灰将溜灰槽砸翻,把接灰的力工王某、陶某带下,从 5 楼窗口坠落至 1 楼平台。事故发生后,当时现场施工人员立即拨打 120,把王某和陶某分别送往医院救治。王某因头部摔伤,因伤势过重经救治无效于 9 月 15 日 8 时 30 分在医院死亡;陶某腰椎受伤,住院治疗。

三、事故原因、人员伤亡及财产损失情况

(一)直接原因

施工进入装修阶段,安全防护不到位,使用落后的施工工具作业,施工前没有进行安全技术交底,危险部位没有采取安全防护,导致施工人员坠落地面。

(二)间接原因

(1)施工企业安全检查责任制没有得到落实,检查形式化,疏于对陈旧施工工艺的淘汰和管理。

(2)作业人员对安全操作规程不熟悉,违章作业、野蛮施工。

(3)新入场的工人三级教育表面化、形式化,造成从业人员安全意识淡薄,自我保护意识差。

(4)各方责任主体监督力度不够,落后工艺没有得到及时淘汰。

(5)围场县信诚监理公司的项目总监,对该工程没有认真履行监理的职责。

(三)人员伤亡及财产损失情况

死亡 1 人;经济损失 18 万元。

四、事故性质和责任

这是一起因使用淘汰施工工艺,安全防护不到位,施工人员未按操作规程施工,且监理单位未认真履行其监理职责所造成的一起伤亡事故。

五、有关事故责任者追究行政、法律责任情况

(1)对围场县鑫亚建筑安装有限公司给予全市通报批评,记入市主管部门对企业动态管理的不良记录档案。

(2)依据《建设工程安全生产管理条例》第 64 条的规定,对围场县鑫亚建筑安装有限公司

给予2万元的经济处罚。

(3)围场县建设局对全县所有施工现场停工一天进行安全检查,进行隐患整改,防止同类事故发生。同时对全体施工人员进行一次认真的安全生产法律法规的学习教育。

(4)根据围场县安全生产监督管理局对"9·14"事故处理的批复,对围场县信诚监理有限公司责任人员追究相关责任。

六、防止类似事故应采取的措施及建议

(1)对明令禁止使用的施工工艺进行一次彻底而全面的普查。

(2)强化施工企业、监理单位责任制的落实,根据各工种开展实用有效的安全教育,提高施工人员自身素质,增强自我保护意识。

(3)施工企业、监理单位、主管部门加大对施工现场安全生产监督力度,确保各项安全措施落到实处。

(4)设立奖励制度,对施工中发明的新工艺、新技术给予一定的奖励。

(5)加大企业向工程项目派驻专职安全员的权力。安全员安全监督应不受工程项目任何人的制约。

(6)建设单位应即时缴纳文明施工措施费用,施工企业也应切实利用好文明施工措施费,保障工程项目安全顺利的竣工。

(7)完善施工现场事故应急救援预案,配备相应的救援器材并组织演练,提高事故预防和事故应急抢险处理能力。

七、事故点评

这起事故是由于工人使用淘汰的施工工艺,且对安全操作规程不熟悉,安全意识谈薄,安全防护不到位造成的。这起惨痛事故给我们的启示是要加强对从业人员的安全教育培训,增强从业人员的安全意识,鼓励新工艺、新技术在建筑施工中广泛应用。

案例二十一　石家庄市明景轩工程高处坠落事故

一、事故主要情况

事故发生时间:2005年6月24日

工程名称:石家庄市明景轩工程

事故单位:石家庄建工集团有限公司

二、事故主要经过及采取应急措施情况

2005年6月24日上午9点50分,由石家庄建工集团有限公司承包,综合经营分公司承建,河北德城建筑工程有限公司专业分包施工的石家庄市羽嘉房地产开发有限公司明景轩东立面装饰装修工程,作业人员李某在6层8-9轴安装夹心板龙骨。李某在从自制的梯子上下来时,右手拿着锤子,左手扶梯,由于其背靠梯面,下梯时不慎滑脱,从6层阳台未铺板的60 cm缝中穿过掉至3层后(3层顶已铺)又从3层弹至外架缝后坠落至地面。事故致李某脾脏破裂,造成重伤。

三、事故原因、人员伤亡及财产损失情况

(一)直接原因

项目部对工人的培训教育、安全防护不到位及李某本身缺乏自我保护意识而违反安全技术操作规程,是造成本次事故的直接原因。

(二)间接原因

(1)公司各级领导未能在工作中认真落实“安全第一,预防为主”的安全生产方针。未采取有效的防坠落措施,施工现场作业面防护不到位,没有严格按照集团公司有关岗位责任制度、安全生产检查制度及教育制度进行。

(2)项目管理上存在漏洞。项目管理人员对危险作业环境未能进行有效监督,对生产作业过程缺乏有效监督。

(3)培训教育不到位,没有认真执行安全技术交底和安全技术操作规程,以致出现了教育、布置和检查、监管的脱节。

(4)该工程项目部安全意识不强,安全管理不到位,是造成本次事故的主要原因。

(三)人员伤亡及财产损失情况

本次事故重伤1人;经济损失5万元。

四、事故性质和责任

这是一起由于工人违反安全技术操作规程而造成的责任事故。

五、有关事故责任者追究行政、法律责任情况

(1)集团公司董事长刘某负有对二级单位管理不严责任,责令其写出书面检查。

(2)集团公司主管生产安全工作的王某负有督导检查不力责任,责令其写出书面检查。

(3)给予综合经营分公司全公司范围内通报批评,处经济处罚5 000元。

(4)给予综合经营分公司经理高某全公司范围内通报批评,责令其作出书面深刻检查,处经济处罚500元。

(5)责令项目经理路某在全公司范围内作出书面深刻检查,处经济处罚1 000元。

(6)给予项目施工负责人刘某行政警告处分,责令其写出书面检查,处经济处罚1 500元。

(7)给予安全员李某经济处罚200元,并责令其在全公司范围内作出书面深刻检查。

六、防止类似事故应采取的措施及建议

(1)集团公司召开了经理办公会,对当前暑期安全生产工作提出了具体要求,明确提出要加大安全生产监督管理力度。

(2)各单位要对全体作业人员利用班前教育进行各工种安全操作规程的教育。

(3)集团公司要加大对目前用工形式和工程措施的管理,理顺各种管理环节。

(4)综合经营分公司明景轩项目部工地全面停工整改,经安全管理部复查验收后方可施工。

七、事故点评

加强安全机构职能,落实各项安全措施。安全生产管理人员要及时做好现场检查工作,对违章指挥、违章作业的行为要及时加以制止,对工作检查没有到位、责任意识不强的安全管理人员坚决予以撤换。

案例二十二　廊坊市青少年宫工程高处坠落事故

一、事故主要情况

事故发生时间:2005年9月15日

工程名称:廊坊市青少年宫工程

事故单位:廊坊中盛新型建材有限公司

二、事故主要经过及采取应急措施情况

2005年9月15日上午7时40分,廊坊中盛新型建材有限公司的张某受公司指派,带着

公司临时工方某、訾某，向廊坊市青少年宫工地5楼运送袋装石膏粉（每袋重35 kg）。方某和訾某在楼下捆梆，张某在楼上提升，当提到2楼时吊运机忽然脱落，在物料重力的作用下，将正在扒窗向下张望的张某一同带到楼下。张某因头部着地，经医院抢救无效于上午10时左右死亡。

三、事故原因、人员伤亡及财产损失情况

（一）直接原因

吊运设备安装不牢固，导致在吊物过程中吊运机脱落。

（二）间接原因

(1)廊坊中盛新型建材有限公司经理孙某忽视安全生产工作，公司未配备安全管理人员，未对职工进行安全生产教育。在运输物料过程中未进行安全生产检查，未及时消除事故隐患。

(2)河北玉川建筑工程有限公司对施工现场管理不严，对张某安装便携式吊运机并向上提升物料的情况未及时发现和制止。

（三）人员伤亡及财产损失情况

本次事故死亡1人；经济损失约30万元。

四、事故性质和责任

这是一起由于安全管理不到位，职工缺乏安全意识与自我保护意识造成的事故。

五、有关事故责任者追究行政、法律责任情况

(1)职工张某违规操作应负主要责任，因张某已死亡故不再追究。

(2)公司经理孙某忽视安全管理工作，应负主要领导责任，给予其经济处罚2 000元，并建议公司董事会撤销其经理职务。

(3)现场安全员郭某，对现场管理不严，未能及时发现和制止张某的不安全行为，给予其开除处理。

(4)河北玉川建筑工程有限公司经理对施工现场管理不到位，给予其行政警告、留党察看一年处分。

六、防止类似事故应采取的措施及建议

(1)廊坊中盛新型建材有限公司应按照《安全生产法》之规定，完善安全生产责任制及各项安全生产规章制度和操作规程，配备安全生产管理人员，加强对员工的安全生产教育。

(2)河北玉川建筑工程有限公司应加强施工现场的安全生产管理，预防并及时制止施工过程中的不安全行为。

七、事故点评

这起事故是由于企业安全管理不要到位，安全操作规程不健全，作业人员安全培训教育不到位造成的。这起事故给我们的启示是加强一线操作人员的安全意识，普及安全常识是我们当前一项重要工作，安全教育培训是重中之重。

案例二十三　鹿泉市龙海花园18号住宅楼高处坠落事故

一、事故主要情况

事故发生时间：2005年11月1日

工程名称：鹿泉市海山大街龙海花园18号住宅楼工程

事故单位：河北琦麟建筑工程有限公司

二、事故主要经过及采取措施情况

2005年11月1日上午，由河北琦麟建筑工程有限公司承建的鹿泉市海山大街龙海花园18号住宅楼工程，陈某安排牛某等3人运送加气块至6层备用。上班前陈某曾叮嘱过要注意安全，卸砖时不要在洞口边、楼梯边等危险部位，要放在距墙边2 m以外处且不要集中堆放，高度不能超过1 m，要注意脚下，防止有混凝土砖块、钉子、钢筋撑脚等障碍物后，安排牛某在6层龙门架卸料平台接砖，并分不同规格运卸到各填充墙部位。约上午10时许，陈某到装砖现场检查时，看到薛某等人坐着休息，就问为什么不上砖，薛某等人反映楼上面没人拉车。陈某随即到6层查看，发现只有一辆空车和堆放不整齐的加气块，就问旁边绑扎钢筋的陈某是否见到牛某。陈某说他刚到上面来绑柱子，没有看到其他人。陈某认为牛某可能在上厕所，就没有在意。又过一会儿，陈某发现装砖的工人还在休息，于是就到处找牛某，仍未发现。这时陈某突然想起6层电梯口围护下面被打开，井底有水，想到牛某可能是掉到电梯井里了，于是陈某同贾某拿着手电到地下室电梯井坑内查看，果然发现牛某在电梯井坑的水中。陈某马上打电话通知张某等4人，众人合力把牛某从电梯井内救出来，片刻后120急救车赶到现场对牛某进行紧急抢救，但牛某因伤势过重经抢救无效死亡。根据现场留下的痕迹推断，牛某卸完砖后，将车放在一边，出于思想麻痹，私自打开电梯口的安全防护，不慎掉入电梯井内，砸透2层电梯井的防护网后坠落至电梯井底。

三、事故原因、人员伤亡及财产损失情况

(一)直接原因

公司各级领导对安全生产方针认识上的差距以及思想上对安全工作重视不够，与作业人员思想麻痹、违章作业是造成职工伤亡事故发生的直接原因。

(二)间接原因

(1)该项目部安全管理中存在的许多漏洞是造成事故发生的原因。在制度的落实、工作检查方面的疏漏对作业面重视不够，采取措施不力，导致了这起事故的发生。

(2)牛某违反劳劳动纪律、脱离岗位、擅自将防护措施移开，思想不集中，是事故发生的直接原因。

(3)虽然在电梯井内做了安全防护，设置了防护平网，但项目部由于受利益趋动，所采购的防护用品没有按程序要求在合格供方中选择，导致假冒伪劣产品在施工现场出现，这也是事故发生的原因。

(三)人员伤亡及财产损失

死亡1人；直接损失24万元。

四、事故性质和责任

这是一起由于违章作业所导致的安全生产责任事故。

五、有关事故责任者追究行政、法律责任情况

(1)公司经理宁某，对事故负有领导责任，责令其写出书面检查，并在公司安全会议上作出检讨，根据公司安全管理奖罚制度的有关规定，对其罚款2 000元。

(2)项目部经理宁某，对事故负主要管理责任，责令其写出书面检查，并在公司安全会议上作检讨，对其免发半年奖金并罚1 000元及给予行政警告处分。

(3)项目部劳务人员主管工长陈某对事故负有直接管理责任，根据公司安全管理有关规定，责令其写出书面检查，并罚款1 000元。

(4)项目部主管安全员李某，对事故负有直接管理责任，根据公司安全管理有关规定，责令其写出书面检查，并罚款1 000元。

六、防止类似事故应采取的措施及建议

(1)11 月 2 日,公司经理召开了紧急会议,安排公司有关科室、部门对公司全部在建工程的安全生产进行检查。11 月 3 日,公司召开项目部经理以上的各级领导和有关科室人员参加的安全会议,进一步对公司的安全生产工作进行分析和研究布署。

(2)加强对农民工的安全意识教育,由公司和分公司安全管理部门对全公司员工进行一次全面的安全教育,并由公司安全科、劳资科负责检查全公司农民工的来源,文化知识结构,三级教育情况和基本安全知识的掌握情况。对查出的问题责成各工地负责人改进,到期未完成者给予处罚。

(3)坚持公司每半月一次,分公司每周一次的安全检查制度,把"预防为主"的方针落实到整个施工过程之中,对查出的事故隐患限期整改,不留后患。

(4)进一步落实安全生产责任制,真正做到谁管谁负责,谁干谁负责,把安全生产与经济分配挂钩,并做到一票否决。

(5)由项目部召开有现场全体人员参加的安全教育会,稳定职工情绪,防止发生连锁事故和扩大事态的不良影响。

(6)由公司主管生产与安全的副经理亲自主抓,安全科现场督导检查,项目部安排专人对施工作业现场的所有机具设备、电气设备,安全防护装置与设施进行全面的检查、维修,对施工作业环境按"三清六好"文明施工的标准进行彻底整改,经公司安全监察部进行验收合格,报请上级主管部门批准后,方准许恢复生产。

七、事故点评

本次事故虽表现在工人违章操作,实质上是安全措施有问题。是由工人的安全意识不足,安全培训教育落后,安全监督不到位所造成的。这起事故启示施工单位,要加强对农民工的安全意识教育,进一步落实安全生产责任制,将"预防为主"的方针落实到整个施工过程之中,对查出的事故隐患限期整改,不留后患。

案例二十四 石家庄市东里村"城中村"改造 F 区高处坠落事故

一、事故主要情况

事故发生时间:2005 年 11 月 13 日

工程名称:河北省石家庄市东里村"城中村"改造 F 区

事故单位:江苏省苏中建设集团股份有限公司石家庄分公司

二、事故主要经过及采取措施情况

2005 年 11 月 13 日,由江苏省苏中建设集团股份有限公司石家庄分公司承建的河北省石家庄市维明南大街 185 号东里村"城中村"改造 F 区 6 层西单元,在填充墙砌筑过程中,因防护措施不到位,作业人员周某从室内向阳台外搬运砌块时从阳台坠落。事故发生后,项目部负责人立即组织人员将伤者送往医院进行抢救,并对施工现场进行保护,用照相机对现场进行拍照记录。当天下午 4 时 30 分周某经医院抢救无效死亡。

三、事故原因、人员伤亡及财产损失情况

(一)直接原因

(1)安全教育存在形式主义,只在进场时进行考试、教育、做记录,而在实际操作过程中不能进行跟踪指导、监督,形成了教育与实际施工检查的脱节。

(2)防护不到位、违章作业是造成事故的直接原因。由于职工周某自身安全防护意识差,缺乏自我保护意识，临边作业不系安全带，在无防护设施的部位冒险作业而导致这次事故的发生。

（二）间接原因

(1)公司领导对安全管理重要性认识有差距，重视不够，对安全工作没有足够的认识，在生产与计划、布置检查总结同步的情况下检查落实力度不够，没有真正把“以人为本，安全第一预防为主”放在首位，安全认识存在差距。

(2)施工现场作业层周边防护措施不到位，因场地狭小影响材料的垂直吊运作业。未按规范要求张设安全平网，且未采取其他有效防护措施，严重违反有关规定，防护不到位，违章作业。

(3)项目部各级安全检查制度落实不到位，专职安全员现场巡视不认真，对劳务分包单位安全监管不力。对防护不到位的情况未进行强制监督整改，对违规操作的行为未能及时发现并予以制止、纠正。施工现场虽然管理分工到位，安全岗位责任制落实到人，但各岗位职责形同虚构，只顾生产进度，忽视安全生产管理，使一些安全设施落实不完善，管理检查不到位，进而导致本次事故的发生。

（三）人员伤亡及财产损失情况

死亡 1 人；经济损失 263 200 元。

四、事故性质和责任

这是一起违反有关规定由于防护不到位和违章作业而造成的安全生产责任事故。

五、有关事故责任者追究行政、法律责任情况

(1)分公司领导对安全生产管理的重要性重视程度不够。依据本公司规定，给予分公司经理张某通报批评，并在安全会议上作出深刻书面检查，处 1 000 元罚款；给予分公司主管安全生产副经理袁某通报批评，在安全会议上作出深刻书面检查，并处 800 元罚款；给予分公司安全科长朱某通报批评，在安全会议上作出深刻书面检查，并处罚金 600 元。

(2)工程处在安全管理制度上落实不到位，安全设施投入不及时，对安全管理人员的教育、检查监督力度不到位。依据本公司规定，给予第一工程处通报批评，并处罚金 20 000 元；将此次伤亡事故作为不良记录记入第一工程处信用档案；给予第一工程处经理刘某通报批评，在安全会议上作出深刻书面检查，并处 2 000 元罚款。

(3)项目部在安全管理制度上落实不到位，在施工检查监督上存在漏洞，重大隐患未能及时发现并予以整改。在录用分包队伍上调查不够，在施工过程中安全控制不到位。依据本公司规定，给予东里村“城中村”改造 F 区工程项目部经理徐某通报批评，在安全会议上作出书面检查，并处以 2 000 元罚款；给予项目部专职安全员姚某通报批评，作出书面检查，并处以 1 000 元罚款。

(4)对南通市苏中建筑劳务有限公司在其分公司所辖范围内施工的任务予以停产整顿 3 天，并处罚金 2 万元，并作为不良记录记入我公司劳务分包商信用档案。并给予东里村“城中村”改造 F 区项目部劳务分包工地负责人王某警告处分，作出书面检查，并处以 2 000 元罚款；给予南通市苏中建筑劳务有限公司东里村“城中村”改造 F 区项目部劳务施工队安全员张某警告处分，并处罚款 800 元。

(5)周某在此次事故中违章作业，自我保护意识差，且未系安全带，因其在事故中已死亡，故不予追究责任。

六、防止类似事故应采取的措施及建议

(1)立即停工整顿,召开项目部紧急会议,认真查找原因,切实吸取事故的教训,认真、逐级贯彻落实安全生产责任制。

(2)分公司召开安全生产紧急会议,调查事故原因,处理事故,并开展对各项目部的安全检查和对劳务分包的安全生产整顿。

(3)项目部组织安全生产检查,通过此次事故举一反三,认真查找事故隐患,不留死角。

(4)重新检查施工现场各个操作环境、审阅施工方案和各工种安全技术交底情况,做好安全生产的过程控制。

(5)重新对员工进行培训教育,各专业工长、安全员检查以往在工作中存在的问题,作出整改方案,并制定出今后工作计划。在工人进场工作之前,由安全员及各专业工长对刚进场的施工人员进行安全教育,加强危险部位的安全措施和典型事故案例的讲解。

(6)对分包单位进行检查整顿,同时加强分包单位的安全培训教育和生产控制。

七、事故点评

造成此次事故的原因是多方面的,既有分公司领导对安全不够重视,也有项目部对安全规章制度执行不力、现场检查不到位,作业人员安全防范意识差的原因。这起惨痛的事故启示施工单位要认真、逐级贯彻落实安全生产责任制,保证施工人员人身安全的切实利益。

案例二十五　石家庄市西岗头村民住宅8号楼高处坠落事故

一、事故主要情况

事故发生时间:2005年11月27日

工程名称:石家庄市西岗头村民住宅8号楼

事故单位:石家庄市冀中建筑振联分公司

二、事故主要经过及采取措施情况

2005年11月27日上午11时,石家庄市冀中建筑振联分公司承建的石家庄市西岗头村民住宅8号楼,架子工在从1层往6层翻外架时,1名作业人员从6层坠落,经医院抢救无效死亡。

三、事故原因、人员伤亡及财产损失情况

(一)直接原因

(1)现场防护不到位,职工安全意识淡漠。

(2)安全管理层对安全生产存在侥幸心理,开会布置多,落实少。事故直接责任者,对三级教育精神领会不够,其思想麻痹,心存侥幸,对工地的防护工具(安全帽、安全带)因嫌麻烦而不佩带。

(二)间接原因

(1)安全生产管理不到位,做为工地负责人对安全第一的思想树立不牢,在检查落实安全责任制过程中抓得不狠、不死,存在侥幸心理。

(2)安全员在施工现场检查中没有及时发现事故隐患,平时没有按照定人员、定时间、定措施的原则进行工地的现场检查。在发现事故隐患并没有排除前,未采取有效的防护措施,未能确保真正的安全生产、文明生产。

(三)人员伤亡及财产损失情况

死亡1人;经济损失12万元。

四、事故性质和责任

这是一起由于违章作业造成的安全生产责任事故。

五、有关事故责任者追究行政、法律责任情况

(1)公司经理李某，身为企业安全生产第一责任者，“安全第一，预防为主”的思想树立不牢，对安全生产强调布置多，但在落实中抓得不严、不细，对本次事故负有领导责任，责令其作书面检查，并处以 1 000 元罚款。

(2)主管生产的项目经理温某，做为项目安全生产第一责任人，对施工现场安全生产监督检查、整改不力，对本次事故负直接管理责任，给予警告处分，责令其作书面检查，并处以 1 000 元罚款。

(3)生产工地工长刘某，做为工地的负责人，对“安全第一，预防为主”的思想树立的不牢，在检查中抓得不狠、不死，对本次事故负直接管理责任，给予警告处分，责令其作书面检查，并处以 1 000 元罚款。

(4)做为该工地的安全员赵某，在工地检查中落实不到位，对施工现场安全生产检查整改不力，对本次事故负直接管理责任，责令其作书面检查，并处以 800 元罚款。

(5)伤亡职工郭某对本次事故负有最直接责任，因其已死亡，故不予处理。

六、防止类似事故应采取的措施及建议

(1)根据“四不放过”原则，首先成立了伤亡事故调查组、善后处理组和现场整改组，对事故进行了调查处理。

(2)为防止事故重复发生，由公司、项目管理部组成现场整改小组，对施工现场进行全面安全检查，对查出的事故隐患按“三定”原则进行定人、定时间、定措施整改，消除施工现场的隐患。对职工进行了安全生产再教育，加强管理人员的安全意识并提高工人的自我保护能力。

(3)公司正在施工的工程由项目经理组织安全检查小组进行自查、整改。公司成立以生产经理为首的监督检查小组，对在建工程进行了安全生产大检查，对查出的隐患要求其立即停工整改，复查合格后方可施工。

七、事故点评

这起事故是由于安全管理不到位、职工安全意识淡薄、安全培训不足所造成的。这起惨痛的事故启示各施工单位要重点查处违章作业、违章指挥，有效遏制事故，杜绝重大事故的发生，确保安全生产与社会稳定。

案例二十六　秦皇岛图书发行大厦高处坠落事故

一、事故主要情况

事故发生时间：2006 年 3 月 14 日

工程名称：秦皇岛图书发行大厦

事故单位：秦皇岛海三建设工程发展股份有限公司

二、事故主要及采取应急措施情况

2006 年 3 月 14 日下午 2 时 45 分，秦皇岛海三建设工程发展股份有限公司承建的图书发行大厦工地，瓦工班长白某安排瓦工秦某等 3 人到大厦东南角 4 号楼梯的 4 层处砌筑填充墙，白某负责给瓦工秦某和高某供灰。为送料方便，白某于当日上午 9 时 40 分左右向架子工张某借来了扳手，私自将 4 号楼梯平台边的防护栏杆拆除并在楼梯口北侧铺设没有任何防护的脚手板进行供料作业。当日下午 2 时左右，白某又在 4 层楼梯口平台与南侧砌筑脚手架横杆之间，利用两块脚手板私自斜铺设无任何防护的送料通道，且有一块脚手板铺设不平稳(脚手板

窄面在下，宽面在上）。下午2时45分白某在送料回来的途中，从脚手板上坠落到3层与4层间的楼梯踏步台阶上（坠落垂直高度3.4米），造成其后脑部损伤，处昏迷状态。事故发生后，项目经理张某和工长王某等组织人员立即将白某送往医院抢救，当日下午18时白某经抢救无效死亡。

三、事故原因、人员伤亡及财产损失情况

（一）直接原因

(1)死者白某未经安全人员同意私自拆除楼梯口处的安全防护栏杆，私自铺设没有任何防护的脚手板作为供料通道，属违章作业。

(2)公司安全管理存在漏洞，日常安全生产管理不严格，各项安全规章制度不能落实到实处；安全管理人员日常安全巡查不到位，致使非常明显的事故隐患未能及时发现和消除；职工白某安全帽佩戴不符合安全要求，下颌带未系牢，并且相关管理人员未能及时发现并纠正，是该事故发生的主要原因。

（二）间接原因

(1)该项目部安全生产宣传教育培训投入不足，未对职工进行系统的安全生产三级教育与培训，职工缺乏安全技术知识，安全意识淡薄。

(2)安全操作规程不完善，该项目部没有瓦工及壮工安全操作规程。

（三）人员伤亡及财产损失情况

死亡1人；经济损失35万元。

四、事故性质和责任

(1)死者白某安全意识淡薄，未经有关领导及安全人员同意，私自拆除楼梯口处的安全防护栏杆，私自铺设无安全保障的供灰作业通道，违章作业，是本次事故的直接和主要责任者。

(2)企业法人杨某未能全面履行安全生产主要负责人的各项职责，对本次事故负有领导责任。

(3)主管安全副总经理李某未能认真履行总公司日常安全生产管理职责，在此次事故中负有领导责任。

(4)二分公司经理赵某未能全面履行分公司安全生产管理职责，在此次事故中负有领导责任。

(5)项目经理张某未能及时督促安全管理人员对新职工进行全面系统的安全生产教育培训，致使该项目部存在职工未经安全教育培训便上岗作业的现象；各项安全制度不落实，致使项目部存在职工违章作业现象；日常安全管理不到位，致使事故隐患不能被及时发现并得以消除，对本次事故负有直接和主要领导责任。

(6)工长王某在新职工未得到全面系统的安全生产三级教育培训的情况下便安排其进入工作岗位；各项安全制度未落实致使该施工工地存在职工违章作业现象；日常安全管理不到位致使事故隐患不能被及时发现并得以消除，对本次事故负有直接和主要领导责任。

(7)公司安全处长张某未能在职责范围内组织职工进行安全教育培训；不能督促各施工工地安全管理人员进行严格的日常安全巡查，致使安全隐患不能被及时发现并得以消除；在安全管理上落实制度不彻底，对本次事故负有领导责任。

(8)二分公司安全科长祖某未能在职责范围内组织职工进行安全教育培训；未能组织相关安全管理人员进行严格的日常安全巡查，致使安全隐患不能被及时发现并得以消除；在安全管理上落实制度不彻底，对本次事故负有领导责任。

(9)项目安全员刘某平时对本工地的职工安全教育不严格，对本工地安全检查不到位，致使很明显的事故隐患不能被及时发现并得以消除，致使该事故发生，对本次事故负有重要责任。

(10)瓦工班组长白某日常管理不到位，本班组职工出现违章作业现象，身为班长不能及时发现并纠正，不能认真履行安全职责，对本次事故负有重要责任。

(11)瓦工秦某、高某知白某违章作业，既不及时制止也未向相关管理人员汇报这一情况，二人对本次事故负有一定责任。

(12)渤海港口工程建设监理有限公司秦皇岛图书发行大厦施工工地总监刘某未能组织公司相关监理人员核查该施工工地职工三级安全生产教育，各项安全生产制度的落实等方面存在的问题；对本工地安全检查不到位，致使很明显的事故隐患不能被及时发现并得以消除，致使该事故发生，对本次事故负有一定责任。

五、有关事故责任者追究行政法、律责任情况

(1)死者白某安全意识淡薄，未经有关领导及安全人员同意，私自拆除楼梯口处的安全防护栏杆，私自铺设无安全保障的供灰作业通道，违章作业，是本次事故的直接和主要责任者。鉴于白某在此次事故中已死亡，故免于处罚。

(2)企业法人杨某未能全面履行安全生产主要负责人的各项职责，对本次事故负有领导责任，罚款人民币 5 000 元。

(3)主管安全副总经理李某未能认真履行总公司日常安全生产管理职责，在此次事故中负有领导责任，罚款人民币 5 000 元。

(4)二分公司经理赵某未能全面履行分公司安全生产管理职责，在此次事故中负有领导责任，罚款人民币 5 000 元。

(5)项目经理张某未能及时督促安全管理人员对新职工进行全面系统的安全生产教育培训致使该项目部存在职工未经安全教育培训便上岗作业的现象；各项安全制度不落实致使项目部存在职工违章作业现象；日常安全管理不到位致使事故隐患未能被及时发现并得以消除，对本次事故负有直接和主要领导责任，罚款人民币 1 万元。

(6)工长王某在新职工未得到全面系统的安全生产三级教育培训的情况下便安排其进入工作岗位；各项安全制度不落实致使该施工工地存在职工违章作业现象；日常安全管理不到位致使事故隐患未能被及时发现并得以消除，对本次事故负有直接和主要领导责任，罚款人民币 5 000 元。

(7)公司安全处长张某未能在职责范围内组织职工进行安全教育培训；不能督促各施工工地安全管理人员进行严格的日常安全巡查致使安全隐患不能被及时发现并得以消除；在安全管理上落实制度不彻底，对本次事故负有领导责任，罚款人民币 3 000 元。

(8)二分公司安全科长祖某未能在职责范围内组织职工进行安全教育培训；不能组织相关安全管理人员进行严格的日常安全巡查致使安全隐患不能被及时发现并得以消除；在安全管理上落实制度不彻底，对本次事故负有领导责任，罚款人民币 3 000 元。

(9)项目安全员刘某平时对本工地的职工安全教育不严格，对本工地安全检查不到位，致使很明显的事故隐患未能被及时发现并得以消除致使该事故发生，对本次事故负有重要责任，罚款人民币 5 000 元。

(10)瓦工班组长白某日常管理不到位，本班组职工出现违章作业现象，身为班长不能及时发现并纠正，不能认真履行安全职责，对本次事故负有重要责任，罚款人民币 2 000 元。

(11)瓦工秦某、高某知白某违章作业,既不及时制止也未向相关管理人员汇报这一情况,二人对本次事故负有一定责任,各罚款人民币500元。

六、防止类似事故应采取的措施及建议

(1)事故发生后总公司召开了由各分公司经理、项目经理、安全管理人员及各处室负责人参加的安全生产会议。会中要求各分公司、项目部及各相关处室吸取此事故的教训,立即行动起来对公司所有在建项目进行一次拉网式的安全检查,以彻底消除现存的各类安全隐患,并对今后的安全生产具体工作做出了详尽的部署和具体的安排。

(2)事故发生后,公司安全处及各分公司安全科立即成立了安全检查小组,对所有施工工地进行了拉网式检查。检查做到了不留死角,不走过场。

(3)事故发生后公司安全处借此次停工的时机,按照相关要求组织公司全体职工进行系统的安全生产教育培训,各分公司、项目部及班组对职工也进行了相应的安全教育与培训,进一步增强了职工的安全防范意识。

(4)在原有的安全生产规章制度及操作规程的基础上,安全生产各管理机构对各项规章制度及操作规程进行了增补修改,以达到完善的程度。并要求各相关部门及职工严格遵守各项管理制度及操作规程,彻底杜绝"三违"现象。

七、事故点评

这是一起典型的违章作业安全事故,安全管理不到位,管理人员、作业人员安全意识的淡薄,导致施工现场负责人和作业工人形成一种不良习惯,从而没有认识到违章指挥、违章作业的严重性,得不到及时的制止和纠正。这起事故启示施工单位,加大对违章行为的查处力度,也是控制工人的不安全行为的有效途径。

案例二十七　保定市建华小区7号住宅楼高处坠落事故

一、事故主要情况

事故发生时间:2006年3月21日

工程名称:保定市建华小区7号住宅楼

事故单位:河北中保建设集团有限责任公司

二、事故主要经过及采取应急措施情况

2006年3月21日下午2时左右,在进行外墙面砖粘贴过程中,由于5层楼梯间窗口部位作业面狭小,脚手板南北铺设,里高外低,操作人员王某作业时脚向外蹬力,导致脚手板滑移,王某不慎向下坠落至3层平网上。由于平网与架板连接不牢固,致使王某短时间内跌落至首层雨篷上面,导致其前臂及骨盆两处发生骨折。

三、事故原因、人员伤亡及财产损失情况

(一)直接原因

(1)王某在作业过程中违反高处作业操作规程,不执行安全技术交底,冒险作业,发现脚手架不符合要求仍然违章作业,导致其从5层作业层坠落,造成重伤。

(2)脚手架搭设不符合规范要求,脚手板铺设不规范。

(3)平网与架体连接不牢固,致使对人员的高处坠落未起到保护作用。

(二)间接原因

(1)项目部安全员未对施工现场脚手架的搭设进行严格验收就进行下一道工序作业。

(2)施工现场安全防护不到位,安全网与脚手架的连接不牢固。

(3)项目部的安全管理工作不严谨,安全检查不到位。

(三)人员伤亡及财产损失情况

重伤 1 人;经济损失 5 万元。

四、事故性质和责任

这是一起因为违章作业而造成的责任事故。

五、有关事故责任者追究行政、法律责任情况

(1)该项目部项目经理刘某,作为该项目部第一责任人,对施工现场安全管理、现场作业人员的安全教育均未做到位,致使工人违反操作规程。按照有关规定,建议暂扣河北中保建设集团有限责任公司项目经理刘某项目经理资质证书,5 年内不得担任施工项目负责人。

(2)该项目部安全员刘某,未认真履行职责,对脚手架未进行严格验收,也未对施工现场安全网、平网等搭设工作进行严格检查、验收,属严重失职行为。按照有关规定,建议吊销安全员刘某的安全管理人员考核证书,5 年内不得重新申办,并责令其调离其原工作岗位。

(3)该项目部架子班组长李某违反安全技术操作规程,未按安全技术交底对脚手架进行搭设,故按照有关规定,由河北中保建设集团有限责任公司进行内部处罚。

(4)事故受害人王某冒险作业、违章蛮干,以致发生严重后果,鉴于其经济承受能力及受重伤后仍在治疗中,故免于对其经济处罚,由河北中保建设集团有限责任公司对其进行批评教育。

六、防止类似事故应采取的措施及建议

(1)责令建华小区 7 号住宅楼项目部立即停工整顿,对施工现场进行全面检查,发现问题立即整改,以消除安全隐患,并须经市安监站复查合格后方可复工。同时责令项目部立即对施工现场全体作业人员进行一次安全教育,使现场全体作业人员吸取此次事故的教训,加强安全意识和自我保护意识,严格执行安全生产各项制度,落实安全生产责任制。

(2)鉴于此次事故的发生,市建设局在迎接全省安全生产大检查工作会议上,通报了此次事故,要求所有在建工程项目进行详细、全面的安全生产大检查。对施工现场安全防护、架体、施工用电、塔吊、龙门架、外用电梯及安全业内资料等进行逐一检查,认真排查隐患,做到安全生产,文明施工。

七、事故点评

基层建筑施工队伍,大多是农民工,文化素质低,施工技术水平和管理水平都急需提高,有些人胆子大,容易有冒险心理,忽视安全。有些施工队伍,连基本的安全管理制度都没有,或者有但不健全,即使有制度往往也执行不到位,这些都给安全生产工作埋下了事故隐患。

案例二十八　石家庄市开元广场工地高处坠落事故

一、事故主要情况

事故发生时间:2006 年 4 月 3 日

工程名称:石家庄市开元广场

事故单位:中艺建筑装饰有限公司

二、事故主要经过及采取应急措施情况

2006 年 4 月 3 日上午由中艺建筑装饰有限公司承建的北国—开元广场 B2 裙楼内部商业装修工程工地,木工汪某和王某负责 5 层卫生间吊顶工作。由于瓦工正在做地面铺砖,王某看护工具,汪某去找另一个可以施工的场地。10 时左右工人发现地下室有人,迅速报告了项目

经理杨某，杨某得知后立即打120急救电话将伤者汪某送往就近的医院抢救。11时左右，汪某经抢救无效确认死亡。

三、事故原因、人员伤亡及财产损失情况

（一）直接原因

施工人员汪某缺乏自我保护意识，违反公司安全生产管理制度，本项目按规定在6层以下的施工人员应到楼下上厕所，但汪某却在电梯井口小便，故导致了此次事故发生。

（二）间接原因

（1）公司各级领导对安全管理的重要性认识不到位，“安全第一、预防为主”的思想意识不够，安全管理不规范，对职工的安全培训、教育不到位。

（2）安全生产管理上存在一定疏漏，规章制度落实上还有不到位的现象，各部门的安全生产责任制未真正落实到人。

（3）施工现场管理混乱，发生事故的电梯井口安全防护设施被人随意移动，且移动后未及时发现并采取有效措施恢复安全防护。

（4）安全技术交底针对性不强，且未能及时告知作业人员现场存在的不安全因素，工人安全防范意识淡薄。

（三）人员伤亡及财产损失情况

死亡1人。

四、事故性质和责任

这是一起由于施工人员缺乏自我保护意识，违反公司安全生产管理制度而引发的责任事故。

五、有关事故责任者追究行政、法律责任情况

（1）公司法人代表于某对本次事故负有企业管理责任，责令其写出书面检查，罚款1 000元。

（2）公司生产副经理兼安全处处长马某对本次事故负有领导责任，责令其写出书面检查，罚款2 000元。

（3）项目经理杨某对本次事故负有直接管理责任，责令其写出书面检查，罚款3 000元。

（4）该项目工长曹某对本次事故负有管理责任，责令其写出书面检查，罚款2 000元，给予行政警告处分，免去工长职务。

（5）木工汪某对本次事故负有直接责任，鉴于其已经死亡，免于追究。

六、防止类似事故应采取的措施及建议

（1）北国—开元广场裙楼内部商业装修工程4月3日发生事故后立即停止施工，由公司安全部会同北国—开元广场裙楼内部商业装修工程项目部拿出处理方案，查找安全隐患，认真完成后续工程，要求后续工程要方案明确，严格责任。

（2）中艺建筑装饰有限公司领导班子集中两天时间认真学习安全生产的方针、政策。通过学习进一步增强安全生产意识，充分认识到无论何时何地，无论领导如何分工，安全生产都不能放松，时刻要绷紧安全生产这根弦，在全公司要形成党、政、工三位一体，总经理牵头，各级部门齐抓共管，职能部门、职能人员分级负责，公司、项目部、班组分级管理的局面。

（3）中艺建筑装饰有限公司要进一步进行全员安全生产教育，一是分别举办科室负责人，分公司项目部、项目经理等安全生产学习班，要聘请有关专业人员讲课，通过学习国家有关劳动安全卫生的方针、政策、法律、法规和劳动安全卫生标准、企业安全生产管理等，加强对安全

生产的认识，正确处理施工中安全与生产的辩证统一关系，克服麻痹思想和侥幸心理，实现安全生产。二是对所有施工人员进行安全教育，重点学习劳动卫生法律、法规、安全技术等，使施工人员熟练掌握本岗位的生产技术、操作规程，强化职工自我保护意识。

(4)立即对中艺建筑装饰有限公司在建工程进行一次安全生产大检查，查隐患、促整改，使专项检查与常规检查相结合、纠违章与教育处罚相结合、查隐患与促整改相结合，认真开展自查自纠，对发现的隐患问题除发出隐患通知书。除按照"三定"及"四不放过"原则整改外，还要依照有关奖惩予以处罚，使检查做到有计划、有时间、有内容、有措施、有处理结果。

(5)中艺建筑装饰有限公司要进一步规范用工制度，严把用人关。首先对正在使用的民工、临时工进行一次全面清理，审查身份证、务工证等证件是否齐全，证件不全的，坚决辞退。在此基础上加强对这些人员的安全教育及安全操作规程培训，合格后方许可上岗。

七、事故点评

公司各级领导对安全管理的重要性认识不到位，"安全第一、预防为主"的思想意识不够，安全管理不规范，对职工的安全培训、教育不到位。安全生产管理上存在一定疏漏，规章制度落实上还有不到位的现象，各部门的安全生产责任制未真正落实到人。施工人员汪某缺乏自我保护意识，违反公司安全生产管理制度，导致了此次事故发生。

案例二十九　石家庄市河北慧谷科技城 42 号楼工地高处坠落事故

一、事故主要情况

事故发生时间：2006 年 5 月 2 日

工程名称：河北慧谷科技城 42 号楼

事故单位：中国建筑第七工程局第二建筑公司石家庄分公司

二、事故主要经过及采取应急措施情况

2006 年 5 月 2 日早晨 6 时，王某和汪某一同到慧谷科技城 42 号楼 24 层清理模板，班前已进行安全教育，并系好安全带，戴上安全帽。当施工到 8 时 30 分左右时，王某在没有给同班组人员打招呼或请假的情况下私自一人离开施工作业面下楼，后一直没有上来。同班组人员汪某于 9 时 30 分左右时，发现王某还没有返回施工作业面，于是打电话联系带班工长徐某，向其询问王某是否被调到其他作业面施工，带班工长回答没有。到 10 时左右，汪某发现王某还没有返回施工作业面，于是再一次向另一带班工长丁某询问王某是否被派到其他作业面施工，丁某也回答没有。此时汪某感觉事态不对，于是向石家庄中安建筑劳务分包公司现场负责人李某报告。李某于是安排人员从 24 层逐层向下寻找，在 22 层发现王某的安全帽，一直找到一层，仍未找到王某，此时已到 11 时 30 分左右。李某见地下室没有寻找，于是安排汪某到地下室寻找，结果发现王某躺在地下室。汪某立即报告李某，李某马上安排人员保护现场，同时向项目部报告，并拨打 120 求救，120 急救车于 12 点来到施工现场，经医务人员检查，确认王某已死亡。

三、事故原因、人员伤亡及财产损失情况

(一)直接原因

(1)石家庄中安建筑劳务分包有限公司为准备施工⑩～/L-N 轴加压送风井口砌体时，在未征得项目部同意的情况下擅自拆除该部位的通风道口防护。准备砌筑的作业面无人看管，场地也未设置临时警戒，项目部管理人员也未能及时发现和消除事故隐患，导致事故发生。

(2)王某在没有与带班组长请示的情况下擅自离开施工作业面，导致事故发生。

(3)王某擅离工作岗位,班组长不阻止、不询问,导致长时间不能及时发现问题而延误了抢救时机。

(二)间接原因

(1)安全管理思想认识不够,安全生产意识较为淡薄。石家庄分公司各级管理人员对安全生产管理工作的重要性认识不够,"安全第一,预防为主"的方针树立不够牢固,对国家和地方有关安全生产的方针、政策和法律、法规贯彻执行不力,对局和公司的安全生产管理制度落实不够到位,对安全管理工作有时浮于表面、没有深抓、没有横比,使得安全管理工作的基础夯得不扎实。在日常施工生产工作中,虽然经常定期和不定期检查,在生产调度会和其他会议上都强调要抓好安全生产,重视安全工作,但在实际工作中对于细节问题落实不够,贯彻会议精神不得力,施工现场安全管理抓得不扎实。特别是在主体封顶之后的情况下,放松了安全警戒意识,忽视了安全工作在生产中必须坚持常抓不懈的原则,致使不安全因素存在于施工之中。对于"安全生产",各级管理人员法律意识较为淡薄,对存在的事故隐患有时麻木不仁,侥幸心态时有存在,个别事故隐患查不到、整改不了。

(2)项目部劳动纪律执行不严,施工人员擅离工作岗位不请示、不汇报。

(3)企业管理规章制度存在执行不力的现象,施工现场管理不到位,各级责任落实不到位,专项安全技术措施、方案、安全技术交底针对性不强,现场专职安全员检查不到位,事故隐患不能被及时发现和消除。对职工安全生产意识的思想教育不够,由于公司所属项目分散,集中教育频率低,项目施工生产又长期处于紧张状态,对安全意识教育不够深入,职工对过程检查控制存在侥幸心理,对存在的危险源没有强有力的措施进行控制。职工对存在的危险辨识不明确,对存在的危险源有时不汇报,也得不到积极整改。

(4)项目部安全生产责任制落实不到位,项目部对劳务分包队伍管理较为松懈,对施工程序管理控制不够严格,对危险部位的施工措施落实不到位。施工预控措施和防护措施落实不到位。在安全管理方面存在项目部与劳务分包公司安全生产管理权责划分不明细的问题,没有认识到安全工作在生产中的严重性、必要性,没有引起项目部领导的高度重视。安全管理与监督工作在过程控制中没有深化,没有把安全工作提升到法治层面进行监控。

(5)对进场施工人员体检把关不严。按有关规定对进场人员应检查其身体和精神状况,特别是"五特"工种应有相关健康证明。在清理王某遗物时,发现其一幅眼镜(近视 800 度)和眼病医院联系电话,但中安劳务公司一直未发现此情况。

(三)人员伤亡及财产损失情况

死亡 1 人;经济损失约 20 万元

四、事故性质和责任:

这是一起责任事故。

五、有关事故责任者追究行政、法律责任情况

(1)石家庄分公司经理李某对安全生产制度、规定落实不具体,对该事故应负第一领导责任,责令其写出检查交公司和市安监局,并处以 1 500 元罚款。

(2)石家庄分公司书记陶某,对有关安全生产的方针、政策落实不够,对企业制度监督落实不够,对这次事故负有一定的领导责任,责令其写出检查并处以 1 500 元罚款。

(3)石家庄分公司副经理张某,作为主管生产者,对施工现场安全检查监督力度不够,未能及时发现事故隐患,应负领导不力的责任,责令其写出检查并处以 1 500 元罚款。

(4)石家庄分公司副经理杨某,对现场安全隐患监督不到位,致使隐患存在,对这次事故负

有一定的领导责任，责令其写出检查并处以 1 500 元罚款。

(5)石家庄分公司总工程师邹某，对施工现场安全责任分解、检查制度监督落实不够，对这次事故负有一定的领导责任，责令其写出检查并处以 1 000 元罚款。

(6)石家庄分公司工会主席李某，工会监督安全工作不力，对这次事故负有一定的领导责任，责令其写出检查并处以 1 000 元罚款

(7)慧谷科技城项目部项目经理柴某，作为施工现场第一负责人，对于施工现场的安全制度执行、管理不到位，应对本次事故负主要责任，责令其写出检查并处以罚款 3 000 元。

(8)慧谷科技城项目部技术负责人尹某，对施工现场安全监督不力，责任分解、检查监督落实不够，对这次事故负有一定的领导责任，责令其写出检查并处以 1 000 元罚款。

(9)慧谷科技城项目部安全员刘某，作为主管安全责任人，没有在施工现场把安全责任落实到位，落实到人。对工人的教育不深不细，对现场的安全隐患监督不够，致使隐患存在，对这次事故负有一定的责任，处以 1 000 元罚款。

(10)慧谷科技城项目部工长姜某，对现场监管不力，没能把安全制度落实到现场管理中，致使隐患存在，对这次事故负有一定的领导责任，责令其写出检查并处以 1 000 元罚款。

(11)班组长丁某对本次事故负有重要责任，给予警告处分。

六、防止类似事故应采取的措施及建议

(1)提高企业安全生产管理工作的法制意识，"安全第一，预防为主"是党和国家的安全生产方针，加强劳动保护，抓好安全生产工作，杜绝类似事故的发生，是石家庄分公司各级领导工作的重中之重。为此一定要做到思想上重视，组织上保证，措施上落实，制度上健全，执行上严格。加强对职工的三级安全教育，并做到定期检查，抓好职工的安全培训，强化安全管理的重要性，增强各级管理人员的安全生产意识和业务能力，提高生产工人自我保护意识、能力，做到"三不伤害"，切实把安全工作做实做细。

(2)全分公司各施工工地广泛开展安全生产自查活动，分公司组织专项安全生产检查。自查按《建筑施工安全检查标准》(JGJ 59—99)的内容进行，并加强对施工组织设计、施工方案及安全技术交底内容的审批、接受手续和执行情况进行检查。对职工的安全教育，以及临边、洞口的防护发现的隐患问题立即整改。

(3)项目部制定安全整改方案，对发现的事故隐患按照"三定"原则处理。

七、事故点评

企业安全生产各项规章制度贯彻执行不到位。公司在企业安全生产各项规章制度上制定了各级人员安全生产岗位责任制和安全管理制度，但是没有使之深入人心，没有进行更为细化的分解。在贯彻安全生产教育方面忽视了安全教育的效果，没有使全体职工从思想上提高对安全生产重要性的认识，没有使安全管理工作完全规范化、标准化；没有使企业员工贯彻执行安全生产方针的责任感和树立"安全第一，预防为主"的思想得到有力的提高。专项安全防护方案有时与现场实际情况不太相符，使得落实情况有时脱节，不能够很好地把国家、地方、公司的各项安全管理制度、政策及标准规范应用到施工管理工作中，落实到班组、作业人员身上，致使安全隐患不同程度的存在。

案例三十　张家口市丽景生活城 7 号楼工程高处坠落事故

一、事故主要情况

事故发生时间：2006 年 5 月 11 日

工程名称:阳原丽景生活城7号楼

事故单位:阳原县第一建筑建材工业总公司

二、事故主要及采取应急措施情况

2006年5月11日上午10时,阳原县第一建筑建材工业总公司承建的阳原丽景生活城7号楼,项目部瓦工石某、壮工王某和张某在阳原丽景生活城7号楼3、4单元5楼阳台打眼栽钢筋。在此期间,王某下楼去接电线,石某被人叫走帮忙铲沙,张某靠在新砌筑的陶粒块墙上休息,因该墙刚刚砌起,水泥浆还没有完全凝固,瞬时该墙便被靠坍,张某背朝后从5楼阳台上跌落在地面。事故发生后,工长张某、瓦工石某等人听到喊声后急忙从楼上赶到地面,扶起张某呼其名字,张某还有应声,此时项目经理孙某、副经理陈某也赶到了现场,并拨打120电话。几分钟后,120急救车赶到,张某被送到医院进行抢救,11时左右因抢救无效死亡。

三、事故原因、人员伤亡及财产损失情况

(一)直接原因

(1)阳原县第一建筑建材工业总公司第十三项目部施工现场安全管理不到位,木工为拆钢模方便,擅自拆除了防护平网,拆除后也未及时重新挂好,同时在临边口作业未采取防护措施,是造成本起事故发生的直接原因。

(2)死者张某安全意识差,违章作业,在临边阳台上作业未佩带安全带,并靠在新砌筑的陶粒块墙上休息,也是造成本起事故的直接原因。

(二)间接原因

(1)阳原县第一建筑建材工业总公司第十三项目部施工现场安全管理差,虽配备了安全管理人员,但安全管理不到位,职工违章作业未能得到及时纠正。

(2)安全教育培训力度不够。项目部负责人、工长等只是在口头上对职工进行了安全教育,但是落实不到位,在思想上存有麻痹侥幸的心理。

(三)人员伤亡及财产损失情况

死亡1人;直接经济损失24万元。

四、事故性质和责任

这是一起由于违章作业、管理松懈所导致的安全生产责任事故。

五、有关事故责任者追究行政、法律责任情况

(1)张某不佩戴安全带违章作业,并靠在新砌筑的陶粒块墙上休息,是造成本起事故的直接责任者,因其已死亡,不予追究责任。

(2)工长张某主管工地安全生产工作,对职工违章作业没有及时纠正,且在临边口作业无防护设施的情况下给职工安排工作,对本起事故负有主要责任,建议阳原县第一建筑建材工业总公司按照有关规定给予其行政记大过处分。

(3)木工组长王某为干活方便,私自拆下防护平网,并且未及时重新挂网,对本起事故负主要责任,建议阳原县第一建筑建材工业总公司按照有关规定给予其行政记大过处分。

(4)宋某作为7号楼项目的安全员,对本起事故负有施工现场安全监管不到位责任,建议阳原县第一建筑建材工业总公司按照有关规定给予其行政记过处分。

(5)陈某(项目副经理)主管施工现场安全生产管理工作,对本起事故负有现场安全管理不到位责任,建议阳原县第一建筑建材工业总公司按照有关规定给予其行政记过处分。

(6)孙某作为阳原县第一建筑建材工业总公司第十三项目部7号楼的项目经理,是安全生产第一责任人,对本起事故负有领导责任,建议阳原县第一建筑建材工业总公司按照有关规定

给予其行政记过处分。

(7)公司质安科长梁某负责公司安全生产管理工作,在安全检查、职工安全教育等方面做得不细,建议阳原县第一建筑建材工业总公司按照有关规定给予其行政记过处分。

(8)公司副经理张某主管公司安全工作,在日常检查和职工教育方面的工作做得不到位,对本起事故负有直接领导责任,建议阳原县监察局给予其行政警告处分。

(9)公司经理白某作为阳原县第一建筑建材工业总公司法人代表,是安全生产第一责任人,对本起事故负领导责任,责令该同志向阳原县人民政府作出深刻的书面检查。

六、防止类似事故应采取的措施及建议

(1)深刻吸取此次事故的教训,从思想上消除任何麻痹和侥幸心理,切实把安全生产工作抓紧、抓实、抓细,增强抓好安全生产工作的责任感和紧迫感。

(2)全面落实本单位和施工工地的安全生产责任制,严格执行安全生产规章制度和安全生产操作规程。同时加大安全生产投入,确保各项安全措施落实到位。

(3)强化从业人员的安全生产教育和培训,严格执行"三级教育"制度,保证从业人员具备必要的安全生产知识,熟悉有关的安全生产规章制度和操作规程,熟练掌握安全操作技能,提高从业人员的安全意识和自我保护能力。

(4)大力开展反"三违"和"三不"活动,即不违章指挥、不违章作业、不违反劳动纪律;不伤害他人、不伤害自己、不被他人伤害。

(5)开展经常性的安全生产自查、互查和安全生产大检查活动,及时排查和消除各种事故隐患,防止各类生产安全事故的发生。

七、事故点评

这是一起典型的违章作业安全事故,职工擅自拆除安全网,暴露出公司安全管理不到位,管理人员、作业人员安全意识的淡薄,导致施工现场负责人和作业工人形成一种不良习惯。这起事故再次启示施工单位一定要加大对违章行为的查处力度,及时制止工人的不安全行为。

案例三十一　石家庄市国际城 51 号楼工地高处坠落事故

一、事故主要情况

事故发生时间:2006 年 7 月 9 日

工程名称:国际城 51 号楼工地

事故单位:南通三建公司总承包,天津江金装饰工程有限公司分包

二、事故主要经过及采取应急措施情况

2006 年 7 月 9 日早晨 8 时,张某与同班组人员李某一同到国际城 51 号楼 11 层顶进行吊篮支架安装,班前已进行安全教育。两人试着进行了安装,但未安装上,李某一人离开施工现场下楼口叫人,临走前告诉张某等人来后一起安装。当李某下到 1 层时,听到张某的叫声和坠落声,李某急忙跑上楼,发现张某已坠落,便赶忙跑到 49 号楼去叫项目经理程某。程某在赶往 51 号楼途中拨打了 120,120 赶到时发现张某已死亡。

三、事故原因、人员伤亡及财产损失情况

(一)直接原因

(1)天津江金装饰工程有限公司工人在施工 51 号楼外墙涂料时,带班工长安排工人不得当,本不该两人完成的工作却安排两个人去干,不能及时发现和消除事故隐患,导致事故发生。

(2)张某在没有与带班组长监督的情况下擅自一人进行危险作业,且无人帮助和照应,导致事故发生。

(3)张某在平台干活时不系安全带,是造成事故的直接原因。

(二)间接原因

(1)工人安全思想认识淡薄,安全意识不够。江苏南通三建石家庄分公司各级管理人员对安全生产的重要性认识不够,"安全第一"的思想树立不牢,对国家有关安全生产的方针、政策和法规贯彻执行不力,对安全工作管理不到位,抓得不细。在日常施工生产工作中,虽然经常定期和不定期检查,在监理例会和其他会议上也都强调要抓好安全生产,重视安全工作,但在实际工作中落实不够,贯彻不力,施工现场安全管理抓得不扎实,特别是在主体封顶之后,放松了安全警戒意识,忽视了安全生产,使危险因素存在于施工之中。

(2)项目部安全生产各项规章制度贯彻执行不力。江苏南通三建石家庄分公司国际城项目部安全生产各项规章制度上虽然制定了各级人员安全生产岗位责任制,但是没有使之深入人心,没有细化分解在贯彻安全生产教育方面,忽视了安全教育的效果,没有使项目部成员从思想上提高对安全生产重要性的认识,没有使安全管理工作完全规范化。没有使各级人员增强贯彻执行安全生产方针的责任感和树立"安全第一,预防为主"的思想,未把国家、政府、公司的各项安全管理制度与政策应用到施工现场,未能落实到班组、落实到作业人员身上,使得落实脱节,致使安全隐患不同程度的存在。分包单位自身管理存在弊端,项目部没有及时指出。由于公司所属项目分散,集中教育频率低,项目施工生产又长期处于紧张状态,只注重安全意识教育,而忽视了爱岗敬业的思想教育。职工对过程检查控制存在侥幸心理,对存在的危险源没有强有力的措施进行控制,项目部对危险源也没有及时指出,监督改正。

(3)在安全管理方面存在责任不明确,没有认识到安全工作在生产中的严重性、必要性,没有引起领导的高度重视;安全管理与监督工作在过程控制中没有深化,没有把安全工作提升到法治层面进行监控。

(三)人员伤亡及财产损失情况

死亡1人;经济损失约25万元。

四、事故性质和责任

这是一起由于违规作业引起的责任事故。

五、有关事故责任者追究行政、法律责任情况

(1)江苏南通三建石家庄分公司经理施某对公司安全生产教育不到位,对该事故应负第一领导责任,责令其写出报告交公司和市安监局,并处3 000元罚款。

(2)安全设备部经理黄某,对项目部教育不够,对总包及分包安全制度监督落实不够,对这次事故负有一定的领导责任,处以2 000元罚款。

(3)南通三建51号楼项目部楼长穆某,对现场监管不力,责任心不强,没能把安全制度落实到职场管理中,致使隐患存在。穆某对这次事故负有一定的责任,对其处1 000元罚款。

六、防止类似事故应采取的措施及建议

(1)加强总包及分包对职工的安全三级教育,与当地相关部门联系,抓好职工的安全生产,增强各级人员的安全检查意识与业务能力,并提高工人自我保护及"三不伤害"能力。

(2)项目部协同监理公司开展安全自查,公司组织专查;自查按安全评分标准的七大内容进行,并加强对施工组织设计、施工方案及安全技术交底内容的审批、接受手续和执行情况的检查,特别是要认真检查职工的安全教育情况,对发现的隐患问题立即整改。

(3)对发现的事故隐患按照“三定”原则处理。

七、事故点评

安全思想认识淡薄，安全意识不够，各级管理人员对安全生产的重要性认识不够，“安全第一”的思想树立不牢，对国家有关安全生产的方针、政策和法规贯彻执行不力，对安全工作管理不到位，抓得不细。建议加强总包及分包对职工的安全三级教育，与当地相关部门联系，抓好职工的安全生产，增强各级人员的安全检查意识、业务能力，提高工人自我保护及“三不伤害”能力。

案例三十二 石家庄市联邦名都C座住宅楼工程高处坠落事故

一、事故主要情况

事故发生时间:2006 年 10 月 19 日

工程名称:联邦名都C座住宅楼工程

事故单位:河北杲昂建筑劳务有限公司

二、事故主要经过及采取应急措施情况

2006 年 10 月 19 日 10 时 30 分，河北省杲昂建筑劳务有限公司职工申某独自在联邦名都C座住宅楼 26 层卸料平台装料作业时，因模板钢管等物料的重量超载，致使钢平台一角倾斜失稳，申某随掉落的物料坠落至室外地面回填土上(坠落高度 73 m)。事故发生后，项目部管理人员立即拨打 120，并组织人员将伤者抬出，对事故现场进行保护并拍照，120 救护车将伤者送至医院，申某经医生抢救无效死亡。

三、事故原因、人员伤亡及财产损失情况

(一)直接原因

施工现场违反《建筑施工安全检查标准》(JGJ 59—99)、《建设施工高处作业安全技术规范》(JGJ 80—1991)之规定，26 层外悬挑式钢平台上的人员及模板等物料的总重量大大超出设计的容许荷载(设计的容许荷载值为 1 500 kg，实际荷载 2 800 kg)，致使钢平台下方的支撑体系——15 cm×30 cm 的钢筋混凝土檐口被压碎，钢平台一角倾斜失稳。其中外悬挑式钢平台上的人员及模板等物料的重量超载，是发生事故的直接原因。

(二)间接原因

(1)作业人员安全意识淡薄，不熟悉和不完全掌握本职工作所需的安全生产知识，冒险作业。申某无视卸料平台额定荷载之规定，擅自超量堆放建筑材料，致使卸料平台体系严重超载。

(2)各级责任制落实不到位，项目安全员为能坚守岗位，危险部位作业时未安排专门人员进行现场监督，未能及时发现违章隐患并予以纠正整改。

(3)对特殊部位的分部分项安全技术交底针对性差，安全措施不到位。

(三)人员伤亡及财产损失情况

死亡 1 人。

四、事故性质和责任

这是一起违章作业，管理松懈导致的安全生产责任事故。

五、有关事故责任者追究行政、法律责任情况

(1)公司经理曹某对本次事故负有企业管理责任，责令其写出书面检查，经济处罚由公司按规定执行。

(2)公司安全负责人曹某对本次事故负有管理责任,责令其写出书面检查,并由公司按规定处1 000元罚款。

(3)该项目安全员曹某对本次事故负有直接管理责任,责令其写出书面检查检查,并由公司按规定处1 000元罚款

(4)该项目工长张某对本次事故负有直接管理责任,责令其写出书面检查检查,并由公司按规定处1 000元罚款。

(5)本事故直接责任人申某,因在事故中已死亡,不予追究责任。

六、防止类似事故应采取的措施及建议

(1)召开紧急会议,认真查找原因,切实吸取事故教训,认真逐级落实安全生产责任制。

(2)重新检查施工现场各个作业环境,审阅施工方案和安全技术交底情况,做好安全生产的过程控制。

(3)重新对员工进行培训教育,检查以往工作中存在的问题,作出整改方案,加强危险部位的安全措施和典型事故案例的讲解。

七、事故点评

安全思想认识淡薄,安全意识不够,各级管理人员对安全生产的重要性认识不够,"安全第一"的思想树立不牢,对国家有关安全生产的方针、政策和法规贯彻执行不力,对安全工作管理不到位,抓得不细。建议加强总包及分包单位对职工的安全三级教育,与当地相关部门联系,抓好职工的安全生产,增强各级人员的安全检查意识、业务能力,提高工人自我保护及"三不伤害"能力。

(二)塔　　吊

案例三十三　唐山古冶不锈钢厂工程高处坠落事故

一、事故主要情况

事故发生时间:2004年4月1日

工程名称:唐山古冶不锈钢有限责任公司钢区主厂房第一坯跨屋架安装工程

事故单位:中国二十二冶建设公司(总包);唐山兴达钢结构股份有限公司(分包)

二、事故主要经过及采取措施情况

2004年4月1日下午3时40分左右,唐山市兴达金属结构有限公司承建的唐山不锈钢炼钢主厂房工程,第一坯跨屋架在安装G、H轴3-4线作业。当天下午在天沟安装焊接工作中,施工队工人杨某被吊刮碰,从13.7 m左右处坠落地面,经送往医院抢救无效死亡。后经查实,操作25吨液压吊车的司机张某属无证操作。

三、事故原因、人员伤亡及财产损失情况

(一)直接原因

(1)吊车司机张某无证操作,违反了国家有关特种作业人员必须持证上岗的规定,是事故的主要原因。

(2)电、气焊工杨某,高空作业虽然身背安全带但未系,思想麻痹,是事故的次要原因。

(二)间接原因

项目负责人于某,对安全监管不力,对安全管理不到位,是事故的又一原因。

(三)人员伤亡及财产损失情况

死亡 1 人；直接经济损失 75 000 元。

四、事故性质和责任

这是一起由于违章操作、违章作业所造成的安全生产责任事故。

五、有关事故责任者追究行政、法律责任情况

(1)吊车司机张某，严重违章作业，造成了此次事故，给予张某记大过处分，并罚款 1 000 元，清出现场。

(2)电、气焊工杨某，违章作业，因其已死亡故不再追究责任。

(3)项目负责人于某，安全监管不力，安全管理不到位，给予其记过处分，并罚款 500 元。

(4)唐山中实建筑有限公司安全防范意识淡薄，防范措施不严，对这次事故负主要责任，责成县建设局对其进行处理。

六、防止类似事故应采取的措施及建议

(1)加强起重吊装作业的管理，加强对起重工、起重司机的安全教育。教育每一名施工人员，严格遵守岗位操作规程，特种作业人员必须持证上岗。

(2)吸取"4·1"事故教训，以此次事故为案例，举一反三，加强对《安全法》等法律法规的学习，组织对全体施工人员进行安全培训，提高自我保护的能力。

(3)对施工现场进行全面检查，坚决杜绝违章操作，重点检查起重吊装、施工用电及现场的文明施工的情况。严格规范作业程序，落实施工方案及各项安全措施。

七、事故点评

认真吸取事故教训，落实安全生产责任制，建立健全各项规章制度，加强对职工安全生产宣传教育和培训，加强对作业人员的教育和培训。认真制定和落实安全生产操作规程，对工人严格管理，做到持证上岗作业，确保安全生产。

案例三十四　石家庄市北新街信通花园 14 号住宅楼高处坠落事故

一、事故主要情况

事故发生时间：2004 年 7 月 8 日

工程名称：石家庄市北新街信通花园 14 号住宅楼

事故单位：河北宏远建筑安装有限公司

二、事故主要经过及采取应急措施情况

2004 年 7 月 8 日下午 4 时 40 分左右，临时工张某在安装塔吊附着时，在塔吊平台挂水壶后，顺着塔梯往下爬时，不慎失足脱手，约在高 30 m 处顺着塔吊中心坠落，经医院抢救无效死亡。

三、事故原因、人员伤亡及财产损失情况

(一)直接原因

项目部安全管理混乱，安全岗位责任制未落实到人，各岗位安全职责形同虚设。管理人员未能严格执行党和国家的有关安全生产的方针、政策和规章制度，未把安全列入重要议程，不顾现场安全工作人员的安危，对工人要求不严，致使此次事故发生。

(二)间接原因

(1)公司各级领导对安全生产的管理意识不强，对"安全第一"的思想树立不牢，缺乏有针对性的保障措施。在生产、计划、布置、检查、总结同步进行的过程中，关于检查落实的力度不够，关于工人的自我保护意识教育力度不够。

(2)在日常工作中,对安全生产虽然经常定期和不定期检查,在每次生产会上都强调抓好安全生产,重视安全工作,但在实际工作中落实不够,贯彻会议精神力度不够,施工现场安全管理抓得不扎实。特别是在工人工作之中,忽视了安全生产的重要性,使不安全因素存在于工人身边。

(3)公司有制度有措施,项目施工有安全技术交底,并且三级教育也有操作人员签字,但对工人教育不够,从公司到班组的三级教育流于形式,工人对安全教育学习不认真,致使工人缺乏相应的安全知识,造成施工中的安全隐患。

(4)工人的自身素质低。因施工作业人员全部为农村劳动力,对本专业未经过长期专门的安全教育,只靠每年一两次的三级教育。本来工人就知识少,安全教育学习时又不认真,致使得工人本身安全意识非常差,甚至一些基本的安全知识,安全常识都不清楚,在施工中更是从来不注意,也不时时放在心上,没有时时绷紧安全这根弦,是导致本次事故的主要因素。

(三)人员伤亡及财产损失情况

死亡 1 人;经济损失约 6 万元。

四、事故性质和责任

管理人员未能严格执行党和国家的有关安全生产的方针、政策和规章制度,未把安全列入重要议程,不顾现场安全工作人员的安危,对工人要求不严,致使此次事故发生。

五、事故责任者追究行政、法律责任情况

(1)公司副经理李某,作为公司主管生产者,对施工现场安全检查力度不够,对企业安全制度监督落实不够,负有领导不力的重要责任,决定对其处以 5 000 元罚款。

(2)公司副经理周某作为公司主管设备者,对设备安全运转监督检查不够,负有领导不力的重要责任,决定对其处以 5 000 元罚款。

(3)项目经理张某,作为项目安全生产第一责任人,对施工现场安全工作抓得力度不够,未能及时发现事故隐患,负有直接领导失职责任,决定对其处以 5 000 元罚款。

(4)项目安全员赵某,作为项目安全检查人员对本工地安全检查力度不够,未能及时排除隐患,负有直接检查责任,决定对其处以 3 000 元罚款。

六、防止类似事故应采取的措施及建议

(1)根据“三定”、“四不放过”的原则,在本次事故处理上首先成立了“事故调查小组”、“现场整改小组”、“善后处理小组”。对本次事故进行调查,认真分析了原因后,一致认为此次事故是由于职工安全自我保护意识太差造成的。事故发生后,公司立即召开了干部职工会议,并要求召开全体职工大会,对工人进行安全教育,使工人自我安全意识提升,时时将安全生产挂在脑子里。

(2)由架子工长负责外架,限一天对外架进行一次全面检查;对临时用电,由电工乔某负责,限两天将所有用电电箱、线路、机械等生产、生活用电进行全面检查,杜绝违章乱拉现象;对现场职工进行安全三级教育,按“四不放过”的原则,增强各级管理人员的安全生产意识和业务能力及生产工人的自我保护能力。

(3)公司下发关于 2004 年 7 月 12 日～7 月 18 日为全公司安全活动周的通知:①各工地要召开全体职工安全会,精心准备会议内容和会议过程,作好记录;②认真排查现场安全隐患,重点是架体、大型机械、电气和岗前培训教育,并制定整改措施,作好验收记录;③认真检查安全工作档案,通过检查安全资料发现问题,纠正落实;④公司组织有关人员进行全面详细的专项检查,发现隐患立即责令项目部整改。

七、专家点评

此次事故是由于职工安全自我保护意识太差造成的。但是项目部安全管理混乱，安全岗位责任制未落实到人，各岗位安全职责形同虚设，管理人员未能严格执行党和国家的有关安全生产的方针政策和规章制度，未把安全列入重要议程，不顾现场安全工作人员的安危，对工人要求不严，也导致了此次事故的发生，使这次事故成为了必然。

案例三十五　衡水市第二棉麻公司住宅楼高处坠落事故

一、事故主要情况

事故发生时间：2004 年 7 月 26 日

工程名称：衡水市胜利西路桃城区第二棉麻公司住宅楼工程

事故单位：衡水市建筑总公司直属建筑工程处

二、事故主要经过及采取应急措施情况

2004 年 7 月 26 日下午，在衡水市建筑总公司直属建筑工程处所承建的衡水市胜利西路桃城区第二棉麻公司住宅楼工地，因正在下雨，工地停工，工人都在休息。工人赵某不知何时私自上塔吊，从塔机上坠落。警卫发现后及时将赵某送往附近医院急救中心，后转入脑外科治疗，后经抢救无效死亡。

三、事故原因、人员伤亡及财产损失情况

（一）直接原因

通过调查，死者赵某曾提出学开塔机，因没经过专业培训也没操作证而遭到工长拒绝。其本人在非工作时间擅自上塔机，不懂得安全操作及防护知识是事故发生的主要原因。

（二）间接原因

公司有关管理人员安全教育不到位，塔机周围未设安全警示标志，对到场职工监管不力。

（三）人员伤亡及财产损失情况

死亡 1 人。

四、性质和责任

(1)公司经理傅某、主管安全副经理（兼安全科科长）刘某对项目部管理监督不力，负有领导责任。

(2)项目部经理张某为工地第一责任人，对施工现场监督检查管理不到位，负第一责任。

(3)工长于某对工地工人安全教育不到位，负主要责任。

(4)死者赵某违反公司规定，私自上塔吊，负直接责任。

五、事故处理意见

(1)职工赵某在停工时间擅自串岗上塔吊，不懂得安全操作防护知识，是造成事故的主要原因，鉴于其已死亡，免于处分。

(2)班长李某对新入场职工安全教育不够，疏于管理，给予记大过处分。

(3)工长于某对工地工人安全教育不到位，塔吊安装完毕未设立安全警示标志，未及时与有关部门联系验收合格，给予记大过处分。

(4)现场安全员王某对新入场工人安全教育不到位，考核不严，给予记大过处分。

(5)副经理兼项目部经理张某监管不力，负有领导责任，给予警告处分。

(6)主管安全副经理刘某，安全教育不到位，监管不力，负有领导责任，给予警告处分。

(7)公司经理傅某，做为企业主要负责人，对本单位的规章制度健全、检查制度的落实要求不严，责任制不明确，要求其在公司全体职工大会上作出深刻检查。

(8)对衡水市建筑总公司直属建筑工程处进行经济处罚 4 万元。

六、类似事故应采取的措施及建议

(1)公司成立以总经理傅某为组长的安全生产领导小组，立即对公司全部在建工程进行拉网式大检查。

(2)公司全部在建工程立即停工整改，重点检查临边、洞口等处防护栏杆的设立，密目网、安全网等的搭设情况，对存在坠落隐患的地点及部位，立即进行整改，并要求写出整改报告，由各项目经理直接落实。

(3)各项目部组织本施工现场全体人员，召开一次安全教育会议，以本次事故为案例，教育人们关注安全、关爱生命。

(4)对公司各施工现场全体作业人员再进行一次摸底，进行教育和培训，重点学习《建筑工程安全生产管理条例》和单位各项规章制度，教育职工遵章守纪，杜绝教育形式化，并要求每位职工写出心得与认识，保证不越岗作业。

七、事故点评

这是由于违章操作所引起的一起安全事故，由此可见，提高工人的安全意识的重要性。各级行政主管部门应该认真研究管理措施，研究如何加大执法力度，如何提高自身素质，不断改善管理，减少损失。

案例三十六　沧州市佳和小区高处坠落事故

一、事故主要情况

事故发生时间：2005 年 5 月 7 日

工程名称：沧州市佳和小区 10 号住宅楼

事故单位：沧州市运河区建筑安装工程有限公司

二、事故主要经过及采取措施情况

2005 年 5 月 7 日，沧州市运河区建筑安装工程有限公司承建的沧州市佳和小区 10 号住宅楼工地，塔机钢丝绳脱槽。施工员刘某派架子队长张某、机手杨某、架子工刘某进行维修。三人戴好安全帽、安全带登塔作业。张某负责维修铰盘，杨某在司机室配合，刘某在塔臂排除跳槽故障。张某、刘某安全带均扣在塔臂上，由于跳槽复位比较困难，约 8 时 50 分刘某在位置移动时解开安全带且手未抓牢，因重心失稳从塔臂坠落在塔机沙箱中，坠落高度约 24 m，送医院抢救无效死亡。

三、事故原因、人员伤亡及财产损失情况

(一)直接原因

塔机起重臂上没有牢固立足点，在阵风的作用下，塔臂不停晃动，且距地 24 m 高度，作业人员移位时没有有效的防护措施，作业环境不安全。刘某在解开安全带位移时未抓牢杆件，出现严重操作失误。

(二)间接原因

企业安全生产保证体系存在漏洞，工地项目经理对安全生产落实不到位。安全管理机构配置不符合行业规定，班组安全教育及技术交底内容针对性不强。

(三)人员伤亡及财产损失情况

死亡 1 人。

四、事故性质和责任

这是一起由于违章作业所造成的安全生产责任事故。

五、有关事故责任者追究行政、法律责任情况

(1)对沧州市宏业房地产开发公司、河间市华瀛建设工程监理公司、沧州市运河区建筑工程有限公司三方责任主体进行全市通报批评。责令运河区建筑工程有限公司法人作出深刻检查,罚款6万元。

(2)吊销刘某二级项目经理资质证书及安全生产考核证书。

(3)发生事故的佳和小区10号住宅楼停工整改。

六、防止类似事故应采取的措施及建议

事故发生后按"四不放过"原则,该项目已停工整顿,公司组织有关人员对企业所有在建项目进行拉网式检查,发现事故隐患立即整改。对企业安全保证体系和安全生产管理制度上存在的薄弱环节,企业管理层要认真反思,总结教训,尽快完善和强化。

七、事故点评

这是一起由于工人未严格执行岗位安全技术操作规程,安全意识存在漏洞,且公司对职工的安全培训教育不到位而引发的事故。加强安全教育培训,杜绝违章作业,是防止类似事故发生的有效途径。

案例三十七　沧州市公安局看守所工程高处坠落事故

一、事故主要情况

事故发生时间:2005年7月5日

工程名称:沧州市公安局看守所监舍工程

事故单位:沧州市第三建安公司

二、事故主要经过及采用应急措施情况

2005年7月5日上午7时10分左右,沧州市第三建安公司承建的沧州市公安局看守所监舍工程工地,工长助理安排何某等人进行塔机顶升作业,事先未通知塔机安装队伍和公司有关部门,10时顶升完毕后,何某下塔机时不慎于10 m高处坠至地面。事故发生后,现场人员及时联系120急救,何某经抢救无效死亡。

三、事故原因、人员伤亡及财产损失情况

(一)直接原因

工人没有正确使用防护用品。

(二)间接原因

(1)工地管理人员在塔机顶升作业前未通知安装单位和公司,工长助理安排无操作证的人员上岗,违章指挥。

(2)工人无证上岗,违章作业。

(3)未认真落实公司安全规章制度。

(三)人员伤亡及财产损失情况

死亡1人;直接经济损失近10万元。

四、事故性质和责任

这是一起由于安全管理不到位,安全规章制度不落实而引发的事故。

五、有关事故责任者追究行政、法律责任情况

(1)发生事故的沧州市公安局看守所监舍工地停工整顿，经复查合格后方可复工。

(2)对沧州市第三建安公司，沧县建设工程监理公司进行通报批评。责令沧州市三建安公司法人代表作深刻检查，并依据《建设工程安全生产管理条例》的相关规定予以经济处罚。

(3)提请上级建设行政主管部门吊销该工程项目经理资质证书和安全生产考核合格证书。

六、防止类似事故应采取的措施及建议

(1)施工单位、监理单位要加强安全生产责任制的落实，要结合实际选用有资质、有上岗操作证的人员。

(2)加大施工现场安全生产监督力度，确保各项安全制度、措施真正落实到位。

(3)制定严厉的奖罚措施。

(4)加强教育培训；完善施工现场应急救援预案。

七、事故点评

这起事故是由于管理不到位，安全规章制度不落实，作业人员缺乏自我保护意识造成的。这起事故给我们的启示是一定要加强一线操作人员的安全意识教育，重视安全规章制度的监督落实。

案例三十八　石家庄市长安区中铁大厦工地高处坠落事故

一、事故主要情况

事故发生时间：2006 年 9 月 27 日

工程名称：石家庄市长安区翟营大街 209 号中铁大厦工地

事故单位：浙江省东阳第三建筑工程有限公司

二、事故主要经过及采取应急措施情况

2006 年 9 月 27 日早，2 号塔吊司机黄某正在进行吊外架钢管作业，大约 7 时 30 分钢管吊完，此时西塔 7 层顶板正在浇筑混凝土，黄某暂无其他工作可干。约 8 时，黄某从塔吊 53 m 高度坠落，其他人发现后，紧急拨打 120，急救车到事故现场后将黄某送至医院，经抢救无效死亡。

三、事故原因、人员伤亡及财产损失情况

(一)直接原因

职工黄某缺乏安全知识，自我保护意识淡薄，违反《塔式起重机操作使用规程》(J/G 100—1999)、《起重机械安全规程》(GB 6067—85)、《建筑施工安全检查标准》(JGJ 59—99)的规定违章操作，是导致本次高空坠落事故的直接原因。

(二)间接原因

(1)浙江省东阳市百工建筑劳务有限公司没有按照总包单位的管理要求对从业人员进行全面的安全基础知识教育培训，对职工的安全管理工作做得不到位，是这次事故发生的主要原因。

(2)浙江省东阳第三建筑工程有限公司作为总包单位，对分包单位东阳市百工建筑劳务有限公司的安全生产管理工作监管力度不够，是这次事故发生的间接原因。

(三)人员伤亡及财产损失情况

死亡 1 人；经济损失 22 万。

四、事故性质和责任

这是一起工人由于缺乏安全知识、自我保护意识淡薄引发的责任事故。

五、有关事故责任者追究行政、法律责任情况

(1)黄某违章操作直接导致高处坠落事故的发生，因其已死亡，故不追究其事故责任。

(2)浙江省东阳市百工建筑劳务有限公司安全管理不到位，违反了《建设工程安全生产管理条例》的规定，对该起事故的发生负有主要责任。浙江省东阳第三建筑工程有限公司对劳务分包公司安全生产管理工作检查监督不力，根据《建设工程安全生产管理条例》的规定，浙江省东阳第三建筑工程有限公司对此起死亡事故承担连带责任。

(3)李某身为该工程项目经理，作为施工现场安全生产第一责任人，安全生产工作落实不力，对劳务分包单位的安全工作监管不力，给予行政警告处分，责令其写出书面检查，在公司安全生产会议上作检讨，并处罚款 2 000 元。

(4)吴某身为浙江省东阳市百工建筑劳务有限公司河北分公司负责人兼劳务公司项目负责人，作为项目安全生产一线管理人员，对施工现场安全生产监督检查不到位，对工人培训教育不够，导致工人安全生产意识淡薄，对本次事故负直接领导责任，给予记过处分，责令其写出书面检查，在公司安全生产会议上作检讨，并处罚款 5 000 元。

(5)专职安全管理人员吴某、卢某没有尽到本身职责，对现场监督检查不到位，没有及时发现起重工黄某违章操作，鉴于其在工作中的疏忽，处以两人各 1 000 元罚款。

(6)浙江省东阳市百工建筑劳务有限公司董事长、总经理蒋某，身为企业安全生产第一责任人，对安全生产强调布置多，但在落实中抓得不严、不细，对本次事故负有领导责任，给予行政警告处分，责令其写出书面检查，在公司安全生产会议上作检讨，并处罚款 2 000 元。

六、防止类似事故应采取的措施及建议

(1)浙江省东阳第三建筑工程有限公司在事故现场召开了各级管理人员、劳务公司班组长以上管理人员参加的事故分析会，落实整改措施。对事故血的教训，举一反三，对全体职工进行安全教育和操作规程的培训，增强职工的自我保护和安全防范意识，严格执行操作规程，杜绝违章冒险作业。

(2)加强了总包对分包的安全管理，健全管理制度，规范各项安全生产措施，杜绝事故的再次发生。

(3)浙江省东阳市百工建筑劳务有限公司健全落实了各项安全生产管理制度和安全培训制度，项目部加强安全检查监督以及对危险部位、危险过程的监控。

(4)公司规定每位操作者在工作前应对周边的环境和自己的防护用品进行检查，由班组长做好工作安排后的检查工作，公司安全员做好施工过程中的安全监督检查工作，对查出的问题要求其按照“三定”原则进行整改，杜绝违章操作。

(5)在全工地范围内开展反违章活动，并制定有效的激励机制，互相监督，避免类似事故的再次发生。

七、事故点评

分包单位安全管理不到位，职工安全意识淡薄；总包单位对分包单位监管力度不够，是造成本次事故的主要原因。没有使企业员工贯彻执行安全生产方针的责任感和树立“安全第一，预防为主”的思想得到有力的提高。专项安全防护方案有时与现场实际情况不太相符，使得落实情况有时脱节，不能够很好地把国家、地方、公司的各项安全管理制度与政策和标准规范应用到施工管理工作中，落实到班组、落实到作业人员身上，致使安全隐患不同程度的存在。

(三)龙门架及井字架

案例三十九 廊坊市锦绣家园1号楼高处坠落事故

一、事故主要情况

事故发生时间:2003年5月20日

工程名称:廊坊市锦绣家园1号楼工程

事故单位:廊坊市荣盛建设公司第四分公司

二、事故主要经过及采取措施情况

2003年5月20日,廊坊市荣盛建设公司第四分公司承建的锦绣家园1号楼工程,在拆除该工地物料提升机至3层(总高约9 m)时,施工人员将架体外防护架和缆风绳全部拆除后开动卷扬机将吊盘升起约0.9 m,准备将吊盘挪出拆卸。此时,有3人在距地面约7.5 m处的架体平台上拆卸架体标准节,3人在距地面约1 m高的1层卸料平台处向外侧推提升吊盘,另一人在卷扬机旁指挥。由于吊盘和卷扬机钢丝绳的作用力致使架体失衡,架体底部螺栓拔出,架体向外倾倒,在上面作业的3名工人随架体倒地。其中周某因伤势过重经抢救无效死亡,王某为重伤,陶某为轻伤。

三、事故原因、人员伤亡及财产损失情况

(一)直接原因

(1)拆卸施工人员将缆风绳、防护井架、拉结点全部拆除致使架体失稳。

(2)拆除施工人员未按规范程序作业,而是推动悬空吊盘致使吊盘与钢丝绳产生倾斜力拉倒架体。

(3)架体底部应做混凝土基础并预埋下底脚螺栓,但架体基础只用了6颗直径为10 mm的膨胀螺栓。

(4)承担该架体装拆的是一支只有一人持架子工证的石某外包队,该项目部既无架体拆卸方案,也未向其进行安全技术交底,更无相关人员现场监督拆卸施工。

(5)该提升机的使用和管理完全脱节。除一个无针对性的"安拆"方案外,无验收单,无安全技术交底。

(二)间接原因

公司主要负责人和相关管理人员,对安全生产存有松懈和麻痹思想,管理措施不到位,缺乏对项目部的检查监督。

(三)人员伤亡及财产损失情况

死亡1人。

四、事故性质和责任

这是一起由于违章作业、安全管理不严所造成的安全生产责任事故。

五、有关事故责任者追究行政、法律责任情况

(1)对荣盛建设工程有限公司罚款1万元。

(2)项目经理张某降低一级资质等级。

(3)将石某承包队清出廊坊建筑市场。

(4)责令荣盛建设工程有限公司依据有关规定、企业奖惩制度对企业内部相关责任人作出处理并将结果上报市建设局。

六、防止类似事故应采取的措施及建议

(1)责令该工程停工整顿。由市建设局复查合格后方可开工。停工整顿期间由公司会同项目部对施工人员进行专题安全教育。

(2)责令荣盛建筑公司对所有在建工程进行安全生产文明施工检查,并将检查结果报市建设局。

(3)根据荣盛公司的施工规模和安全管理现状,要求该公司充实安全管理人员,强化安全管理职责,真正落实安全生产责任制。

(4)要求荣盛公司按照国家有关规定妥善处理好善后工作。

(5)立即组织开展全市建筑施工安全生产大检查。认真排查事故隐患。

七、事故点评

这起事故是由于公司安全管理不到位,工人违章操作,安全意识淡薄,安全教育培训不足所造成的。这起惨痛的事故启示各施工单位要加大对各级安全生产管理人员的安全意识教育,提高管理素质和水准,加大对施工人员的安全教育培训工作,普及安全常识。

案例四十　石家庄市河北通信府阳 1 号公寓高处坠落事故

一、事故主要情况

事故发生时间:2004 年 3 月 15 日

工程名称:石家庄市范西路河北通信府阳 1 号公寓工地

事故单位:中国建筑一局第六建筑工程公司

二、事故主要经过及采取措施情况

2004 年 3 月 15 日,中国建筑一局第六建筑工程公司承建的石家庄市范西路河北通信府阳 1 号公寓工地,工程主体及外装修已完成,外脚手架已全部拆除,只剩下两部物料提升机供屋面防水及部分内墙抹灰刷浆和部分楼层地面施工工作。施工中发现主楼东部的物料提升机存在安全隐患,吊篮进出口防护门等大部分损坏,连锁停靠系统不易开关等问题。项目经理部曾在 3 月 2 日安全教育专题会议纪要中明确要拆除北侧的物料提升机,退回公司修理,并已通知各作业队停止使用。卷扬机机手撤离,卷扬机电源闸箱上锁(后锁不知被谁损坏),下午 1 时,新进场的河北临城县建必特防水公司的防水工徐某、汤某、杨某 3 人在 11 层顶清理物料垃圾,准备在西主楼西部的物料提升机处下物料及垃圾,因为物料提升机正在运料,没有时间,在楼下施工的该公司防水工钟某就到主楼东部的物料提升机处私自无证违章操作卷扬机,将吊篮升至 11 层屋顶处卸料并往吊篮上装了七八根架管。大约在下午 3 时 30 分左右已被通知退场的石家庄鹏源防腐保温工程有限公司的李某和曹某 2 人要将做防水的物料桶推上卸料平台。汤某和杨某因阻止李某和曹某往吊篮上推物料桶并发生口角,李某和曹某不听劝阻强行将约 150 kg 的物料桶推上吊篮,李某上到吊篮上转动大桶,致使吊篮晃动,吊篮导靴自架体内脱出,吊篮倾斜,物料桶落至 11 层卸料平台,架管也滑至 11 层卸料平台,李某摔至 11 层卸料平台后坠落地面,经抢救无效死亡。

三、事故原因、人员伤亡及财产损失情况

(一)直接原因

一是防水专业分包施工人员私自无证违章操作已停用的设备;二是总包单位疏于设备管理;三是专业防水分包队伍施工人员,强行推物料桶并上人操作转动物料桶,造成吊篮导靴出轨,吊篮倾斜。

(二)间接原因

(1)总包单位中国建筑一局六公司府阳1号公寓项目经理部在工程进入内部装修施工阶段放松安全管理。该工程主体施工过程中在安全防护、临时用电管理、特种设备管理上都做的比较规范,曾经多次代表六公司接受省建设厅、市建设局、中建一局和职业安全健康管理体系的检查,并被评为省级文明工地,但是进入到内部装修阶段安全管理工作执行力度有些松懈。

(2)项目经理部对物料提升机的管理以分包合同的形式分包给作业抹灰队负责日常使用和维修保养,而分包队伍在使用中缺少责任感,造成物料提升机许多安全装置的损坏。二是河北临城县防水公司分包单位进场做屋面防水的工人私自无证违章操作卷扬机。三是石家庄鹏源防腐保温工程公司在没有得到项目经理部允许的情况下擅自退料。

(3)安全教育不到位,这些施工人员虽然经过了三级安全教育,尤其是无证操作卷扬机的钟某,明知是违章操作还要操作,存在侥幸心理,认为此次操作只装一点屋顶清理的垃圾,又不上人,不会有大问题。恰巧另外分包队伍的工人强行将大桶推上吊篮并上人将大桶转动,造成吊篮导靴出轨,吊篮倾斜。这说明我们的安全教育不深不细、不全面、不彻底,工人的安全意识没有真正提高。

(4)安全管理不到位,2月29日公司召开所有项目经理部的安全紧急会议,要求在3月1日～3日全公司停工3天全面查找安全隐患,加强分包队伍的安全教育,并与各分队签订安全生产协议。该项目部也做了大量的检查及教育培训考试工作,项目经理组织了全体施工人员的安全教育大会,由项目经理、副经理、安全员主讲。检查中也知道东部的物料提升机安全隐患较多,安全防护门多次损坏,保险装置失灵,考虑主楼东部内抹灰已大部完成准备将物料提升机拆除,对已封锁的闸箱没有持续监控。

(5)专业分包河北临城县防水公司,进入施工现场作业未与总包单位联系工作安排,防水工钟某私自无证违章操作卷扬机。

(6)专业分包石家庄鹏源防腐保温公司李某、曹某不听劝阻,急于退场强行将物料桶推上吊篮并转动,造成吊篮导靴出轨,吊篮倾斜。

(三)人员伤亡及财产损失情况

死亡1人;直接经济损失约18万元。

四、事故性质和责任

这是一起由于总包单位疏于管理,专业分包单位管理责任不到位,职工违章作业,野蛮施工所造成的安全生产责任事故。

五、有关事故责任者追究行政、法律责任情况

(1)公司总经理董某作为公司一把手负领导责任,责令其写出书面检查,按一局安全生产责任状罚款,共计罚款1万元。

(2)公司副经理秦某主抓安全生产,安全管理不到位,责令其写出书面检查,免发6个月奖金,共计5 000元。

(3)公司安全部负责安全检查监督整改不落实,按总经理签发安全责任目标书的罚款额,处以3 000元的罚款。

(4)府阳1号工地项目经理杨某作为项目总负责人在这次事故中负主要责任,为使本人和其他管理人员受到教育给予其行政警告处分,写出书面检查并按总经理签发安全责任目标书的罚款额,处以1 000元的罚款。并按公司奖罚制度对府阳1号工地项目经理部罚款5万元,将省级文明工地资格取消,扣回所发省级文明工地奖金。

(5)府阳1号工地项目副经理肖某作为生产副经理,负责项目安全生产。在这次事故中负安全管理不到位的责任,对其处以800元的罚款并写出书面检查。

(6)项目专职安全员张某作为工地专职安全检查人员,负责检查违章作业不到位的责任,对其处以800元的罚款并写出书面检查。

(7)专业防水分包河北临城县防水公司,在这次事故中防水工无证违章操作造成事故的发生,按照双方签订的安全生产协议,对其处以10万元的罚款。

(8)专业防水分包石家庄鹏源防腐保温工程公司,在这次事故中施工人员强行蛮干,致使吊篮倾斜造成这次事故。按照双方签订的安全生产协议,对其处以5万元的罚款。

六、防止类似事故应采取的措施及建议

(1)事故发生后,公司立即成立了以公司总经理为组长的事故调查组。出示现场,调查事故经过及原因分析,对调查工作进行了全面安排。同时成立了善后处理组,直接由公司主要领导负责亲自布置工作。

(2)公司经理立即组织召开班子会议,研究措施,并召开由公司班子全体、各项目经理参加的紧急会议。通报了事故情况,讲明了这次事故造成的严重后果。总经理对下步工作作了严格要求,并下令所有工地立即进行安全大检查,对查出的隐患马上整改,不能整改需要花钱的立即上报公司。一定要做到将所有的隐患按规定整改,达到标准要求。公司也成立了专门安全检查团,由公司主管副经理带队,书记、工会主席及各专业人员参加,对公司在施的所有工地进行了安全大检查。并在一周后再复查一次,对没有整改的项目经理部要严肃处理。

(3)各项目经理部根据公司的会议精神,并结合本工地的实际情况,有针对性地召开了班组会和全体职工大会。会后马上对各自的工地进行了全面安全检查,对查出的隐患绝大部分进行了整改,有些需要花钱的整改项目立即向公司打了报告,公司领导统一进行了解决。

(4)加强对机械作业人员的管理。特别是对联合队伍中的机械作业人员更要严格要求,要按工程大小配备各个工种的机械作业人员,不准无证操作。要将机械作业人员纳入公司安全管理的一个重要内容,杜绝机械作业人员无证操作。

七、事故点评

此事故的发生,是总承包单位放松对设备的管理,未加强对分包队伍施工人员的教育培训,造成停用的设备,未切断电源彻底停用。对分包队伍作业人员的监督管理和入场教育培训不到位,从而导致在使用中发生生产安全事故。

案例四十一　沧州市温泉花园2号楼高处坠落事故

一、事故主要情况

事故发生时间:2004年9月25日

工程名称:沧州市交通大街温泉花园2号住宅楼工程

事故单位:沧州市第一建筑工程有限公司

二、事故主要经过及采取应急措施情况

2004年9月25日12时05分,沧州市第一建筑工程有限公司承建的温泉花园2号住宅楼工程,在施工4层东部楼面陶粒混凝土垫层时,抹灰工王某在4层卸料平台接陶粒混凝土浆车。在等料过程中,王某坐在卸料平台西侧防护栏杆上,由于栏杆立杆对接接头扣件断裂,致使防护栏杆立杆断开,该工人从4层卸料平台坠落掉在1层车库顶板上。事故发生后工地有关人员及时拨打120急救电话,后王某经抢救无效死亡。

三、事故原因、人员伤亡及财产损失情况

（一）直接原因

施工过程中作业人员违反本工程的操作规程，安全意识差，违章操作。工程项目部对立杆的对接接头局部存在质量缺陷未及时发现并继续使用，故埋下了安全隐患。

（二）间接原因

（1）操作人员安全意识不强。

（2）工程项目部安全教育培训、班组安全活动、安全检查等各项制度不完善，因而导致此次事故的发生。

（三）人员伤亡及财产损失情况

死亡 1 人；经济损失 9.8 万元。

四、事故性质和责任

这是一起因工人违章操作，安全意识差，安全检查不到位造成的事故。

五、有关事故责任者追究行政、法律责任情况

（1）给予沧州市第一建筑工程有限公司全市通报批评，责令法定代表人作出深刻检查。

（2）吊扣项目经理孔某二级项目经理证书和安全管理岗位证书 12 个月。沧州市第一建筑工程有限公司对该分公司经理及主管副经理分别处以 1 万元和 5 000 元的罚款，并令二人作出深刻检查。

（3）对沧州市第一建筑工程有限公司主要负责人处以 2 万元罚款。

（4）自通报之日起，沧州市第一建筑工程有限公司第二分公司在沧州市范围内 3 个月内不得承揽工程项目施工。

六、防止类似事故应采取的措施及建议

（1）施工单位要严格遵守各项法律法规政策，认真贯彻落实各项规章制度，进一步明确领导班子成员的职责分工，提高广大职工的安全思想观念，切实抓好安全生产工作。加强对操作人员的培训教育，提高其自身保护意识。各单位必须同时设置专职安全管理人员，切实履行本单位的安全管理职责。

（2）所有工程项目，不论规模大小，必须设置专职安全管理人员。专职安全员在工地项目上行使其管理职能，发现安全隐患，应及时向项目负责人和安全生产管理机构报告。对不能保证安全生产的重大安全事故隐患，有权暂时停止施工进行整改。

（3）各项目经理部必须严格落实班前安全教育制度，提高作业人员的安全技能和安全意识，杜绝违章指挥、违章操作。要严格落实各级安全生产责任，及时检查，及时发现并消除事故隐患。

（4）认真落实各级安全生产责任制，严格执行公司奖惩制度，对各级检查中发现的隐患，要求限期整改，逾期不改的对责任人从重处罚。

七、事故点评

此事故的发生过程比较简单，通过对事故的分析我们可以看出现场安全管理方面和职工安全教育方面存在问题。一是卸料平台栏杆立杆的一字扣件断裂没有引起现场检查人员的关注；二是作业人员坐在卸料平台的栏杆上是严重的违章行为。这次事故告诫我们，安全工作要从点滴小事抓起，不放过任何一个导致事故的隐患，杜绝一切违章的行为，吸取事故的教训。

案例四十二 张家口市河北省北方学院第一附属医院病房楼工地高处坠落事故

一、事故主要情况

事故发生时间:2005 年 7 月 8 日

工程名称:河北省北方学院第一附属医院病房楼工地

事故单位:张家口市第一建筑有限公司

二、事故主要经过及采取应急措施情况

2005 年 7 月 8 日下午 1 时 40 分,壮工李某在病房楼 A 区北侧 3 层卸料平台处,等地面同作业队人员白某将空灰车通过吊盘运到 3 层。当时地面作业人员白某所使用的灰车正装着 4 m长的架管,由于吊盘前防护门在起升过程中受限,所以白某让卷扬机机械工杨某将吊盘停至±0 以上 0.9 m 处,将架管倒运到吊盘上。正在倒运架管时,3 层的李某不慎从平台处摔到吊盘上。工友紧急将李某送往医院抢救,经医院初步诊断为头部出血、1 根肋骨骨折、左臂骨折,已构成重伤。

三、事故原因、人员伤亡及财产损失情况

(一)直接原因

(1)作业队对自己工作范围未做安全生产检查,尤其是上下料平台没有防护的情况下,也未向项目部提出整改,致使事故发生。

(2)因工期紧、任务重,作业队对工人的安全交底、安全教育不到位,未做详细讲解。

(3)伤者作业过程中,精力不集中,自我防护意识差,在作业层无防护的情况下进行施工。

(二)间接原因

(1)现场龙门架楼层进出料口防护不到位,平台未设置防护门。

(2)安全技术交底不详细、不具体,措施不到位。

(3)安全教育不到位,监督检查力度不够。

(4)安全专职人员少(按规定 5 万 m^2 应设 2～3 名专职安全员)。

(三)人员伤亡及财产损失情况

重伤 1 人;直接经济损失 63 000 元,间接经济损失 4 万元。

四、事故性质和责任

这是一起因安全防护设施不到位,造成的作业人员违章操作而坠落的责任事故。

五、有关事故责任者追究行政、法律责任情况

(1)此次事故的直接责任者为伤者本人,工作中自我保护意识差。

(2)项目部经理陈某未能督促本项目部有关人员把现场防护工作落实到位,致使现场连续发生事故,导致重伤事故发生,负主要管理责任,给予其行政警告处分,并向公司写出深刻检查,并罚款 500 元。

(3)项目部施工工长贺某,对施工现场生产管理负全面责任,对前几次事故未能引起高度重视,致使这次重伤事故的发生。在 A 区提升设备进出料口处防护不严的情况下,贺某未能有效监管和有效处置,负主要管理责任,责令其向公司写出深刻检查,并罚款 300 元。

(4)A 区工长吴某未能对自管区域的物料提升机卸料平台无防护门做到有效监管和防护,也未采取有效措施,且安全技术交底未能交清,负主要责任,责令其向公司写出深刻检查,并罚款 300 元。

(5)项目部专职安全员安某,针对物料提升设备卸料平台无防护的情况下,存有隐患而未

能及时提出整改，执行力度不够，负现场监督不到位责任，对其处罚款100元。

六、防止类似事故应采取的措施及建议

(1)事故当天下午施工现场全面停工整顿，召集项目部、劳务公司、水电公司、各作业队队长、代班长召开现场事故、安全教育分析会。

(2)第二天工地继续停工整改，并召开全体作业人员安全事故现场会，会后各施工区、各作业队、在各自工作面进行全面检查，对查出的问题进行全面整改。

(3)针对龙门架进出料平台安全门不齐全的问题，重新制作定型化安全门。

(4)针对气候炎热的情况，更改作息时间。

(5)进一步加强安全教育，制定有效措施，防止事故再度发生。

七、事故点评

这起事故由工人违章作业所造成，暴露出该单位本身安全监督管理不到位，让职工在不安全的环境中工作。职工安全意识差，违章作业的现象得不到及时有效遏制。要坚决消除各类隐患和不安全因素，杜绝重大事故的发生，确保安全生产。

案例四十三　秦皇岛市滨海城住宅小区6组团6-60号楼高处坠落事故

一、事故主要情况

事故发生时间：2005年11月27日

工程名称：秦皇岛市滨海城住宅小区6组团6-60号楼工地

事故单位：秦皇岛市第三建筑工程公司

二、事故主要经过及采取应急措施情况

2005年11月27日下午1时左右，秦皇岛市三建公司承建的滨海城住宅小区6组团6-60号楼工程工地负责人张某安排架子工郗某、刘某、张某3人拆卸6-60号楼北侧SSE120型自升式施工升降机。在拆卸过程中(2时20分左右)，提升滑轮的紧定螺栓松动，致使提升滑轮脱落，导致自升平台沿架体突然下滑(2 m多)，将站在自升平台西侧的架子工张某甩出自升平台，坠落至地面(平台距地面约20 m左右)，造成重伤。其余2人被安全带悬挂在施工升降机架体上，未造成伤害。事故发生后，工地负责人张某立即将伤员送往医院抢救。经医院确认伤者为头部受伤，深度昏迷，右上臂骨折，肋骨骨折，经医治无效于2005年12月5日上午8时死亡。

2005年11月27日下午4时50分左右，秦皇岛市建筑工程安全监督站(以下简称：市安监站)接到市三建公司事故电话报告后立即派一名副站长和有关人员赶赴事故现场。由于天黑，无法勘查现场，故责令施工单位保护事故现场。11月27日晚，秦皇岛市建设局召开紧急会议，按规定逐级上报，决定由市安监站组成事故调查组进行调查，并聘请3名专家组成专家组协助调查。

三、事故原因、人员伤亡及财产损失情况

(一)直接原因

(1)在拆卸过程中，由于滑轮正反向转动，造成紧固螺栓松动，致使提升滑轮脱落，导致自升平台沿架体突然下滑。

(2)自升平台上操作的张某在自升平台未停稳的情况下，把安全带解开，想重新挂在适合操作的位置时，自升平台突然下滑，将其甩落到地面。

(3)该施工升降机自升平台(天梁，兼操作平台)上的栏杆高度不足，没有将甩落的张某拦住。

(二)间接原因

(1)该施工升降机存在缺陷。一是拆卸架体所用的提升滑轮紧固螺栓无防松脱装置(如固定销等)。二是自升平台上的栏杆高度为 800 mm,低于有关国家标准规定的 1 050 mm。

(2)架子工班长郗某作为监护人未发现提升滑轮即将脱落,对自升平台下滑过程不均衡现象,未查找出原因,继续指挥其余 2 人操作自升平台下滑,未尽到监护责任。

(3)项目部安全管理不到位。一是安全教育不到位,在拆除作业前,没有书面安全技术交底,使操作人员对拆除作业安全操作知识和危险性了解不足。二是安全检查不到位,架子工班长郗某在领用提升滑轮时未认真检查紧定螺栓是否松动;该施工现场安全员杨某兼管多个施工现场安全工作,拆除该施工升降机时,未按公司规定在现场监督。三是对特种作业人员管理不到位,发现架子工郗某特种作业操作证到期未进行年检。

(三)人员伤亡及财产损失情况

死亡 1 人;经济损失 10 万元。

四、事故性质和责任

经调查组、专家组现场调查分析认定,这是一起生产性的责任事故,属于工程建设四级重大事故。

五、有关事故责任者追究行政、法律责任情况

(1)市三建公司违反了《建设工程安全生产管理条例》第 23 条,直属八分公司未按规定设置安全生产管理机构,并按规定配备专职安全生产管理人员;第 25 条,架子工郗某的特种作业人员上岗证到期未年审;第 27 条,拆除龙门架前,没有书面安全技术交底。根据《建设工程安全生产管理条例》第 62 条第 1 款、《安全生产法》第 82 条规定,未按有关规定配备足够数量的、持有关部门颁发考核合格证的专职安全生产管理人员和有效特种作业操作证书的特种作业人员,可处罚款 2 万元;根据第 64 条第 1 款规定,可处罚款 5 万元。

(2)项目经理柴某未落实安全生产责任制度、安全生产规章制度和操作规程,消除安全事故隐患,未按规定要求配备专职安全生产管理人员,违反了《建设工程安全生产管理条例》第 21 条之规定,是该项目的第一责任人,负有主要责任。根据《建设工程安全生产管理条例》第 66 条,可对其处罚款 2 万元人民币,建议停止招投标资格 6 个月。

(3)工地负责人张某未取得相应执业资格,负责项目的全面管理,违反了《建设工程安全生产管理条例》第 21 条第 2 款,负有主要责任。根据《建设工程安全生产管理条例》第 66 条,可对其处罚款 2 万元人民币,建议停止招投标资格 6 个月。

(4)专职安全生产管理人员杨某,未认真履行职责,没有检查出架子工郗某特种作业操作证到期未年检,且未按公司规定现场监督,负有管理责任、责成市三建公司给予处罚。

(5)架子工班长郗某在拆除龙门架操作中,未起到监督指挥作用。在指挥操作自升平台下滑时,未发现西侧提升滑轮即将脱落,自升平台未处于安全状态,对张某解开安全带未及时发现制止,负有直接责任。建议有关部门吊销其架子工郗某特种作业人员操作证,并责成市三建公司给予处罚。

六、防止类似事故应采取的措施及建议

(1)市三建公司要完善分公司安全生产保证体系,按有关规定成立安全生产管理机构,配备足够的专职安全生产管理人员。

(2)市三建公司要加强安全教育,提高施工管理人员安全管理水平,增强操作人员安全技能和对危险源的认识及防范能力。

(3)市安监站和市三建公司要强化安全监督检查,对发现事故隐患逾期不整改的,坚决采取强制手段整改,并给予相应的处罚。

(4)市三建公司要加强对项目经理的管理,落实项目经理作为项目部安全生产第一责任人的责任,使其真正担负起安全生产责任,杜绝“挂名项目经理”。

(5)建议有关部门对这种SSE120型自升式施工升降机进行重新鉴定,由生产厂家对这种型号的自升式施工升降机进行改造,使其符合有关标准、规范。

(6)方大房地产公司对工程施工计划的临时变更,应及时抄送监理单位,便于监理单位及时到位实施安全监理。

七、事故点评

这起事故是由于企业安全管理不到位,项目部没有在上岗前作书面安全技术交底,职工在操作中未采取必要措施,造成紧固螺栓松脱,平台下滑致使操作人员坠落身亡,是一起严重的生产管理责任事故。

要吸取事故教训,加强安全技术管理,要在生产中落实安全技术,避免盲目冒险作业。在危险性较大的设备拆卸操作时,应按规定设监督人员进行现场监督指导,保证施工安全。

案例四十四　唐山市天元帝景一期107号楼高处坠落事故

一、事故主要情况

事故发生时间:2006年3月13日

工程名称:天元帝景七区107号楼工程

事故单位:唐山现代建筑安装工程有限公司

二、事故主要经过及采取应急措施情况

2006年3月13日11时25分,唐山现代建筑工程有限公司承建的天元帝景七区107号楼北侧西边提升机处,发生高处坠落事故。当时提升机机手王某因患感冒未上班,提升机已断电,107号楼只有北京小平垣墙体材料有限公司(分包单位)的工人在安装室内隔墙板,分包单位所用的材料已在楼内,没有用提升机的工作,所以单位没有安排提升机机手到位。11时25分,分包单位人员翟某私自开动提升机,工人刘某乘坐提升机从1层开至9层。到9层时翟某不会停止,提升机上的刘某因慌张立即打上停靠装置,此时提升机还在向上运动,刘某被弹出落至地面,经医院经抢救无效死亡。

三、事故原因、人员伤亡及财产损失情况

(一)直接原因

工人严重违章冒险作业。

(二)间接原因

(1)施工企业安全生产责任制不落实,安全生产管理表面化,缺乏深层管理。

(2)作业人员不按操作规程和标准要求进行施工,违章作业,冒险施工,作业人员自我保护意识不强。

(3)对职工安全教育力度不足,对机具设备管理未能按照公司要求严格执行。

(三)人员伤亡及财产损失情况

死亡1人;直接经济损失15万元。

四、事故性质和责任

安全管理不到位,职工安全教育日常管理落实不够,总包单位严格管理力度不足,分包单位安全生产管理意识不强,对职工教育不够。作业人员安全意识较差,违章冒险作业造成事故。

五、有关施工责任者追究行政、法律责任情况

(1)对唐山现代建筑安装工程有限公司根据《建筑施工企业安全生产许可证管理规定》第22条及《河北省建筑施工企业安全生产许可证管理规定实施细则》第26条的规定,省建设厅对现代建筑公司作出暂扣安全生产许可证30至45天的处罚,并通报批评。

(2)责令唐山现代建筑安装工程有限公司对本单位其他项目围绕安全生产进行全面整顿,对全体员工进行一次认真的安全生产法律法规的学习教育。

六、防止类似事故应采取的措施及建议

(1)加强职工安全生产规章制度教育,提高职工安全意识,做到自觉遵章守纪。

(2)进一步加强对分包队伍的管理与安全生产教育。

(3)完善企业机械管理规章制度。

(4)加强对特殊作业人员教育,对用电设备严格做到停机断电,人走上锁,严禁非本工种人员操作。

七、事故点评

这起事故是由于总包单位管理不到位,分包单位不按安全操作规程作业,作业人员安全培训教育不到位、缺乏安全意识及自我保护能力差所造成的。应加强作业人员的安全知识教育,提高职工安全意识,保证安全生产。

(四)脚 手 架

案例四十五　昌黎县黄金海岸北京电视台记者培训中心三期客房楼高处坠落事故

一、事故主要情况

事故发生时间:2004年5月22日

工程名称:昌黎县黄金海岸北京电视台记者培训中心三期客房楼工程

事故单位:昌黎县黄金海岸建筑工程公司

二、事故主要经过及采取应急措施情况

2004年5月22日上午7时左右,在昌黎县黄金海岸建筑工程公司承建的昌黎县黄金海岸北京电视台记者培训中心三期客房楼工程工地,深圳美芝装饰公司施工人员到13楼工作,壮工曾某看到13楼有沙袋,向黄金海岸建筑工程公司粉刷队施工人员征询可否使用,粉刷队有人说13楼沙袋还有用,可以用"小炮台"("小炮台"为该建筑物最高层的一个独立小房间,坠落的吊篮用沙袋作压重固定在"小炮台"的屋顶上)屋顶上的沙袋。于是深圳美芝装饰公司的秦某爬到"小炮台"屋顶把沙袋搬了下来(截至下午6时30分勘察现场时,"小炮台"屋顶上的沙袋一袋也没有了)。下午4时左右,黄金海岸建筑公司工程公司粉刷队要将粉刷主楼外墙的吊篮放至地面,当把吊篮搬挪到裙楼外墙(两墙外皮水平距离3.6 m)准备往地面下放时,吊篮因没有沙袋作压重,突然坠落,吊篮上的赵某坠落到雨篷上,坠落高度约12 m,当场死亡;闫某坠落到地面,坠落高度约15 m,腰部、臀部受伤。

三、事故原因、人员伤亡及财产损失情况

(一)直接原因

深圳美芝装饰公司工人在黄金海岸建筑工程公司粉刷队长不知情的情况下,搬走作为吊

篮压重的沙袋。

(二)间接原因

(1)黄金海岸建筑工程公司粉刷队长搬吊篮前没有安排人在屋顶上监护挑梁和压重情况。

(2)监理单位没有在安全专项方案上审查签字,发现事故隐患下发监理通知后,施工单位没有按要求整改。

(3)深圳美芝装饰公司、黄金海岸建筑工程公司等多家施工单位在同一场所交叉作业,没有签订安全生产管理协议,明确各自安全生产管理职责和应当采取的措施,并未指定专职安全生产管理人员进行检查协调。

(4)施工人员安全意识淡薄,素质低下,没有正确佩带安全帽。

(三)人员伤亡及财产损失情况

死亡1人,重伤1人;经济损失20余万元。

四、事故性质和责任

这是一起典型的违章指挥、违章作业的生产安全责任事故。

五、有关事故责任者追究行政、法律责任情况

(1)赵某违反操作规程,违章作业,对事故负主要责任,因其已死亡,不予以追究。

(2)对监理公司罚款5万元。

(3)对昌黎县黄金海岸建筑公司罚款1万元。

(4)对深圳市美芝装饰设计工程有限公司罚款1万元。

(5)项目经理曹某对安全工作抓得不实,负有领导责任,责令其写出书面检查并处罚款2 000元,暂扣项目经理资格证书。

(6)施工现场安全员田某,对安全工作检查不到位,属工作失职,责令其写出书面检查并处罚款2 000元,暂扣安全员资格证书。

(7)责令昌黎县黄金海岸建筑工程公司将涂料粉刷工秦某开除。

(8)对昌黎县黄金海岸建筑工程公司停止招标半年,时间为2004年5月22日至2004年11月22日。

六、防止类似事故应采取的措施及建议

(1)公司领导接到安监局的通知后立即停止一切工作,公司安全主管部门及安全管理人员拿出处理方案,作好死者家属的善后工作,按照"四不放过"原则进行处理。

(2)要求各级领导对此次事故引起高度重视,认真学习《安全生产法》和各项规章制度,建立健全安全生产岗位责任制,特别是公司安全主管部门一定要把标准、规范和各项规程落实到工作中去,增强工作的安全意识和自我保护意识。

(3)安全防护设施要到位,项目安全管理人员要保持每天至少检查一次现场的安全生产情况,消除各种隐患,把事故苗头消灭在萌芽之中。每天要进行岗前教育和安全交底,多增加安全教育课,举一反三,给工人创造一个良好的安全作业环境。

七、事故点评

这起事故是由于企业安全管理不到位,作业人员缺乏安全意识造成的。这起惨痛的事故是由于领导监管责任不落实,职工的无知和未进行有效的安全监督管理造成的。加强领导,开展有效的安全监督管理,对职工进行必要的教育培训,提高安全意识,是实行安全生产的根本保证,这起事故也充分证实了安全生产不可忽视,更不能撒手不管。

案例四十六　张家口市宣化区师范街恒基开发小区高处坠落事故

一、事故主要情况

事故发生时间：2004 年 7 月 18 日

工程名称：宣化区师范街恒基开发小区 C 区 5 号楼工程

事故单位：宣化区古城建筑工程有限责任公司

二、事故主要经过及采取应急措施情况

宣化古城建筑工程有限责任公司一处第二项目部承揽恒基开发小区 C 区 5 号、6 号楼施工项目，湖北鲁某施工队负责恒基开发小区 C 区 5 号、6 号楼内外墙抹灰工程，并与古城建筑工程有限责任公司一处第二项目部签订了工程协议。2004 年 7 月 18 日上午 9 时 30 分，鲁某施工队民工姚某在进行 5 号楼卸料平台溜灰槽架体搭接作业时，溜灰槽西侧支撑斜杆突然滑落，东西向、南北向小横杆发生倾斜，导致正在架上作业的姚某从 7.2 m 高度面部朝上坠落至 5 号楼北侧地面。现场民工随即向 120 急救中心求救，10 分钟后救护车到来并将姚某送入区医院急救中心救治，上午 11 时 07 分，姚某因伤势过重经抢救无效死亡。

三、事故原因、人员伤亡及财产损失情况

（一）直接原因

(1)事故的直接原因是鲁某施工队本来从事内外墙抹灰作业，却擅自从事溜灰槽外架搭接作业，且在搭接溜灰槽架体时没有安全技术交底和安全防范措施。

(2)队长鲁某和抹灰班班长姚某明知民工姚某没有架子工操作证，擅自指派其搭接溜灰槽架体，属违章指挥，是造成事故的直接原因。

(3)姚某没有经过特种工安全作业培训，未取得资格证书，擅自上岗作业，违反安全操作规程，且其在高处作业不系安全带，冒险作业也是造成这次事故的直接原因。

（二）间接原因

(1)事故的间接原因是项目部经理安全意识淡薄，现场施工管理不严，工长和安全员检查不到位，对违章作业行为没有及时制止。

(2)公司负责人对安全工作重视不够，抓得不紧，致使隐患没有及时排除，也是事故发生的间接原因。

（三）人员伤亡及财产损失情况

死亡 1 人。

四、事故性质和责任

(1)此事故是因监管不到位，造成的一起违章指挥，违章作业伤亡事故。

(2)鲁某施工队违章指挥无特种工操作证的民工冒险搭建溜灰槽架体，施工队负责人鲁某和抹灰班班长姚某负直接责任。

(3)死者姚某违反安全操作规程，安全意识淡薄，高空作业不系安全带，对这次事故负直接责任，鉴于其本人已死亡，不予追究。

(4)古城一处第二项目部存在重效益、轻安全的问题，安全培训教育不到位，没有健全安全生产责任制，没有认真整改存在的安全生产隐患，对事故的发生负有管理责任。

(5)工长和安全员对从业人员违章冒险作业熟视无睹，没有及时加以批评制止，未起到有效的安全监督检查作用，应负监管责任。

(6)古城建筑工程有限责任公司没有严格贯彻执行安全法规条例，三级安全教育没有落实到人头，安全管理制度不落实，安全生产隐患没有及时排除，对事故的发生负领导责任。

五、事故责任者追究行政、法律责任情况

(1)责令古城建筑公司一处第二项目部自 19 日起停工 3 天进行整顿，排查事故隐患，彻底加以整改。组织施工人员进行一次安全培训教育，认真落实各项安全生产制度，建立健全安全生产体系。坚决杜绝冒险作业、野蛮施工现象的发生。

(2)责令古城建筑公司一处第二项目部撤销 5 号楼工长刘某和安全员郑某职务。

六、防止类似事故应采取的措施及建议

(1)古城建筑工程有限责任公司一处第二项目部要认真吸取这次事故的教训，健全完善安全生产责任制，严格执行安全生产操作规程，强化职工安全生产培训教育，落实各项安全措施。结合这次事故，对安全生产工作进行一次全面彻底的反思，查找事故隐患，采取相应措施积极加以整改，确保安全生产规章制度落到实处，杜绝此类事故的发生。

(2)加强安全机构职能，落实各项安全措施。安全生产管理人员要及时做好现场检查工作，对违章指挥、违章作业的行为要及时加以制止，对工作检查没有到位、责任意识不强的安全管理人员坚决给予撤换。

(3)认真落实区安监局〔2004〕1 号文件精神，对从业人员进行三级安全教育培训，坚决杜绝特殊工种无操作证擅自上岗行为，增强从业人员的安全意识和自我防护意识。

(4)项目部对施工工地的脚手架、安全网和临时用电线路存在的安全隐患及其他安全隐患要按照区安监局 2004 年 7 月 1 日下达的冀张宣区〔2004〕25 号整改指令书认真进行整改，直至符合标准要求。进入施工现场作业人员必须戴安全帽，高空作业人员必须系安全带，落实奖惩，及时处理。

(5)严格事故上报程序，保护事故现场，发生重伤或死亡事故后应及时如实向区安监局上报，以便工作人员第一时间能够赶到现场调查检验、组织抢险救援。

七、事故点评

这是由于施工现场安全监督检查不到位，导致违章指挥，违章操作所引起的一起安全事故。由此可见，提高工人的安全意识的重要性，应该认真研究管理措施，研究如何加大执法力度，如何提高自身素质，加强安全机构建设，落实各项安全措施。安全生产管理人员要及时做好现场检查工作，对违章指挥、违章作业的行为要及时加以制止，对工作检查没有到位、责任意识不强的安全管理人员坚决予以撤换。

案例四十七　石家庄市育新路 9 号中国人民武装警察部队河北总队经济适用房住宅工程高处坠落事故

一、事故主要情况

事故发生时间：2004 年 10 月 1 日

工程名称：石家庄市育新路 9 号中国人民武装警察部队河北总队经济适用房工程

事故单位：石家庄建工集团有限公司

二、事故主要经过及采取应急措施情况

由石家庄建工集团有限公司七分公司承建施工的石家庄市育新路 9 号中国人民武装警察部队河北总队经济适用房住宅工程。该工程为框架剪力墙结构，地下一层，地上 18 层，总高 63 m。2004 年 10 月 1 日下午，员工宋某和其工友戴某在拆除西山墙 9 层悬挑脚手架剩余的悬挑杆和架板。当时，宋某在 9 层门口西 2 m 左右处拆架板，戴某在南侧，当仅剩 2 块架板时，宋某在拆下外侧架板准备搬运到10层地面。由于下午有风，致使宋某重心失稳，和其所搬架板一同从9层顶坠落至首层室外地坪，坠落高度约32 m。项目部管理人员得知后，迅速拨打120急救电话，约下午3时5分救护车赶到，宋某经抢救无效死亡。

三、事故原因、人员伤亡及财产损失情况

（一）直接原因

施工现场安全管理不到位，其中直接原因是工人严重违反安全操作规程操作。

（二）间接原因

(1)项目部安全教育未能及时跟上，未能严格按照集团公司有关岗位责任制和安全生产检查制度及教育制度进行。

(2)项目部管理人员对作业人员缺乏有效的监督，高处作业违反操作规程时未能及时地阻止，管理出现漏洞。

(3)安全防护不到位，安全技术防护措施未能根据现场实际情况进行调整和完善。

(4)对安全技术交底和安全技术操作规程执行不认真，安全技术交底中明确要求系安全带，但实际未执行，属于严重的违章操作，出现了布置和教育不同步，布置和检查不同步，教育和监管不同步。

(5)武警河北总队经济适用房项目部管理不到位是造成本次事故的主要原因。

（三）人员伤亡及财产损失情况

死亡1人；经济损失约35万元。

四、事故性质和责任

此次事故的发生是因为工人违章作业造成的一起管理责任事故。

五、有关事故责任者追究行政、法律责任情况

(1)公司董事长刘某是企业安全生产第一责任人，对干部管理不严，教育不够，对现场管理人员管理控制不利，缺少严谨的作风。因此，责令董事长刘某写出书面检查。

(2)公司分管生产安全工作的副总经理张某，对管理人员执行安全生产责任制和规章制度督导不到位，管理不严，教育不够。因此，责令张某写出书面检查，扣发当月工资的10%。

(3)分公司经理张某负有领导责任，责令其写出书面检查，扣发本人月基本工资的15%。

(4)公司主管安全生产的副经理牛某，缺乏对现场安全工作进行指导，监督检查不到位，负有领导责任，责令其写出书面检查，扣发本人月基本工资的20%。

(5)项目经理彭某，身为现场安全生产第一责任人，对安全技术交底执行不认真，对施工现场检查不利，对工人违章操作教育制止不利，给予彭某严重警告处分，责令其写出书面检查，罚款300元。

(6)安全员王某，对工人违章操作未能及时阻止，监督检查不到位，给予其警告处分，罚款200元。

六、防止类似事故应采取的措施及建议

(1)2004年10月27日，集团公司由董事长和总经理召开了经理办公会，认真分析研究了集团公司的安全生产形势，并于8日下午召开了由各二级单位经理、生产经理、技术经理、安全科长、工程科长、项目经理、技术员、专职安全员参加的安全生产工作紧急会议，对当前安全工作提出了具体意见，同时布置了在公司范围内进一步加强安全生产、文明施工的工作安排。

(2)二级单位于9日分别召开了全体管理人员会议，结合本单位的生产情况对安全生产工作进行了具体的检查部署和安排。

(3)通过本次事故，对职工进行一次全员的安全生产教育，对管理人员进行专业知识培训，提高管理干部对职工高度负责的责任感。加强管理，堵塞漏洞，消除事故隐患，杜绝违章指挥和违章操作。

(4)公司组织安全大检查，查制度，看各级安全生产规章制度的执行情况；查思想，看各级领导是否把安全工作放在了议事日程；查作风，看各级、各部门是否认真履行了自己的职责；查隐患，看员工是否在良好的作业环境下进行作业。

(5)武警河北总队经济适用房工程工地全面停工整改，经安全管理部复查验收后方可施工。

七、事故点评

在贯彻安全生产教育方面忽视了安全教育的效果，没有使全体职工从思想上提高对安全生产重要性的认识，没有使安全管理工作完全规范化、标准化。没有使企业员工贯彻执行安全生产方针的责任感和“安全第一，预防为主”的思想得到有力的提高。专项安全防护方案有时与现场实际情况不太相符，使得落实情况有时脱节，不能够很好地把国家、地方、公司的各项安全管理制度与政策和标准规范应用到施工管理工作中、落实到班组及作业人员身上，致使安全隐患不同程度的存在。

案例四十八　石家庄市槐安东路东乐小区工程高处坠落事故

一、事故主要情况

事故发生时间：2005 年 5 月 31 日

工程名称：石家庄市槐安东路东乐小区 B 区 9 号住宅楼工程

事故单位：中国建筑一局第六建筑公司

二、事故主要经过及采取应急措施情况

2005 年 5 月 31 日，由中国建筑一局第六建筑公司总承包、邯郸市第四建筑安装有限公司劳务承包施工、河北釜源工程监理有限公司监理的石家庄市嘉实房地产开发有限公司东乐小区 B 区 9 号住宅楼工程，发生一起脚手架高处坠落事故，致一人重伤。当日 0 时 20 分，劳务承包公司职工石某站在第 10 层外防护单捧悬挑脚手架(该架体自 7 层地面外悬挑至 10 层作业面，总高 10.8 m，宽 6 m，操作层宽 1.2 m)操作层的脚手板上，在安装主体 10 层柱钢筋外侧的墙体一舒乐舍板(高 3 m、宽 1.5 m)时，身体上半身靠在脚手架水平杆上，右脚蹬在立面的舒乐舍板上。因支拆模板作业，7 层以上整个架体连墙件的拉结点被拆除，在侧外力的作用下，以 7 层水平横杆为轴心向外翻转 180°，石某与舒乐舍板自 26.5 m 高空先后坠落至 10 m 外的地沟内，致石某重伤。

三、事故原因、人员伤亡及财产损失情况

(一)直接原因

分包单位木工支拆模板人员将架体连墙件私自拆除，造成悬挑脚手架在外力作用下失稳反转，酿成事故。

(二)间接原因

(1)总包单位：①公司的安全生产责任制、安全生产管理制度没有深入落实到项目经理部，安全管理水平参差不齐，对重点工程、大型工程监督整改不及时；②在安全防护措施上投入不到位，没有真正贯彻安全第一的原则；③东乐小区 B 区项目经理部，在工程进行主体施工时，安全管理有漏洞，对悬挑脚手架日常的检查监督不及时、不到位，使该悬挑架 7 至 9 层连墙件被拆除，多日仍未发现事故隐患。

(2)分包单位：①劳务分包单位邯郸市第四建筑公司在9号楼施工中，内部管理混乱，各工种不协调，不配合，配备架子工时不能满足安全施工的需要，有些部位模板拆除后未及时支设连墙件；②特殊工种架子工在支设悬挑脚手架时，未严格按方案要求设置连墙件；③安全教育不到位，施工人员虽然接受了三级安全教育，但是未引起工人对安全生产的足够重视，木工班对脚手架连墙件作用的重要性认识不清，在支拆模板当中将支模板的架杆连同脚手架连墙杆件一同拆除。

(三)人员伤亡及财产损失情况

重伤1人；直接经济损失约6万元。

四、事故性质和责任

这是一起管理责任事故。

五、有关事故责任者追究行政、法律责任情况

(1)公司总经理刘某作为公司一把手负领导责任，责令其写出书面检查，按一局安全生产责任状罚款，共计罚款5 000元

(2)公司副经理秦某主抓安全生产，安全管理不到位，责令其写出书面检查，罚款3 000元。

(3)公司安全部负责安全检查对隐患监督整改落实不到位，处以1 000元的罚款。

(4)公司项目管理部负责选择的东乐小区B区9号、10号楼分包单位，内部管理混乱，队伍素质不高，对其处以1 000元的罚款。

(5)东乐B区工地项目经理杨某作为项目总负责人，安全管理出现漏洞，安全管理责任目标不落实，在这次事故中负主要责任，责成其本人写出书面检查，按总经理签发安全责任目标书的罚款额，处以1 300元的罚款。并按公司安全生产奖罚制度，对东乐B区工地项目经理部罚款1万元。

(6)东乐B区工地项目生产副经理苏某负责项目安全生产，在这次事故中负安全管理不到位的责任，责成其本人写出书面检查，按照与项目经理签订的责任状处以1 000元的罚款。

(7)东乐B区工地项目技术副经理梁某负责项目安全施工技术，在这次事故中负安全技术措施管理不到位的责任，责成其本人写出书面检查，按照与项目经理签订的责任状处以800元的罚款。

(8)东乐B区工地项目工长安某负责9号楼项目安全施工，在这次事故中负安全管理不到位的责任，责成其本人写出书面检查，按照与项目经理签订的责任状处以800元的罚款。

(9)东乐B区工地项目安全总监杨某，检查安全防护、脚手架不到位，负检查监督不利的责任，按照与项目经理签订的责任状处以1 000元的罚款。

(10)东乐B区工地项目安全员侯某，检查安全防护、脚手架不到位，负检查监督不利的责任，按照与项目经理签订的责任状处以800元的罚款。

(11)劳务分包邯郸第四建筑公司在承建9号楼工程中，管理混乱，工人违章拆除架体连墙件，造成重伤事故的发生，按照双方签订的安全生产协议处以5万元的罚款。

六、防止类似事故应采取的措施及建议

(1)事故发生后，公司立即成立了以公司总经理为组长的事故调查组，赶赴现场，调查事故经过并进行原因分析，对调查工作进行了全面安排。同时成立了善后处理组，直接由公司主要领导负责亲自布置工作。

(2)公司经理立即组织召开了公司领导班子会议，研究了处理措施，并于第二天下午召开

各项目经理、生产经理、技术经理、安全员参加的紧急安全事故专题会议。通报了事故情况，讲明了这次事故造成的严重后果，并请中建一局安全处罗工对这次事故进行了分析，指出了项目在安全管理中存在的问题，从合同管理，安全技术方案，交底的落实、检查、验收等方面进行了剖析，总结了此次事故的教训。一是项目对分包的管理失控，检查、验收不严格；二是分包队伍不服从项目经理部的管理，形成分包队伍的随意性；三是分包队伍内部管理混乱，层层转包，只追求进度而放松了安全管理，项目经理部难于管理；四是分包队伍工人自身素质低下，私自拆除安全防护设施。公司党委书记、副总经理分别对下步工作作了认真严格的要求，要求各项目立即进行安全生产排查，吸取这次事故的教训，对查出的隐患立即整改，达到安全生产的要求。

(3)公司组织的由公司工会主席带队的“安全生产月”活动检查小组，严格按照标准要求对公司在施的所有工地进行了安全大检查，各项目要做到将所有的隐患按规定整改，达到标准要求。对没有整改或整改不合格的项目经理部要严肃处理。

(4)各项目要加强施工现场对安全技术方案实施的监督，加强对脚手架、安全防护设施的检查、验收，重点加强对脚手架悬挑梁和连墙杆的检查与验收，不留死角，及时消除隐患。

七、事故点评

这是由于项目部监管不到位，造成违章操作所引发的一起安全事故。由此可见，提高工人的安全意识、加强安全技术措施是在施工中首先要落实的，规范工人的操作行为是搞好安全生产的主要环节。加强职工安全培训，提高职工在操作过中的自我保护能力，避免违章作业的现象发生，是搞好安全生产的主要环节。加强监督管理，及时制止职工的违章操作的行为是保证安全生产有效措施。

案例四十九　张家口市金穗家园1号住宅楼工地高处坠落事故

一、事故主要情况

事故发生时间：2005年9月4日

工程名称：金穗家园1号住宅楼工程

事故单位：张家口全明建筑装潢公司

二、事故主要经过及采取应急措施情况

2005年9月4日下午1时50分，张家口全明建筑装潢公司二分公司的油漆粉刷工温某在金穗家园1号住宅楼南立面中单元楼梯间2至3层外窗部位进行油漆粉刷施工时，油漆工温某没有佩带安全带，由于脚手架扣件松动，不慎掉入单元入口雨篷内，坠落高度3 m。事故发生后，工地人员紧急将其送至医院救治，经检查为脾脏摔裂，经过手术于15天后出院。

三、事故原因、人员伤亡及财产损失情况

(一)直接原因

(1)脚手架作业组对自己工作范围自检不到位。

(2)作业组对工人安全交底、安全教育、安全检查不到位。

(3)工人作业中安全意识差，自我保护意识差，不带安全防护用品，违章操作。

(4)项目部管理松懈，水平防护不到位。

(二)间接原因

(1)对职工的教育不到位，监督检查力度不够。

(2)技术交底不详细，不具体。

(3)项目部管理不到位，对脚手架扣件缺少必要检查，对工人不带安全带操作控制不利，水平防护不到位。

(三)人员伤亡及财产损失情况

重伤 1 人;经济损失 4 万余元。

四、事故性质和责任

这是一起由于工人作业中安全与自我保护意识差,不带安全带违章操作引发的责任事故。

五、有关事故责任者追究行政、法律责任情况

(1)对项目部项目经理、安全员各罚款 500 元,其他相关责任人员罚款 300 元。

(2)对架子工作业组罚款 1 000 元。

六、防止事故应采取的措施及建议

(1)加强安全机构职能,落实各项安全措施。安全生产管理人员要及时做好现场检查工作,对违章指挥、违章作业的行为要及时加以制止,对工作检查没有到位、责任意识不强的安全管理人员坚决予以撤换。

(2)认真落实区安监局〔2004〕1 号文件精神,对从业人员进行三级安全教育培训,坚决杜绝特殊工种无操作证擅自上岗行为,增强从业人员的安全意识和自我防护意识。

(3)项目部对施工工地的脚手架、安全网和临时用电线路存在的安全隐患及其他安全隐患要按照区安监局 2004 年 7 月 1 日下达的冀张宣区〔2004〕25 号整改指令书认真进行整改,直至符合标准要求。进入施工现场的作业人员必须戴安全帽,高空作业人员必须系安全带。落实奖惩,及时处理。

七、事故点评

建筑市场管理混乱表现在施工队伍不遵纪守法,实际上是主管部门管理失误。一个工程项目的建设需要历经相当长的时间和过程,从违法发包、承包到管理混乱、违章施工,从内部管理程序到现场施工问题隐患的不断出现,如果注意管理和检查,总是可以及早发现隐患并制止违章的。

案例五十 唐山市容和景苑 A 标段住宅楼工程 8 号楼高处坠落事故

一、事故主要情况

事故发生时间:2005 年 10 月 6 日

工程名称:唐山市容和景苑 A 标段住宅楼工程 8 号楼工程

事故总承包单位:中国第二十二冶金建设公司

事故分包单位:四川华蓥建工集团有限公司

二、事故主要经过及采取应急措施情况

2005 年 10 月 6 日上午 9 时 15 分左右,由中国第二十二冶金建设公司总承包,四川华蓥建工集团有限公司分包的唐山市容和景苑 A 标段住宅楼工程 8 号楼工地,刘某在 8 号楼进行外墙贴砖基层抹灰作业时,在 6 层 2 单元(17 轴～16 轴)南立面外脚手架上不慎踩空坠落地面。事故发生后,现场管理人员、施工队负责人立即将刘某送往医院,经医院抢救无效后死亡。

三、事故原因、人员伤亡及财产损失情况

(一)直接原因

作业现场外墙抹灰作业时,作业层脚手板没有满铺,水平安全网被拆除后没有及时恢复,安全网防护不到位,与建筑物之间有缝隙,刘某在高处作业时没有系安全带,是本次事故的直接原因。

(二)间接原因

施工管理人员进行了高处作业安全交底及交底反馈工作,但未能监督施工人员按交底要求进行施工作业,管理人员没有监督检查到位是事故的主要原因。

(三)人员伤亡及财产损失情况

死亡 1 人。

四、事故性质和责任

此次事故的发生是因安全防护不到位、安全管理责任未落实造成的一起管理责任事故。

五、有关事故责任者追究行政、法律责任情况

(1)该公司违反《河北省安全生产条例》第 52 条规定,给予生产经营单位主要负责人 5 万元人民币的行政处罚。

(2)工长朱某直接领导施工队进行施工作业,由于在施工过程中忙于抢进度,忽略了安全管理及作业层的安全检查,对此次事故负有直接领导责任。事故调查组研究,建议该公司给予朱某行政记大过处分。

(3)容和景苑工程施工负责人唐某是安全生产的第一责任人,对安全管理工作抓得不到位,安全工作抓得不实、不细,对此次事故负有领导责任。事故调查组研究,建议该公司给予唐某行政记过处分。

(4)四川华蓥建工集团有限公司唐山地区项目经理李某是容和景苑工程项目安全生产第一责任者,对职工安全教育和安全管理不到位,对此次事故的发生负有一定的领导责任。事故调查组研究,建议该公司给予李某行政警告处分。

六、防止类似事故应采取的措施及建议

(1)项目部要认真吸取本起事故教训,“举一反三”,在全工地开展一次彻底的安全大检查,消除事故隐患,杜绝类似事故和其他事故的再次发生,确保安全生产。

(2)严格按照规定程序编制施工方案,经公司技术部门及监理公司审查批准后,方可交付实施。

(3)进一步严格安全生产责任制、认真执行安全生产规章制度和安全生产操作规程,加强监管力量,确保各项安全措施真正落实到位。

(4)强化从业人员的安全生产教育和培训,保证从业人员具备必要的安全生产知识,熟悉有关的安全生产规章制度和操作规程,掌握本岗位的安全操作技能。不得混岗作业,特种工作人员必须持证上岗。

七、事故点评

企业法人必须依法承担本企业安全生产职责,企业应健全各项制度,企业管理者应认真履行各项安全生产制度。保障职工在进入生产岗位前的培训教育,并确保生产岗位安全,实现施工现场的规范化、标准化,并按制度开展经常性的教育,提高职工安全意识,保障安全生产。

案例五十一 张北县万正 2 号商贸楼高处坠落事故

一、事故主要情况

事故发生时间:2006 年 11 月 7 日

工程名称:张北县万正 2 号商贸楼工程

事故单位:张北县诚信建筑有限责任公司

二、事故主要经过及采取应急措施情况

2006年11月6日晚上，张北县诚信建筑有限责任公司承建的张北万正房开公司2号商贸楼，该项目部组长刘某通知壮工班长张某第二天安排工人进行2号商贸楼首层构造柱混凝土浇筑施工，11月7日上午9时30分张某安排了架子工张某搭设上料架，然后安排李某、张某、左某、王某开始进行构造柱混凝土浇筑施工。由张某和王某在首层地面向料盘供料，左某在料架上向构造柱内供料，李某站在墙上操作振动棒进行振捣作业。下午3时37分左右当浇筑完10轴第二根构造柱时，李某在墙上向第三根构造柱移动时不慎踩空坠落到首层地面。王某、张某立即上前进行护理，并拨打120急救电话。当时李某头部有擦伤，嘴里吐出血沫，约10分钟后急救车到达现场，将李某送至医院抢救，因伤势过重，李某于当日下午6时23分死亡。

三、事故原因、人员伤亡及财产损失情况

(一)直接原因

(1)混凝土工李某本人安全意识差，没有正确佩戴使用劳动防护用品，高处作业时直接在墙上行走，致使其从墙上坠下，造成头部受伤，后因伤势过重死亡。

(2)项目部资金投入不足，未搭设操作平台，管理不到位，是造成坠落的直接原因。

(二)间接原因

(1)张北县诚信万正房开2号商贸楼项目部安全生产责任制基本上没有落实，事发时项目经理王某和安全员郭某均不在场，属脱岗失职。

(2)现场施工组织管理混乱，安全管理失控，在建设局已下达户外停止施工的命令后的安全生产双百日承诺期间，王某项目部擅自动工作业。

(3)万正2号商贸楼项目经理王某及班组长均没有对工人进行安全生产三级教育，现场工人均存在违章作业现象，是造成这次事故发生的间接原因。

(三)人员伤亡及财产损失情况

死亡1人。

四、事故性质和责任

这是一起由于生产经营单位没有对职工进行安全生产三级教育、安全投入严重不足、管理混乱、防护不到位而造成的安全生产重大责任事故。

五、有关事故责任者追究行政、法律责任情况

(1)施工单位专职安全员郭某，违反安全生产法律的要求，脱岗失职，未履行安全生产管理职责，导致发生此次事故。根据《河北省安全生产条例》、《建设工程安全生产管理条例》、《建筑施工企业主要负责人、项目负责人和专职安全生产管理人员、安全生产考核管理暂行规定》，报请省安监总站，给予责任人郭某吊销安全生产考核证的行政处罚，并将其调离专职安全员岗位。

(2)项目经理王某没有对职工进行安全三级教育，项目建设投资严重不足，防护不到位，施工现场管理混乱无章纪可循，且本人脱岗，不执行建设行政主管部门的停工令，不落实安全生产管理制度，其本人未取得安全生产考核证，无证上岗。根据《中华人民共和国安全生产法》、《中华人民共和国建筑法》报省建设主管部门给予王某吊销项目经理职业资格证的行政处罚，免去其项目经理职务，并罚款2万元。

(3)公司将工程转包给不具备安全生产基本条件的项目部施工，以包代管，事故发生后隐瞒不报，直到群众举报后才口头通知建筑行政主管部门，在社会上造成不良影响。依据《河北省建设工程生产安全事故报告和调查处理暂行规定》、《中华人民共和国安全生产法》、《安全生产许可证条例》、《建筑施工企业安全生产许可证管理规定》的规定，报请省建设行政主管部门，

给予张北县诚信建筑有限责任公司暂扣《安全生产许可证》45天的处罚。

(4)依据《河北省安全生产条例》第52条第2款第2项的规定，对张北县诚信建筑有限责任公司处以经济处罚8万元。

(5)张家口市志信工程项目管理有限公司对施工现场的安全监督不到位，对施工单位冒险、蛮干的作业未进行及时制止，事故发生后也没有向建设行政主管部门和安全生产监督管理部门报告，对这起事故的发生负有一定的管理责任，报请省建设行政主管部门，给予其通报批评。

六、防止类似事故应采取的措施及建议

张北县诚信建筑有限责任公司要认真吸取事故教训，切实加强《中华人民共和国安全生产法》等法律法规的学习，制定完善安全生产规章制度。进一步加大安全生产资金投入、改善劳动条件、加强对职工的安全培训教育，牢固树立"安全第一、预防为主"的思想，杜绝违章作业，防止事故的再次发生。

七、事故点评

这是一起典型的由于安全管理不到位，职工安全意识差造成的重大责任事故。该公司对安全生产放手不管，对职工作业前未按规范要求进行安全技术交底，未按规范要求采取必需的防护措施，导致事故的发生，给社会和职工家庭造成不可挽回的损失，应当引起我们的高度重视。

(五)模　板

案例五十二　围场县塞罕坝机械林场安居小区12号住宅楼高处坠落事故

一、事故主要情况

事故发生时间:2005年9月5日

工程名称:围场县塞罕坝机械林场安居小区12号住宅楼工程

事故单位:围场县第一建筑安装公司

二、事故主要经过及采取的应急措施情况

2005年9月5日10时30分，由围场县第一建筑安装公司承建的塞罕坝机械林场安居小区12号住宅楼工程，熊某等二人拆除6层屋檐模板时，在无任何安全防护措施的情况下，熊某脚踩窗台拉拽模板，在拆到F14-1/14轴处时，模板脱落，导致作业人员重心失衡，熊某与模板同时坠落地面。事故发生后，施工现场人员立即拨打120电话，将熊某及时送往医院，经抢救无效，熊某于当日11时30分左右死亡。

三、事故原因、人员伤亡及财产损失情况

(一)直接原因

现场防护不到位，是造成重大伤亡事故的直接原因。

(二)间接原因

(1)施工企业安全生产责任制未落实，疏于管理，平时的监督检查不到位。

(2)从业人员对操作规程不了解、不熟悉。

(3)项目部对新入场工人的三级教育形式化。

(4)各方责任主体的安全责任落实不到位，缺乏有效的监管措施。

(5)围场县信诚工程建设监理有限公司的项目监理未能履行自己的监理职责。

(三)人员伤亡及财产损失情况

死亡1人;经济损失12万元。

四、事故的性质和责任

这是一起由于各方责任主体监管不到位,三级教育未落实,导致施工人员安全意识淡薄,以及监理单位未尽到职责所造成的重大安全责任事故。

五、有关事故责任者追究行政、法律责任情况

(1)对围场县第一建筑安装公司给予全市通报批评,记入市主管部门对企业动态管理不良记录档案。事故单位项目经理半年内不得参与工程投标活动。

(2)依据《建设工程安全生产管理条例》的规定,给予围场县第一建筑安装公司2万元的经济处罚。

六、防止类似事故应采取的措施及建议

(1)施工企业要吸取事故的深刻教训,加强安全生产责任制的落实,建立健全各岗位责任制,做到责任明确,使每项工作有章可循。

(2)施工企业、监理单位、主管部门要加大施工现场安全生产监管力度,确保各项安全措施真正落实到位。

(3)全市实行建筑施工企业向工程项目派驻专职安全员制度。

(4)加大施工现场的安全生产监督力度,确保安全生产措施落实到位。

(5)建设单位应及时缴纳文明施工措施费用,保证文明施工措施费用专款专用。

(6)提高施工企业应急救援处理能力,配备专用的应急救援设备。

七、事故点评

这起事故是由于是施工企业对安全生产投入不够,安全防护不到位,操作人员安全意识薄弱,缺乏自我保护意识造成的。这起惨痛的事故给我们的启示是施工企业一定要加大对安全生产的投入,做到先防护后施工,对从业人员的三级教育制度要认真落实,提高从业人员的安全技能和安全意识。

案例五十三　石家庄市太行机械工业有限责任公司高处坠落事故

一、事故主要情况

事故发生时间:2006年3月8日

工程名称:太行机械工业有限责任公司整体搬迁三联合厂房工程

事故单位:河北省国防工业建筑工程公司

二、事故主要经过及采取应急措施情况

2006年3月8日下午3时30分,河北省国防工业建筑工程公司施工的太行机械工业有限责任公司整体搬迁三联合厂房工程工地,项目经理李某、技术员马某、安全员米某到三联合车间工作用房1层夹层顶,进行模板支设工作面检查。上到1层夹层顶后,米某往北方向检查,李某和马某往南,马某在前,李某在后。当李某走到1/c～2/c轴西侧时,突然将未加固完的模板蹬翻,从一层顶4 m高处掉到1.2 m的窗台上,碰到头部后落地。事故发生后,安全员米某、技术员马某迅速下楼,立即送李某到附近医院抢救,至3月9日凌晨4时,李某经抢救无效死亡。

三、事故原因、人员伤亡及财产损失情况

(一)直接原因

项目经理李某思想麻痹，蹬踩 1 层夹层中未加固支设完的模板，是造成这起事故的直接原因。

（二）间接原因

(1)公司“安全第一，预防为主”的思想树立不牢固，安全意识需进一步提高。

(2)公司安全生产管理工作落实不到位，对从业人员，尤其工程管理人员培训教育不够，致使管理者自身对安全生产缺乏重视，存在侥幸心理。

(3)李某自我防护意识差，进入施工工地未佩带安全帽，加重了事故后果的严重性。

(4)本项目模板铺设的技术方案未经充分研究论证，桁架的支撑固定方式不可靠，不具有本质安全性能，当发生误操作时无法保证稳固。

(5)木工对进入使用环节的工具设备检查不够，部分桁架端部支撑面不平，在模板未支设牢固的情况下没有设警示标志，是造成模板体系失衡的原因之一。

（三）人员伤亡及财产损失情况

死亡 1 人；经济损失 20 万元。

四、事故性质和责任

这是一起因违章操作造成的责任事故。

五、有关事故责任者追究行政、法律责任情况

(1)公司经理郄某对这起事故负领导责任，责令其在公司安全生产会上作出书面检查，并处罚款 500 元。

(2)公司副经理葛某因事故发生时，刚刚上任，在安全生产会上给予口头批评教育，暂免处罚。

(3)一分公司刘某对这起事故负领导责任，责令其在安全生产会上作出书面检查，并处罚款 1 000 元。

(4)一分公司安全副经理蒋某对这起事故负领导责任，责令其在安全生产会上作出书面检查，并处罚款 1 000 元。

(5)项目经理李某对这起事故负直接责任。鉴于李某已于事故中死亡，故不再追究其责任。

(6)安全员米某、技术员马某在工作中缺乏互助意识，责令二人在安全生产会上作出书面检查，各罚款 500 元。

(7)木工班长李某违反操作规程，未对桁架进行检查，模板支设不牢，且在未完工的情况下未设警示标志，对其处罚款 1 000 元，给予记过处分。

六、防止类似事故应采取的措施及建议

(1)公司组织各分公司经理、安全副经理、安全科长、项目经理及安全员、技术员召开一次安全会议，分析原因，找差距、定措施、定制度，引以为戒，提高安全意识。

(2)公司组织各分公司进行一次有组织系统的安全检查，查隐患、找漏洞，并限期整改，对玩忽职守，屡教不改，我行我素的单位及项目部进行严惩。

(3)各分公司认真仔细的组织一次自查自纠活动，检查各工地的安全隐患，做到不留死角。挖不安全思想，纠不安全行为，查不安全的环境，不得走形式、走过场，并把检查结果上报公司安全处。

(4)组织一分公司管理人员召开一次安全会议。要求各级管理人员认真学习党和国家有关安全工作的法律法规。尤其项目经理与安全员，对国家安全规范及标准规程应认真领会，以

便在今后的工作岗位中正确管理，认真落实。

(5)结合这次事故，全公司进行一次全面的安全培训，侧重项目部的安全管理人员。从我做起，从现在做起，提高安全管理人员的安全素质和整体员工的安全意识。

(6)全公司开展一次安全教育，从上到下，以点带面，人人查思想、看行动、找差距，做到不漏一人。

七、事故点评

这是一起由于组织管理不当，设备、工具有缺陷所引起的事故。安全生产管理工作落实不到位，对从业人员，尤其工程管理人员培训教育不够，致使管理者自身对安全生产缺乏重视，存在侥幸心理，是造成这次事故的根本原因所在。

案例五十四　香河县经纬家具城B馆高处坠落事故

一、事故主要情况

事故发生时间：2006年5月21日

工程名称：香河县经纬家具城B馆工程

事故单位：廊坊市远通建工集团有限公司

二、事故主要经过及采取应急措施情况

2006年5月21日上午11时20分，廊坊市远通建工集团有限公司承建的香河县经纬家具城B馆工程，正在进行吊装2层梁底板施工。木工向某装底梁模板时，不慎坠落，头部栽入底层构造柱钢筋中。现场人员呼叫120求助，10分钟左右医护人员赶到，对向某进行止血用药，由现场人员锯断钢筋，将其抬上担架，送医院抢救。向某因伤势过重，后转往北京某医院，因医治无效于22日下午6时死亡。

三、事故原因、人员伤亡及财产损失情况

(一)直接原因

公司未给职工提供安全的工作环境，没有在工作中预防职工发生高处坠落事故的有效措施，是导致事故发生的直接原因。

(二)间接原因

(1)施工作业人员未按操作规程和标准要求进行施工，违章作业。

(2)工程项目部职工安全教育制度未落实，安全教育不到位，作业人员安全意识差。

(3)公司与项目部安全管理表面化，各项岗位责任制、各工种操作规程与交底表面化。

(三)人员伤亡及财产损失情况

死亡1人；经济损失10万元。

四、事故性质和责任

这是一起因安全防护措施不到位，作业人员违章造成的责任事故，暴露出施工企业安全教育与管理措施不到位，工人安全意识差，不遵章守法等方面的问题。

五、有关事故责任者追究行政、法律责任情况

(1)对远通建工集团给予全市通报批评，省厅予以吊扣企业安全生产许可证45天的行政处罚。

(2)依据《建设工程安全生产管理条例》第66条的规定，应给予远通建工集团主要负责人经济处罚。因香河县安全生产监督管理局已对该公司做出了经济处罚，故不再另行处罚。

(3)责令远通建工集团对本项目和其他建设项目进行全面整顿，对全体员工进行一次认真

的安全生产法律法规学习教育。

六、防止类似事故应采取的措施及建议

(1)要求企业认真贯彻执行《安全生产法》等法律、法规和省、市、县有关安全生产政策，完善安全生产责任规章制度，加强安全管理。

(2)企业所有施工现场立即停工，对全体职工进行一次安全教育，吸取事故教训，学习有关规定，提高安全意识。

(3)对公司所有在建工程进行全面检查，重点是对发生事故的工程现场消除事故隐患，确保安全生产，避免事故的再次发生。

七、事故点评

生产安全事故的发生，从表面上看是因为职工操作不当造成的，但是做为企业和工程项目的管理者，为职工创造良好的作业条件，采取防止生产安全事故发生的有效措施，是必须做好的工作职责。有事故发生的可能就必须采取措施保证职工的绝对安全是企业和管理者的重要职责，所以企业必须健全制度，完善措施，保证安全。

案例五十五　廊坊市中油管道运通家园15号楼高处坠落事故

一、事故主要情况

事故发生时间：2006年9月29日

工程名称：廊坊市光明东道南中油管道运通家园15号楼工程

事故单位：河北燕青建工集团有限公司

二、事故主要经过及采取应急措施情况

2006年9月29日下午5时30分左右，朱某等3人正在运通家园15号楼顶施工，张某、朱某2人从二单元的电梯机房窗户翻进去下到11楼。张某去小便时，朱某用自制工具打开了未检电梯的电梯层门，试图利用电梯下楼。当时电梯轿厢在一楼，朱某未发现，进入电梯时踏空，从电梯井的11楼位置坠落到停靠在1楼的轿厢顶上。事故发生后，崔某和张某找到河北燕青建工集团有限公司材料员宋某，用三角钥匙将2楼的电梯层门打开，由120急救中心将朱某送到市医院，经抢救无效死亡。

三、事故原因、人员伤亡及财产损失情况

(一)直接原因

朱某擅自用自制工具打开了未正式投入运行的电梯层门，未观察轿厢位置便进入电梯井，致使其从电梯井的11楼位置踏空坠落到停靠在1楼的电梯轿厢顶上。

(二)间接原因

(1)河北燕青建工集团有限公司及刘某铁艺施工队，均未对朱某进行系统的安全生产教育，朱某缺乏基本的安全生产知识。

(2)河北燕青建工集团有限公司与负责电梯安装的北京中迅龙臣设备安装有限公司未按照《安全生产法》的规定签订安全生产管理协议，明确各自的安全生产管理职责和应当采取的安全措施，导致各施工队伍安全职责不清，安全措施不到位，没有采取能够避免非电梯施工人员违规乘坐未检测合格投入运行的电梯上下楼的防范措施。二是河北燕青建工集团有限公司违反法律规定将工程发包给了不具备资质和基本安全生产条件的刘某铁艺施工队。河北燕青建工集团有限公司未与刘某铁艺施工队在施工承包合同中未明确各自的安全生产管理职责，也未签订专门的安全生产管理协议。施工队在施工过程中未履行安全生产管理职责，现场没有具备安全资格的安全生产管理人员。负责现场施工管理的万某无安全资格证书，不具备相应的安全生产知识和管理能力，不仅未对刘某铁艺施工队职工多次利用未检测合格投入运行的电梯上下楼的行为未采取有效措施制止，还曾为张某提供能够打开电梯层门的三角钥匙，在一定程度上纵容了刘某铁艺施工队职工的违规行为。三是刘某铁艺施工队无基本的安全生产管理规章制度。其员工在无安全生产规章制度约束的情况下在施工过程中多次使用未经检测、尚未投入使用的电梯上下楼。

(3)廊坊中油管道房地产开发有限公司对施工单位的安全生产工作统一协调、管理不到位，未采取有效措施督促河北燕青建工集团有限公司与负责电梯安装的北京中迅龙臣设备安装有限公司按照《安全生产法》第 40 条的规定签订安全生产管理协议，明确各自的安全生产管理职责和应当采取的安全措施，也未在施工合同中约定施工队伍的该项职责，导致各施工队伍安全职责不清，安全措施不到位，没有采取能够避免人员违规乘坐未检测合格投入运行的电梯上下楼的防范措施。

(三)人员伤亡及财产损失情况

死亡 1 人；经济损失 22 万元。

四、事故性质和责任

这是一起因违法操作引起的责任事故。

五、有关事故责任者追究行政、法律责任情况

(1)朱某，铁艺施工队职工。朱某擅自用自制工具打开了正处于调试阶段未投入运行的电梯门，未观察轿厢位置便进入电梯，导致其从电梯井的 11 楼位置坠落到 1 楼的轿厢顶上，对事故的发生负有直接责任，因其在事故中死亡，免于处分。

(2)万某，河北燕青建工集团有限公司质检员。事故发生时负责运通家园 15 号楼现场施工管理，未对刘某铁艺施工队职工经常利用未经检测合格投入运行的电梯上下楼的违章行为采取有效措施进行制止，对事故的发生负有直接管理责任，建议由所在单位给予其相应处分。

(3)姜某，河北燕青建工集团有限公司安全科科长。没有认真履行工作职责，未能发现本单位违法分包行为和安全管理上的严重漏洞，对事故的发生负有直接管理责任，建议由所在单位给予其相应处分。

(4)王某，河北燕青建工集团有限公司总工程师。从 2006 年 8 月初开始负责运通家园一期工程中的未完工程和扫尾工程处理，直接参与了工程发包工作，将工程发包给不具备安全资质和基本安全生产条件的刘某铁艺施工队。且王某未在施工承包合同中未明确各自的安全生产管理职责，也未签订专门的安全生产管理协议，对事故的发生负有直接管理责任，建议由所在单位给予其相应处分。

(5)刘某，铁艺施工队负责人。未履行《安全生产法》所规定的安全生产职责，对此次事故负有领导责任，建议给予撤职处分，并依法取缔刘某铁艺施工队，责令刘某铁艺施工队立即停止一切违法生产经营行为。

(6)马某，河北燕青建工集团有限公司副经理。负责公司安全生产工作，对本公司安全生产工作领导不力，对事故的发生负有直接领导责任，建议由所在单位给予相应处分。

(7)陈某，河北燕青建工集团有限公司总经理。对本公司安全生产工作领导不力，对公司对外分包工程行为审查管理不严格，对事故的发生负有领导责任，建议由所在单位给予其相应处分。

(8)陈某，河北燕青建工集团有限公司主要负责人。未有效检查、督促本公司安全生产工

作，及时消除生产安全事故隐患，致使公司该工程施工过程管理中存在多项严重违反《安全生产法》、《建设工程安全生产管理条例》的行为，对事故的发生负有领导责任，建议由安监部门依法给予其行政处罚。

(9)宋某，北京中迅龙臣设备安装有限公司安全负责人。未能履行好自身工作职责，对事故的发生负有直接管理责任，建议由所在单位给予其相应处分。

(10)蒋某，北京中迅龙臣设备安装有限公司运通家园 15 号楼 2 单元电梯施工项目经理。没有抓好本施工项目的安全管理工作，对事故的发生负有直接管理责任，建议由所在单位给予其相应处分。

(11)王某，北京中迅龙臣设备安装有限公司分管生产副总经理兼安装部经理。对本公司安全生产工作领导不力，对事故的发生负有领导责任，建议由所在单位给予其相应处分。

(12)关某，北京中迅龙臣设备安装有限公司分管安全副总经理兼品质部经理。对本公司安全生产工作领导不力，对事故的发生负有领导责任，建议由所在单位给予其相应处分。

(13)刘某，北京中迅龙臣设备安装有限公司主要负责人。未有效检查、督促本公司安全生产工作，未及时消除生产安全事故隐患，导致公司未按照《安全生产法》第 40 条的规定与相关施工队伍签订安全生产管理协议，明确各自的安全生产管理职责和应当采取的安全措施，没有采取能够避免其他施工人员违规乘坐未检测合格投入运行的电梯上下楼的防范措施，对事故的发生负有领导责任，建议由安监部门依法给予其行政处罚。

(14)付某，廊坊中油管道房地产开发有限公司副经理，中共党员。未能履行好自身工作职责，对事故的发生负有直接管理责任，建议依据《中国共产党纪律处分条例》第 133 条，给予其党内严重警告处分，并由所在单位给予相应行政处分。

(15)李某，廊坊中油管道房地产开发有限公司副经理，中共党员，是运通家园项目部一期工程负责人。对运通家园项目部一期工程安全生产工作领导不力，对事故的发生负有直接领导责任，建议依据《中国共产党纪律处分条例》第 133 条，建议给予其党内严重警告处分，并由所在单位给予相应行政处分。

(16)王某，廊坊中油管道房地产开发有限公司总经理兼党委书记，中共党员，是廊坊中油管道房地产开发有限公司主要负责人。未有效检查、督促本公司安全生产工作，及时消除生产安全事故隐患，致使公司对承包单位的安全生产工作统一协调与管理工作存在严重疏漏，对事故的发生负有领导责任，建议依据《中国共产党纪律处分条例》第 133 条，给予其党内警告处分，并由安监部门依法给予行政处罚。

(17)省建设厅给予河北燕青建工集团有限公司暂扣《安全生产许可证》45 天的处罚。

六、防止类似事故应采取的措施及建议

(1)建立并认真落实安全教育制度，加强职工安全教育工作，使职工了解本岗位和相关场所的危险因素和安全知识。

(2)针对此事故展开安全教育，吸取教训，提高全体职工安全意识。

(3)对所有的在建项目进行全面安全检查，消除事故隐患。

(4)建设行政主管部门进一步加大执法力度，杜绝工程建设中的违法分包、挂靠行为，消除事故隐患。

七、事故点评

《安全生产法》第 40 条规定“两个以上生产经营单位在同一作业区域内进行生产经营活动，可能危及对方生产安全的，应当签订安全生产管理协议，明确各自的安全生产管理职责和应当采取的安全措施，并指定专职安全生产管理人员进行安全检查与协调。”这起事故是工程管理各方对安全生产放手不管，尤其是在违章使用电梯的情况下，三个相关责任单位无一人出面制止，造成违章事故的发生，严重违反了《安全生产法》第 40 条条文规定，应当引起有关部门高度重视。

案例五十六　秦皇岛市世纪海洋花园 1 号楼工地高处坠落事故

一、事故主要情况

事故发生时间：2006 年 10 月 2 日

工程名称：世纪海洋花园 1 号商住楼工程

事故单位：秦皇岛海三建设工程发展股份有限公司

二、事故主要经过及采取应急措施情况

2006 年 10 月 2 日凌晨 4 时 15 分，秦皇岛海三建设工程发展股份有限公司一分公司世纪海洋花园项目部世纪海洋花园 1 号楼施工工地，在该楼二单元 13 层南侧电梯井部位(高 36 m)大模板安装施工过程中，职工盛某站在电梯井口操作平台上负责大模板吊装到位的入模工作，职工李某等二人在 13 层墙体钢筋骨架上，负责大模板吊装到该部位的扶模工作。在依次吊入东、南、西面三块大模板和东南角角模后，在吊入西南角角模时，因平台上存放模板过多，承受重力过大，致使平台底部承重的 4 根横支撑钢筋棍受压弯曲，操作平台及上面的 3 块大模板、1 块角模及职工盛某一起坠落到该井口首层电梯井内地面，盛某头部受伤。随后，项目经理曹某和项目安全员常某、姚某立即将伤者盛某送往开发区医院进行抢救，盛某经抢救无效，于 2006 年 10 月 2 日早 6 时 20 分死亡。事故发生后，市、区两级领导高度重视，并立即成立了事故调查组和专家组，对事故的直接原因和相关人员的责任进行认真详细的调查。

三、事故原因、人员伤亡及财产损失情况

(一)直接原因

(1)在现场作业的职工没有按照大模板施工设计方案中规定的程序要求进行入模安装作业，而直接将所有模板吊放于施工操作平台上，违章作业，致使施工操作平台承重过大，4 根横支撑钢筋变形弯曲，导致操作平台及其上承载物坠落。

(2)模板工程专项施工方案内容不全面，无操作平台支撑系统施工的安全措施。平台本身预留有 6 个支撑卡槽，井内墙体也预留了 6 个用于支撑的洞孔，但该项目部只使用了 4 条钢筋横支撑，致使该操作平台支撑系统承重能力大大降低。

(3)大模板施工前应组织专家论证，而该项目部在没有组织专家论证的情况下，便开始施工。井内操作平台的安装厂家没有提供安装施工方案及相关承重数据。该项目部在没有经过承重技术实验的情况下，私自采用了 4 点承重方式，且采用了 ϕ22 普通建筑用螺纹钢筋，说明该项目部应必须的安全生产资金没有得到足够投入，是导致事故发生的主要原因。

(二)间接原因

(1)工人对大模板施工没有了解、掌握其安全技术特性。公司没有采取有效安全防护措施，也没有对施工人员进行专门的安全生产教育和培训，安全生产培训投入不足。

(2)该公司各级安全生产管理人员及工程监理人员对该工地虽经多次安全检查，本应查出而未查出该工程违章作业的现象及重点部位的事故隐患，说明该公司及监理公司日常安全检查流于形式，存在安全管理漏洞，这是导致该事故发生的另一间接原因。

(三)人员伤亡及财产损失情况

死亡 1 人；经济损失 24 万元。

四、事故性质和责任

这是一起由于职工违章作业、安全管理不到位造成的生产责任事故。

五、有关事故责任者追究行政、法律责任情况

(1)企业法定代表人杨某未能全面履行安全生产主要负责人的各项职责，对本次事故负有领导责任，罚款人民币 1 万元。

(2)主管安全副总经理李某、一分公司经理王某未能认真履行日常安全生产管理职责，二人在此次事故中负有领导责任，各罚款人民币 8 000 元。

(3)项目经理曹某是本项目的安全生产第一责任人，对本次事故负有直接领导责任，罚款人民币 2 万元。

(4)公司安全处长张某、分公司安全科长韩某，未能在职责范围内组织工地项目安全员严格按照规范、标准进行安全巡查，致使安全隐患不能被及时得以消除，在安全管理上落实制度不彻底。二人对本次事故负有领导责任，各罚款人民币 1 万元。

(5)项目工程师张某没能认真对模板安装厂家提供的模板安装施工方案内容进行了解、熟悉，对本次事故的发生在施工安全技术方面负有一定责任，罚款人民币 5 000 元。

(6)项目安全员常某、姚某对本工地安全检查不到位，致使事故隐患未能被及时发现并得以消除，二人对本次事故负有一定责任，各罚款人民币 5 000 元。

(7)木工班长马某安排夜间吊装施工，大模板组负责人张某未到现场按模板施工方案进行指挥作业，二人对此次事故负主要责任，各罚款人民币 3 000 元。

(8)在事故现场作业的盛某、李某、李某没有按照大模板施工方案的要求进行安装，违章作业，三人对本次事故负有直接责任。鉴于盛某在本次事故中身亡，免予处罚，对木工李某二人各罚款人民币 500 元。

(9)架子工张某在搭建电梯井平台时，在没有技术交底的情况下，没有按照平台预留的支撑卡槽布放钢筋支撑，违章作业，对本次事故负有直接责任，罚款人民币 500 元。

六、防止类似事故应采取的措施及建议

(1)对全公司在建工程全部停工整顿，开展拉网式安全大检查，重点对采用新工艺、新技术的安全操作和安全防护实施情况严格按照规范要求认真检查，对存在任何问题的项目都不准复工，并追究相关责任人的责任。

(2)加强安全管理队伍建设，制定进一步加强项目安全管理人员队伍建设及提高待遇的有关规定，补充安全、质量事故管理处罚规定。

(3)强化安全技术及施工专项方案的编、审、批管理制度。特别要对采用的新技术、新工艺、新设备的操作与实施进行严格的要求，逐级进行安全技术交底，并严格进行交底执行的验证检查工序。

(4)加大对重大危险源的辨识与监控的责任管理力度，组织项目经理、项目工程师、项目安全员针对重大危险源辨识与监控管理工作的培训学习。明确各方责任，制定科学的管理制度。

七、事故点评

此次事故是由于支撑体系不符合规范要求，支撑固定点不稳定，强度不够，技术措施不完善，管理人员、作业人员安全意识淡薄，监理检查不到位造成的恶性事故。强化安全技术及施工专项方案的编、审、批管理制度，加强安全技能培训制度，抓好安全技术措施的落实，实现安全生产。

(六)施工机具

案例五十七　石家庄市东城花园9号住宅楼高处坠落事故

一、事故主要情况

事故发生的时间:2005年9月15日

工程名称:石家庄市东岗路南侧东城花园工程

事故单位:河北瀛源建筑工程有限公司

二、事故主要经过及采取措施情况

2005年9月15日下午5时15分,由河北瀛源建筑工程有限公司承建的东岗路与谈固东大街东南角东城花园9号住宅楼施工现场,发生一起布料机倾倒致使1人死亡事件。东城花园9号楼6层顶板混凝土浇筑完毕后,由混凝土工田某负责拆卸布料机的工作。由于田某违章操作,先拆除东南角方向的揽风钢丝绳,然后到布料机顶部挂吊装钢丝绳,在其先挂好后面的钢丝绳,在向前杆移动挂第二根钢丝绳时,由于其自身体重造成布料机前杆重心向前移动,致使布料机向北侧倾倒,西南和东北侧揽风绳被布料机倾倒的槽钢剪断,造成田某被从布料机上部甩出,摔至地面。5分钟内120到达事故现场将当事人送医院抢救,田某经抢救无效死亡。塔吊型号为QTZ80,布料机重量约1 900 kg。

事故发生后,项目副经理张某以第一时间拨打120急救中心电话,送伤者田某到医院抢救,同时通知公司相关领导,并派专人保护好现场,医院急救人员对伤者田某进行了奋力抢救,最后院方宣布抢救无效并确认田某死亡。公司领导赶到现场后,为避免事故扩大,稳定广大工人的情绪,立即召集项目部管理人员及各班组长、工人代表召开会议,作出以下决定:第一,以第一时间上报上级有关部门对事故的处理;第二,立即停止所有施工操作,派专人保护好事故发生现场,对事故发生现场的布料机、塔吊、拦风绳进行全方位拍照、录像,保护好现场第一手资料;第三,应急处理小组成员,对死者进行善后处理,当面对死者亲属进行安抚,并征求死者亲属意见,对死者尸体进行妥善处理;第四,妥善保存现场的重要痕迹、物证,等待有关部门到现场检查;第五,按有关规定抽调公司及现场的人员成立事故整改调查组、善后处理组及生产恢复组,并分别对各组的任务本着“四不放过”(事故原因分析不清不放过,事故责任者和群众没有受到教育不放过,没有采取预防措施不放过,事故责任者没有得到处罚不放过)的原则进行统一安排。

三、事故原因、人员伤亡及财产损失情况

(一)直接原因

操作人员田某拆除揽风绳后去挂吊钩吊装布料机,违反了一般的操作安全常识,其他人员没有认识到安全隐患,对田某的违章操作未加以制止。

(二)间接原因

(1)公司领导对安全管理的重要性认识有差距,虽然有公司的各项安全规章制度,明确了“安全第一”和“预防为主”的生产方针,但缺乏检查落实的力度,对违反安全考核办法的有关行为没做出相对应大力度的处罚,对安全的重视程度不够。

(2)项目部安全管理工作不细致,对存在的安全隐患检查不到位,对各项规章制度的落实工作不具体,对采购的各种机械设备的部件没有提到质的认识,而只观其表面。

(3)作业人员对工作的责任心不强,没有做到仔细认真的执行检查、交接程序,有关管理人员监督、检查流于形式，不具体等，特别是在风雨雪雾恶劣天气时监督检查不到位；对作业人员的安全技术交底不详细、不具体；对施工操作人员的教育不到位，施工人员的操作不够重视安全，自我保护能力差，缺少遇突发事故的应变能力等。

（三）人员伤亡及财产损失情况

死亡1人；经济损失35万元。

四、事故性质和责任

这是一起由于安全管理不到位、职工配合作业不当引发的安全生产责任事故。

五、有关事故责任者追究行政、法律责任情况

(1)公司全面负责石家庄主管安全生产的副总经理张某，对本次事故负有领导管理责任，对其处以行政记过处分，免发其本季度的全部奖金，公司内部通报批评，写出书面检查。

(2)东城花园项目部经理张某，对本次事故负有现场第一责任人的管理、领导责任，对其处以行政记大过处分，免发其本年度奖金的50%（约3 000元），并通报批评免除其项目经理职务。

(3)东城花园项目副经理张某，对本次事故负有现场管理、领导责任，对其处以行政记大过处分，免发其本年度奖金的40%（约2 500元），写出书面检查，通报批评。

(4)东城花园项目部安全员杨某，负有检查、监督不力的管理责任，对其处以行政警告处分，并罚款2 500元。

(5)东城花园项目部混凝土工长张某，负有现场检查、落实不到位的管理责任，对其罚款1 600元，并予以开除。

对以上人员的处罚通报公司所有项目部，并责令有关人员写出书面检查反省，想尽一切办法找出生产中的不安全因素，用技术和管理上的措施去消除这些不安全因素，做到以防为主，防患于未然，保证生产顺利进行，保证职工的安全与健康。

六、防止类似事故应采取的措施及建议

(1)要求认真学习贯彻落实“安全第一，预防为主”的安全工作方针和有关安全生产法律法规、规程的规定，进一步提高全体职工的安全思想、安全意识和自我保护的能力。

(2)要严格按照建设部制定的安全检查标准和省市部门制定的安全生产检查实施细则，对施工现场的临时供电、“三宝”的正确使用、“四口五临边”的安全防护、施工机械、脚手架的搭设、施工作业面等，逐项全面进行检查，并按现场制定的施工方案落实执行。

(3)对所查事故隐患，要做到边检查边整改，对当时不能整改的要按照三定原则，限时进行整改，经有关人员或部门复查验收合格后方可施工。

(4)要求机械工长、专业技术人员对布料机及其缆风钢丝绳每个部件、每个连接点、每个部位、每项安全保险装置，进行详细检查，对布料机安装、拆除做出具体施工方案。严禁机械带病运转，杜绝同类事故的再次发生。

(5)特种作业人员，必须经上级有关部门培训并考试合格后，持证上岗，严禁无证人员从事特种施工作业。

(6)严格执行项目部对施工现场的安全生产情况的巡检及安全员日检制度，对违章作业现象和事故隐患做到即时发现即时整改处理，不处理整改决不能进行施工操作，做到防患于未然，把事故消除在萌芽状态。

(7)强化安全违章的处罚力度，对违章指挥、违章操作、冒险蛮干、随意拆除安全防护设施、事故隐患整改不及时等违犯安全纪律和有关规定的人员，要从重、从快处罚，决不姑息。

(8)制定切实可行的岗位安全责任制，把安全生产落实到每一道工序、每一个工作班、每一个操作人员上，行之有效的执行到位。制定旬、月、季、年度安全生产目标，做好层层把关、人人牢记的安全生产规章制度的落实工作，坚决杜绝同类事件的再次发生。

七、事故点评

这起事故是由于企业安全管理不到位和作业人员安全知识缺乏造成的。这起惨痛的事故启示各施工单位，要用技术和管理上的措施去消除不安全因素，做到以防为主，防患于未然，保证安全生产，保证职工的安全与健康。

(七)其　他

案例五十八　保定万格纺织有限公司钢结构厂房高处坠落事故

一、事故主要情况

事故发生时间:2005 年 6 月 29 日

工程名称:高阳县万格纺织有限公司钢结构厂房工程

事故单位:保定鑫宝隆彩钢压型板材有限公司

二、事故主要经过及采取应急措施情况

2005 年 6 月 29 日上午 7 时左右，保定鑫宝隆彩钢压型板材有限公司所属的王某施工队在万格纺织有限公司钢结构厂房施工过程中，工人姜某和其他工人一同上到屋顶进行彩钢板屋顶搭设工作。施工现场的两块彩钢板中间有 30 cm 的缝隙，姜某在挪动彩钢板过程中，不慎从 30 cm 缝隙处踩空，由 5 m 高的屋顶坠落至地面，送往医院后经抢救无效于 2005 年 6 月 29 日上午 8 时左右死亡。

三、事故原因、人员伤亡及财产损失情况

(一)直接原因

施工负责人没有制定安全生产措施，作业人员无证上岗，施工场管理混乱，不具备基本施工安全防护措施，是这起事故的主要原因。

(二)间接原因

建设单位没有施工许可证。施工单位没有安全备案手续，建设单位擅自使用无资质队伍进行施工，是这起事故的间接原因。

(三)人员伤亡及财产损失情况

死亡 1 人；经济损失 10 万元。

四、事故性质和责任

此次事故是由于工人违章操作所造成的一起责任事故。

五、有关事故责任者追究行政、法律责任情况

(1)责令施工单位停止施工。

(2)施工负责人王某违章施工，对伤亡事故隐瞒不报，决定将其清除出高阳县建筑市场。

(3)建设单位万格纺织有限公司违反了《建设工程安全生产管理条例》第 7 章第 54 条之规定，未将保证安全施工措施的有关资料报送有关部门备案，给予该建设单位警告处分。

六、防止类似事故应采取的措施及建议

责令高阳县各建设单位在任何工程开工前，必须到城建局办理施工手续，进行安全生产备案，杜绝达不到安全生产条件的施工单位入施工现场。施工单位对作业人员进行三级安全教

育，经过特种工种培训合格后，持证上岗。增强作业人员自我保护的能力，做到少出事故不出事故。施工现场要建立健全安全保障体系，确定人员明确分工，落实各项安全保障措施，确保施工安全。

七、事故点评

基层建筑施工队伍，大多是农民工，文化素质低，施工技术水平和管理水平都急需提高，这些工人胆子大，往往冒险作业，忽视安全。有些施工队伍，甚至连基本的安全管理制度都没有，或者有而不健全，即使有制度也往往执行不到位。这些都是事故隐患，隐患不除，必然将事故不断。

第三节　坍塌事故案例

(一)模板坍塌

案例五十九　藁城市中天建筑公司模板坍塌事故

一、事故主要情况

事故发生时间:2004 年 8 月 8 日

工程名称:河北九派集团公司的麻醉剂车间工程

事故单位:藁城市中天建筑公司

二、事故主要经过及采取措施情况

2004 年 8 月 8 日，藁城市中天建筑有限公司一分公司承建的河北九派集团公司的麻醉剂车间工地，下午 1 时左右，工人正在施工该工程局部屋顶时，由于模板支撑系统失稳，造成屋顶局部现浇顶坍塌，致 1 人重伤，3 人轻伤。

三、事故原因、人员伤亡及财产损失情况

(一)直接原因

(1)项目部在租赁站租赁钢管时，未查看钢管有关质量证明，未检查钢管质量优劣，使用了一部分薄壁钢管，使整体脚手架承载力减低。

(2)基础虽经夯实，但夯实度不够，浇筑前润湿模板时，由于浇水人员责任心差，使水量偏多，浸泡部分地基后造成不均匀降沉。

(3)部分立杆底部所垫木板宽度较窄，立杆间距虽然经过计算，但对高度因素考虑不足，造成间距偏大。

(4)模板支撑系统设计的剪刀撑数量偏少，造成架体稳定性差。

(二)间接原因

(1)架子工未按方案搭设，未执行安全技术交底的要求。

(2)由于工程紧，为了赶进度，对模板检查不及时，验收不严格，未发现存在的隐患。

(3)公司和分公司在管理上存在缺陷，安全检查不到位，现场指导不到位，验收把关不到位。

(4)项目部管理人员未认真执行国家规范、标准和公司《安全生产管理规章制度》，对职工缺乏有效的管理，使违章作业得不到及时制止，存在的隐患得不到及时消除。

(5)各级、各部门、各岗位未严格履行各自的安全生产责任制，造成违章指挥、违章作业、违反劳动纪律的现象时有发生。

(三)人员伤亡及财产损失情况

1人重伤,3人轻伤;经济损失79 701.5元。

四、事故性质和责任

这是由于安全管理不到位,生产技术措施不当所造成的安全生产责任事故。

五、有关事故责任者追究行政、法律责任情况

(1)对藁城市中大建筑有限公司、河北九派集团公司给予全区通报批评,在建筑市场建立不良记录档案的处罚。

(2)给予项目经理闫某全区通报批评,在建筑市场建立不良记录的处罚。

(3)对河北九派集团公司、藁城市中天建筑有限公司违反建筑市场的行为按有关规定处理。

(4)责成藁城市中天建筑有限公司、河北九派集团建立健全各项规章制度,进一步落实各项岗位责任制,对本次事故相关责任人员进行严肃处理。

(5)责成藁城市中天建筑有限公司对所有在建工程开展一次安全大检查,按照"三定"、"四不放过"的原则进行彻底整改,并将检查结果上报石家庄经济技术开发区管委会。

六、防止类似事故应采取的措施及建议

(1)由分公司安全经理负责现场清理、善后处理、重新施工、安全生产监督等工作。

(2)由分公司技术经理负责制定拆除方案,经公司总工程师批准,良村开发区安监站同意后实施。

(3)由分公司技术经理重新组织人员制定模板工程专项施工方案,经公司总工程师批准,良村开发区安监站同意后实施。

(4)分公司安检人员加强对拆除和重新施工过程中的安全检查工作,发现问题及时处理。

(5)公司安全科加强重点检查,协助公司、项目部作好拆除和重新施工过程中的安全指导工作。

(6)由项目经理负责组织拆除、重新施工的各项工作。

(7)由项目部技术员负责拆除、重新施工的技术工作。

(8)由项目部安全员负责拆除、重新施工的安全监督工作,发现违章及时制止。

七、事故点评

这起事故是由于企业安全管理不到位,施工技术措施不当,冒险蛮干、野蛮施工造成的。这起惨痛的事故应引起我们大家的高度重视,必须确保安全技术措施到位,监管检查及时才能保证安全生产。

案例六十　秦皇岛市燕山大学西校区模板坍塌事故

一、事故故主要情况

事故发生时间:2004年8月29日

工程名称:秦皇岛市燕山大学西校区工程

事故单位:邯郸三建筑工程有限公司

二、事故主要经过及采取应急措施情况

该工程报告厅长32.4 m,宽21.4 m,高4.5～9 m,模板支撑系统为满堂红式钢管脚手架,设计立杆纵横间距0.75 m,水平杆间距(步距)为1.2 m,距地0.15 m设扫地杆,设纵横向剪刀撑,架体总高4.35～7.35 m,钢管扣件由秦皇岛市某租赁公司提供租用。该工程于8月28日下午3时开始浇筑3层8～16轴(即报告厅)顶板混凝土,8月29日下午4时25分左右在混

凝土即将浇筑完毕时，报告厅顶板中间偏北处开始下沉塌落，随即支撑系统局部失稳，引起连锁反应，致使大面积坍塌，造成混凝土工4人、木工1人被塌落的支架模板摔伤、挤压。

事故发生后，工地值班人员赵某立即电话通知市急救中心，并通知了木工班长卢某和项目经理王某，及时将伤者送往市人民医院救治，最终造成1人死亡，4人受伤(其中重伤1人)。

三、事故原因、人员伤亡及财产损失情况

(一)直接原因

模板支撑系统不规范，立杆间距不等，造成受力不均匀，致使扣件损坏，造成支撑系统局部坍塌。

(二)间接原因

(1)未按要求认真对施工操作人员进行认真仔细的安全技术交底和搭设交底，是造成事故的原因之一。

(2)支撑系统验收流于形式，未按规范标准要求严格验收是造成事故的重要原因之一。

(3)项目部管理人员安全意识淡薄，对各项规章制度执行情况监督检查不力，对重点部位的施工技术管理不严，对民工安全教育技能培训不详细，是造成事故的原因之一。

(4)施工现场租、购的钢管扣件质量把关不严，部分钢管扣件经多次使用，其钢管内壁锈蚀非常严重，已不符合质量标准。

(三)人员伤亡及财产损失情况

死亡1人，重伤1人，轻伤3人；直接经济损失22.6万元。

四、事故性质和责任

这是一起由于项目管理人员安全意识淡薄、作业人员安全意识差所引起的生产安全责任事故。

五、有关事故责任者追究行政、法律责任情况

(1)架子工班长王某私招滥用无证民工搭设支架，对事故应负直接责任，对其处以罚款800元，并勒令退场。

(2)项目经理王某负责报告厅工程全面工作，对该工程安全生产负总责，对工程模板支设重视不够，未组织有关技术人员对模板支撑系统检查验收，现场用工管理混乱，对事故负直接领导责任，给予其免去该工程项目经理职务的处罚，并处罚款600元。

(3)项目部施工员赵某直接负责报告厅模板支架搭设指导工作，未按标准规范及方案认真组织施工，应负直接责任，对其处以600元罚款。

(4)项目部安全员于某具体负责该工程现场安全生产检查监督管理工作，未对报告厅模板支撑体系进行严格监督管理，应负管理上重要责任，对其处罚款400元。

(5)项目部技术员吕某负责工程具体技术工作，未按规定组织模板支架验收工作，对事故应负技术上的重要责任，对其处以400元罚款。

(6)项目部材料员谢某在租凭材料时，未认真审查材料的合格证、检测报告等，责任心不强，对其处以400元罚款。

(7)公司主抓生产的副总经理杜某对质量、安全工作监管不力，应负主要领导责任，对其处以罚款600元。

(8)公司总工程师张某主抓公司技术工作，对模板支撑系统方案审查不严，对事故应负技术上的领导责任，对其处以罚款600元。

(9)公司总经理薛某是公司安全生产第一责任人，应负领导责任，对其处以罚款800元。

六、防止类似事故应采取的措施及建议

(1)认真吸取事故教训,提高思想认识,本着对事故举一反三和“四不放过”的原则,对事故责任者严肃处理。切实贯彻“两条例一决定”,并进一步完善安全规章制度和安全生产责任制网络,确保安全生产责任落实到人,做到安全时时有人管、事事有人管。

(2)加强施工现场管理、技术管理,严格三检(自检、互检、交接检)、技术交底等制度,履行验收手续,对民工应加强对施工现场危险因素和紧急救援方案知识的教育培训,加强特殊工种的培训。

(3)加大安全教育和培训力度,提高广大职工的安全防护意识。坚决贯彻执行国家安全生产方针政策法规与行业的各项安全生产规章制度,加强专业上岗培训工作,严禁无证或无相关培训记录上岗。

(4)对专业性较强,危险性较大的分项工程必须编制专项施工方案,在施工中严格遵照执行。

(5)在购买建筑设备和构件时要有产品合格证、生产许可证、检测报告,在签订购置、租赁合同时要明确产品质量责任,进场要验收,必要时要委托有资质的单位检验。

七、事故点评

此次事故直接体现了项目部施工设计、制作不规范,监督检查不到位,管理人员、作业人员安全意识淡薄的弊端。各施工单位必须加强施工技术措施的落实,把好材料使用检测关,及时监督检查,保证安全生产。

案例六十一　秦皇岛市文化广场模板坍塌事故

一、事故主要情况

事故发生时间:2005 年 5 月 13 日

工程名称:秦皇岛市文化广场工程

事故单位:秦皇岛市承建建筑工程有限公司

二、事故主要经过及采取应急措施情况

2005 年 5 月 13 日下午 3 时 50 分,秦皇岛市承建建筑工程有限公司承建施工的秦皇岛市文化广场工程,在浇筑 E 区(报告厅)门厅屋顶梁板混凝土施工时,屋顶结构的模板支撑系统由于失稳,造成支撑系统坍塌。在屋顶作业的 12 名工人随屋顶模板、钢筋及部分未凝固的混凝土下落,造成 3 人重伤,9 人轻伤。

事故发生后,该项目部安全设备科科长刘某立即向秦皇岛市建筑工程安全监督站安全管理科报告。市安监站在逐级上报的同时,市建设局党委书记、局长、副书记、副局长、市安监站站长等有关同志立即赶赴事故现场指挥救援。

三、事故原因、人员伤亡及财产损失情况

(一)直接原因

(1)模板支撑系统没有按照有关标准搭设,东西水平方向有效连接加固不足,立杆间距不均匀,致使模板支撑系统东西向刚度较差。立杆底部地面不平整,西高东低,在混凝土浇筑过程中支撑系统整体向东倾斜,引起坍塌。

(2)支撑系统采用的钢管未达到国标,管壁厚度为 27～30 mm(国标管壁厚度为 35 mm)。

(3)架子工班组违章操作,没有按有关标准规范搭设架体。

(二)间接原因

(1)承建公司安全技术管理不到位。项目部技术人员没有充分考虑E区模板支撑系统的工程特点,编制专门的有针对性的安全专项施工方案,而是采用D区的模板支撑系统方案来代替E区的模板支撑系统安全施工方案,在模板支撑系统搭设前没有进行书面安全技术交底。

(2)承建公司周转工具管理混乱。项目部对进入施工现场搭设模板支撑系统的周转工具(钢管、扣件等)未按批次逐批验收。由于检验验收不到位,致使不合格的周转工具进入施工现场。

(3)项目部对事故隐患整改不到位,未落实公司下发的联查通报、隐患整改通知和工程监理单位的监理通知。

(4)工程监理单位秦皇岛秦星工程项目管理公司安全监理责任不到位,未严格落实安全监理方案。一是对E区模板支撑系统无专门的有针对性的安全专项方案的施工没有进行制止,既没有向建设单位提出停工整改的建议,也没有向当地建设工程安监机构报告;二是未严格按规范对E区模板支撑系统检查验收。

(三)人员伤亡及财产损失情况

重伤3人,轻伤9人;直接经济损失161万元。

四、事故性质和责任

经调查组、专家组现场调查分析认定,这是一起责任事故。

五、有关事故责任者追究行政、法律责任情况

(1)秦皇岛市承建建筑工程有限公司安全管理不到位,违反了《建设工程安全生产管理条例》第26条、第27条、第34条之规定,根据《建设工程安全生产管理条例》第65条第1款、第4款,建议市建设局给予秦皇岛市承建建筑工程有限公司罚款15万元的处罚,并在全市通报批评。

(2)秦皇岛市文化广场项目监理单位秦皇岛秦星工程项目管理有限公司违反了《建设工程安全生产管理条例》第14条第1款、第2款之规定,根据第57条,建议给予秦皇岛秦星工程项目管理有限公司罚款10万元的行政处罚,并在全市通报批评。

(3)秦皇岛市承建建筑工程有限公司秦皇岛市文化广场项目经理刘某是该项目施工安全生产第一责任人,未根据工程特点组织制定安全施工措施,及时消除安全事故隐患,对这起事故负有直接领导责任。因其违反了《建设工程安全生产管理条例》第21条第2款,建议省建设厅给予刘某降低一级项目经理资质等级的处罚,建议市建设局给予其罚款2万元的行政处罚。

(4)秦皇岛市承建建筑工程有限公司法定代表人李某是公司安全生产第一责任人,对本单位重点工程的安全生产工作监督管理不到位,未能及时消除事故隐患,对这起事故负有领导责任,建议市建设局给予其罚款2万元的行政处罚。

(5)秦皇岛市承建建筑工程有限公司秦皇岛市文化广场项目部架子工班长刘某是搭设E区模板支撑系统的负责人。刘某没有按规范搭设,对事故负有直接责任,建议对其处罚款800元。并建议市安监局吊销刘某特种作业操作证,秦皇岛市承建建筑工程有限公司撤换刘某的秦皇岛市文化广场架子工班长职务。

(6)秦皇岛市承建建筑工程有限公司秦皇岛市文化广场项目部质检员闫某没有对进入施工现场的脚手管、扣件进行严格验收,导致不合格的脚手管用于施工。并在没有严格对E区模板支撑系统进行验收的情况下,签署了验收合格,对事故负有直接责任。建议对闫某处罚款500元,由省建设厅吊销其质检员上岗证,秦皇岛市承建建筑工程有限公司撤换其秦皇岛市文

化广场质检员职务。

(7)秦皇岛市承建建筑工程有限公司主管安全生产的副总经理刘某对事故隐患整改落实督导不到位，对这起事故负有一定领导责任，建议对其处罚款 1 000 元。

(8)秦皇岛秦星工程项目管理有限公司秦皇岛文化广场工程项目总监邓某对该项目监理工作全面负责，未严格落实监理方案，违反了《建设工程安全生产管理条例》第 26 条，建议对其处罚款 1 000 元，由省建设厅撤销邓某的秦皇岛市文化广场总监资格。

(9)秦皇岛市承建建筑工程有限公司秦皇岛市文化广场项目部安全员陈某对事故隐患检查落实不到位，没有督导落实公司下发的事故隐患通知书和联查通报，建议对其处罚款 500 元，并由省建设厅吊销陈某的专职安全生产管理人员安全生产考核合格证书。

(10)秦皇岛秦星工程项目管理有限公司秦皇岛文化广场工程项目监理员张某没有严格对 E 区模板支撑系统进行验收，建议对其处罚款 500 元，并给予停止执业 6 个月的行政处罚。

(11)秦皇岛市承建建筑工程有限公司秦皇岛市文化广场项目部技术负责人赵某对该项目技术管理负有全面责任，未按规定编制专项施工方案和进行有针对性的书面安全技术交底，对这起事故负有直接责任。因其违反了《建设工程安全生产管理条例》第 26 条、第 27 条，建议对其处罚款 500 元，并由秦皇岛市承建建筑工程有限公司撤换赵某的秦皇岛市文化广场技术负责人职务。

(12)秦皇岛市承建建筑工程有限公司安全设备科科长刘某对事故隐患整改落实督导不到位，对这起事故负有一定责任，建议对其处罚款 500 元。

(13)秦皇岛市承建建筑工程有限公司总工程师孙某对全公司技术工作全面负责，对 E 区模板支撑系统未编制专项安全施工方案负有主要责任，建议对其处罚款 500 元。

(14)秦皇岛市承建建筑工程有限公司秦皇岛市文化广场项目部材料员徐某对进入施工现场的脚手管、扣件等管理不善，未按规定收集“三证”(营业执照、合格证、检验证明)，建立相应的资料档案，不能准确提供发生事故部位不合格的脚手管的租赁单位，对事故负有间接责任。因其违反了《建设工程安全生产管理条例》第 34 条，建议对其处罚款 300 元，并由省建设厅吊销徐某材料员上岗证，秦皇岛市承建建筑工程有限公司撤换徐某的秦皇岛市文化广场材料员职务。

六、防止类似事故应采取的措施及建议

(1)承建公司要建立健全各种安全管理制度，并采取有效措施保证制度严格落实。要加强对各类人员的安全技术培训，增强职工的安全意识、遵纪守法意识和处理险情的能力，确保职工的生命安全和正常的生产秩序。

(2)承建公司要认真贯彻落实党的“安全第一、预防为主”的安全生产方针，加大安全投入，完善企业安全保证体系，并保证其行之有效。公司各级、各部门各负其责，各尽所能，一级抓一级，一级对一级负责。

(3)承建公司要加强安全技术管理，建立健全安全技术管理制度，严格各类安全生产专项施工方案的编制、审批、审查、审核程序。对危险性较大工程应有专项安全施工方案的重新验算，没有的立即补充，并组织有关专家审查，经企业技术负责人、项目总监签字后方可实施，安全专项施工方案内容和程序不符合要求的不得施工。

(4)承建公司要加强周转工具管理，建立健全周转工具、物资及安全防护用品采购、租赁制度，并严格落实。立即对施工现场所有涉及安全生产的周转工具、物资、设备、装置进行质量验收，不符合标准的坚决不得用于施工中。

(5)承建公司要加强安全管理,严格安全技术交底制度。安全技术交底要有针对性、可操作性,对公司所有在建项目进行全面安全检查,发现一处整改一处,坚决避免带着隐患施工生产。

(6)秦皇岛秦星工程项目管理有限公司要按照《建设工程安全生产管理条例》严格落实总监理工程师的安全监理责任,严格审查专项安全方案,督促施工单位整改事故隐患。

七、事故点评

这起事故是由于企业安全管理不到位,违章指挥,冒险蛮干而造成的典型案例。如此大面积的现浇顶板工程,架体支撑系统未经严格的审查和审批,所选用材料未经严格的选材,支撑搭设好后又未按标准和规范的要求进行严格的验收等诸多问题使这次事故的发生成为必然的,应引起我们的反思。

案例六十二　张家口市卷烟厂工程模板坍塌事故

一、事故主要情况

事故发生时间:2005 年 9 月 25 日

工程名称:张家口市卷烟厂"十五"技术改造项目一期工程

事故单位:河北华信建筑工程有限公司

二、事故主要经过及采取应急措施情况

2005 年 9 月 25 日上午 11 时 50 分,河北华信建筑工程有限公司承建的张家口市卷烟厂"十五"技术改造项目一期工程在卷接包车间 1 层楼板框架梁(高度 8.1 m)进行混凝土浇筑时,模板支撑架体突然发生坍塌,将看模的 3 名工人(李某,谢某,雷某)压在了下边。事故发生后,副市长亲临现场指挥,安监局、公安消防局、建设局、120 急救中心等部门开展事故救援工作。经过 6 个小时紧急抢救,李某、谢某 2 人生还,雷某送医院后,经诊断已经死亡。

三、事故原因、人员伤亡及财产损失情况

(一)直接原因

该工程卷接包车间 1 层楼板框架梁模板支撑系统没有足够的承载能力,刚度和稳定性达不到承受浇筑混凝土的重量、侧压力以及施工荷载等要求,在浇筑过程中,造成支撑系统失衡,是造成本起事故的直接原因。

(二)间接原因

(1)施工方案由安全员编制,技术负责人审批,其编审程序不符合规范要求。

(2)施工方案有缺陷。施工方案中没有设计纵向、横向剪刀撑,扫地杆,且立杆间距 1.0～1.2 m,不符合强制性标准要求(0.8～1.0 m)。

(3)支撑架体安装过程存在偷工减料问题。施工方案中设计"框架梁板底支撑立杆梁下部采用双扣件加固,防止单扣件松动造成塌方事故",而施工过程中却采用了单扣件固定。

(4)验收环节不认真负责,把关不严。

(5)劳动组织不合理。搭设脚手架应由架子工(特种作业人员)承担,不应由木工搭设。

(6)现场安全管理不力,安全责任制不落实,混凝土浇筑现场没有专职安全员进行安全监管。

(7)工程监理不到位,没有严格按照有关标准、规范、规程对方案进行审查和审批,对模板安装工程验收的关键部位技术要求把关不严。

(三)人员伤亡及财产损失情况

受伤2人，死亡1人；直接经济损失25万元。

四、事故性质和责任

这是一起由于监管不到位导致的质量安全责任事故。

五、有关事故责任者追究行政、法律责任情况

(1)工长杜某在检查现场时，发现模板支撑有轻度弯曲，但思想麻痹大意，未采取有效措施进行及时整改，对本起事故负有管理责任。建议河北华信建筑工程有限公司依照企业有关奖惩办法给予其经济处罚。

(2)项目部技术负责人康某负责施工方案的审查及施工验收工作，没有严格按照有关标准、规范、规程认真审查施工方案，对施工方案存在的设计缺陷未能及时纠正，且未认真对浇筑模板支撑系统进行验收，对本起事故负有主要责任。建议河北华信建筑工程有限公司依照有关规定给予其记过处分，并依照企业有关奖惩办法给予经济处罚

(3)专职安全员秦某没有认真履行其现场安全监管职责，且编制的施工方案不符合强制性标准要求，存在严重缺陷，对本起事故负有重要责任。建议河北华信建筑工程有限公司依照有关规定给予其警告处分，并依照企业有关奖惩办法给予经济处罚。

(4)项目部副经理刘某分管工地安全生产管理工作，对现场安全生产监管不力，对本起事故负有领导责任，建议河北华信建筑工程有限公司依照有关规定给予其警告处分，并依照企业有关奖惩办法给予经济处罚。

(5)项目部经理黄某是该项目安全生产工作第一责任人，没有认真履行安全生产监管职责，对本起事故负有领导责任，建议河北华信建筑工程有限公司依照有关规定给予其警告处分，并向市安监局和河北华信建筑工程有限公司写出书面检查。

(6)廊坊市工程建设监理公司承担张家口市卷烟厂“十五”技术改造项目一期工程项目监理工作，未认真审查施工单位的施工方案，现场安全生产监督不到位，对本起事故负有监理不力责任，廊坊市工程建设监理公司对直接责任人依照有关规定给予行政处罚。廊坊市工程建设监理公司要认真吸取事故教训，加强对工程项目安全监管，落实安全生产责任制，并向张家口市安监局和建设局写出书面检查。

六、防止类似事故应采取的措施及建议

(1)河北华信建筑工程有限公司张家口市卷烟厂工程项目部要认真吸取本起事故教训，举一反三，在全工地开展一次彻底的安全大检查，消除事故隐患，杜绝类似事故和其他事故的再次发生，确保安全生产。

(2)河北华信建筑工程有限公司要建立施工方案编制审批制度，严格按照规定程序编制施工方案，经公司技术部门及监理公司审查批准后，方可交付实施。

(3)进一步严格安全生产责任制，认真执行安全生产规章制度和安全生产操作规程，加强监管力量，确保各项安全措施真正落实到位。

(4)强化从业人员的安全生产教育和培训，保证从业人员具备必要的安全生产知识，熟悉有关的安全生产规章制度和操作规程，掌握本岗位的安全操作技能，不得混岗作业，特种工作人员必须持证上岗。河北华信建筑工程有限公司、廊坊市工程建设监理公司要认真落实事故调查组提出的各项建议，进行认真整改，并将落实情况报张家口市安监局和建设局。

七、事故点评

企业安全生产各项规章制度贯彻执行不到位，虽然公司在企业安全生产各项规章制度上制定了各级人员安全生产岗位责任制和安全管理制度，但是没有使之深入人心，没有进行更为

细化的分解。在贯彻安全生产教育方面忽视了安全教育的效果,没有使全体职工从思想上提高对安全生产重要性的认识,没有使安全管理工作完全规范化、标准化,没有使企业员工贯彻执行安全生产方针和树立"安全第一,预防为主"的思想得到有力的提高。专项安全防护方案有时与现场实际情况不太相符,使得落实情况有时脱节,不能够很好地把国家、地方、公司的各项安全管理制度与政策和标准规范应用到施工管理工作中,落实到班组及作业人员身上,致使安全隐患不同程度的存在。

(二)基坑坍塌

案例六十三　石家庄市天然气利用工程基坑坍塌事故

一、事故主要情况

事故发生时间:2004 年 10 月 12 日

工程名称:石家庄市天然气利用工程

事故单位:石家庄市环路市政建设工程有限公司

二、事故主要经过及采取应急措施情况

2004 年 10 月 12 日下午 6 时 30 分左右,石家庄市环路市政建设工程有限公司第六项目部施工的天然气利用工程(城建界—西二环段)某处,民工霍某在刚开挖的沟槽(宽 1 m,深 2.5 m)底部清理余土时,沟槽北侧壁坍塌,将霍某埋住。现场人员 15 分钟后将其救出,霍某经 120 现场急救并送医院抢救无效死亡。事故发生后,施工单位未向市建设行政主管部门报告,属于一起瞒报事故。

三、事故原因、人员伤亡及财产损失情况

(一)直接原因

施工人员既未根据现场土质情况按要求进行放坡或进行相应的支护,又违反规定将挖出的余土堆在坑旁使坑壁土方坍塌,是造成事故的直接原因。

(二)间接原因

一是施工单位各级责任制未落实,检查、管理不到位,违章指挥,违章操作,工人安全意识淡薄,自我保护能力差;二是监理单位未尽到监理责任,对现场存在的安全事故隐患未及时督促整改并向主管部门汇报。

(三)人员伤亡及财产损失情况

死亡 1 人;经济损失 20 万元,其中直接经济损失 11.52 万元。

四、事故性质和责任

这是一起由于施工人员违反规定将挖出的余土堆在坑旁使坑壁土方坍塌而造成的责任事故。

五、有关事故责任者追究行政、法律责任情况

(1)责成石家庄市环路市政建设工程有限公司对事故的相关责任人进行严肃处理,并将处理结果报市建设局。

(2)责令石家庄市环路市政建设工程有限公司所有在建工程进行安全生产整顿。

(3)将石家庄市环路市政建设工程有限公司发生事故的行为作为不良记录记入其信用档案,并在石家庄建设信息网上公示。

六、防止类似事故应采取的措施及建议

始终把安全生产作为一项长期艰巨的任务，吸取事故教训，严格按照建设局石建〔2005〕17号文《关于印发〈建设工程施工安全大检查工作实施方案〉的通知》的要求，加大自查力度，开展多发性事故专项治理。尤其是对基坑、基槽、线路管遭开挖等土方开挖工程，要加强安全防护措施，严格按照规范要求和施工方案进行施工，防止土方坍塌事故发生。加强企业内部安全责任制度的落实，及时发现各种安全事故隐患，并制定有针对性和可操作的措施进行整改，减少类似生产安全事故的发生。

七、事故点评

这起事故是由于施工队伍违反规定，在开挖沟槽时未进行相应的放坡与支护造成的。施工单位安全管理不到位，违章指挥，违章操作，监管单位对事故隐患未及时督促整改，这些薄弱环节的存在，必然导致事故的发生。

案例六十四　石家庄市天然气利用工程基坑坍塌事故

一、事故主要情况

事故发生时间:2005 年 3 月 22 日

工程名称:石家庄市天然气利用工程

事故单位:石家庄市环路市政建设工程有限公司

二、事故主要经过及采取应急措施情况

2005 年 3 月 22 日，石家庄市环路市政建设工程有限公司施工的天然气利用工程长兴街(西外环—石获北路)次高压天然气管直顶工程发生顶管坑土方坍塌四级安全事故。当日上午10 时 12 分，刘某等 4 名工人开挖天然气次高压直顶工作坑(长 15 m，宽 1 m，深 2.8 m)时，坑侧壁突然坍塌，将刘某、李某等 3 人埋住，其中 1 人被埋较浅，当即获救。刘某、辛某 2 人被埋较深，经现场人员、消防特勘官兵及周围群众的奋力抢救，约 30 分钟后陆续将 2 人救出，经120 现场急救并送往医院抢救无效死亡。

三、事故原因、人员伤亡及财产损失情况

(一)直接原因

施工人员既未根据现场土质情况按要求进行放坡或进行相应的支护，又违反规定将挖出的余土堆在坑旁，是造成事故的直接原因。

(二)间接原因

一是施工单位各级责任制不落实，检查、管理不到位，违章指挥，违章操作，工人安全意识淡薄，自我保护能力差；二是监理单位未尽到监理责任，对现场存在的安全事故隐患未及时督促整改并向主管部门汇报。

(三)人员伤亡及财产损失情况

死亡 2 人，轻伤 1 人；经济损失 40 万元。

四、事故性质和责任

这是一起由于施工人员既未根据现场土质情况按要求进行放坡或进行相应的支护，又违反规定将挖出的余土堆在坑旁而造成的责任事故。

五、有关事故责任者追究行政、法律责任情况

(1)给予石家庄市环路市政建设工程有限公司及法定代表人杨某，项目经理毕某、张某全市通报批评的处罚，并责令以上人员写出深刻检查，报市建设局。

(2)责令石家庄市环路市政建设工程有限公司所有在建工程进行安全生产整顿。

(3)给予暂停石家庄市环路市政建设工程有限公司在石家庄市区内投标资格 6 个月的行政处罚。

六、防止类似事故应采取的措施及建议

(1)加大自查力度,开展多发性事故专项治理,尤其是对基坑、基槽、线路管遭开挖等土方开挖工程,要加强安全防护措施,严格按照规范要求和施工方案进行施工,防止土方坍塌事故发生。

(2)加强企业内部安全责任制度的落实,及时发现各种安全事故隐患,制定有针对性和可操作性的措施进行整改,减少类似生产安全事故的发生。

七、事故点评

同一个施工单位在不到一年的时间里,连续发生两起同样部位同样性质的事故,说明施工单位负责人对安全生产的漠视,该单位安全制度的不健全及管理的混乱使本不应再次发生的事故重演。

案例六十五　保定市污水处理厂二期厂外管网土建工程基坑坍塌事故

一、事故主要情况

事故发生时间:2005 年 8 月 26 日

工程名称:保定市污水处理厂二期厂外管网土建工程

事故单位:中国建筑第七工程局

二、事故主要经过及采取措施情况

2005 年 8 月 26 日,中国建筑第七工程局承建的保定市污水处理厂二期厂外管网土建工程,该工程项目部 3 名施工人员开始对刚挖好的顶管工作坑进行坑底清挖工作。晚 10 时 30 分左右,顶管坑南坡土层突然坍塌,将土方班组正在作业的壮工任某埋于坑底,项目管理人员立即将伤员送往保定市急救中心抢救,任某经抢救无效死亡。

三、事故原因、人员伤亡及财产损失情况

(一)直接原因

本起事故发生的直接原因是由于工作坑外南边水管渗漏,同时开挖出土方的堆放位置距离坑边较近,造成顶管坑南坡的土层荷载过大,进而造成边坡坍塌,导致了此次事故的发生。

(二)间接原因

(1)总承包单位中建七局安全生产责任制落实不到位,对施工现场安全监督检查不力。各级管理人员对安全生产的重要性认识不够,对国家有关安全生产的方针、政策和法规贯彻不力,对安全工作管理不严,抓得不细。施工现场安全管理抓得不扎实,致使安全隐患存在于施工之中。

(2)现场的安全生产各项规章制度贯彻执行不到位,安全管理工作不深入。在企业安全生产各项规章制度上,责任意识和安全法制观念没有深入人心,没有使全体职工从思想上提高对安全生产重要性的认识,致使安全制度形同虚设。

(3)对现场职工安全教育薄弱,对职工安全教育不够,没能按有关规定落实好,致使职工安全意识淡薄,导致事故发生。

(三)人员伤亡及财产损失情况

死亡 1 人。

四、事故性质和责任

这是一起由于安全管理薄弱，安全教育培训不足所造成的安全生产责任事故。

五、有关事故责任者追究行政、法律责任情况

(1)专业分包单位保定市政维护管理处违反施工现场安全操作规程，未认真按照专项施工方案实施，对该事故负主要责任，责令其撤离现场并承担一切安全责任和经济损失。

(2)施工现场管理人员，项目经理张某对安全生产制度、规定落实不具体，对施工现场防护、检查不到位，对该事故应负主要责任，决定撤销其项目经理职务，并处以张某 2 000 元罚款。

(3)现场主管安全生产副经理杨某，对施工现场安全监督检查不到位，对本次事故负主要责任，决定给予其行政警告一次，并处罚款 2 000 元。

(4)施工现场管理人员，技术负责人韩某，对施工现场安全检查、监督力度不够，未能及时发现事故隐患，对这次事故负有一定责任，决定对其处以罚款 2 000 元。

(5)现场安全员付某，未认真履行职责，对本次事故应负重要责任，给予其行政警告一次，并处罚款 1 000 元。

(6)土方班组长王某，未严格按施工方案及有关安全技术规范执行，对本次事故应负直接责任，予以辞退。

六、防止类似事故应采取的措施及建议

(一)组织措施

(1)召开全市市政工程大会，通报事故情况，公布对责任者的处理意见，对全市市政工程下一步安全生产工作提出具体明确的要求。

(2)认真吸取事故教训，举一反三，按国家行业管理的各项法律法规的要求，强化行业管理。采取有力措施，加强技术管理工作，针对薄弱环节和存在的问题，完善各项规章制度和责任制。

(3)加强对施工企业的管理力度，规范企业的施工现场管理、技术管理、用工管理；新工人入场，必须进行严格的三级安全教育，特别应加强对施工现场危险因素和紧急救援、逃生知识的安全教育。

(4)加强对监理单位的管理工作，监理人员必须持证上岗；监理公司应充实安全技术专业监理人员，对施工过程中的每个环节，特别是对技术性强、工艺复杂、危险性较大的项目一定要监理到位。

(二)技术措施

(1)对专业性较强的分部分项工程，必须编制专项施工方案，在施工中遵照执行。

(2)专项施工方案必须具有按规范规定的计算方法的设计计算书，具有符合实际的、有可操作性的构造图及保证安全的措施。

(3)对特殊、复杂、技术含量高的工程，技术部门要严格审查、把关；健全检查、验收制度，提高防范事故的能力。

(4)严格履行现场施工技术管理程序，认真执行签字验收责任制度。

(5)在购买和使用工程用材料、设备时，必须有产品合格证、检测报告书、生产许可证等，签订购置、租赁合同时要明确产品质量责任，必要时委托有资质的单位进行检验。

(6)加大安全经费投入，把安全工作贯彻落实到今后工作的始终。对人的不安全行为、物的不安全状态、作业环境的不安全因素和管理缺陷进行全方位的安全监控。

七、事故点评

希望各施工、监理单位要吸取这次事故的教训，认真组织学习安全生产法规和标准，在安

全工作上抓早、抓紧、抓细，加大对施工现场的检查力度，加大安全经费投入，把安全工作贯彻落实到今后工作的始终，对人的不安全行为、物的不安全状态、作业环境的不安全因素和管理缺陷进行全方位的安全监控，杜绝安全事故的发生，不让血的事故再次发生。

案例六十六　石家庄市体育北大街工程基坑坍塌事故

一、事故主要情况

事故发生的时间：2005 年 10 月 19 日

工程名称：石家庄市体育北大街道路工程

事故单位：中铁二十局集团西北工程公司

二、事故主要经过及采取措施情况

2005 年 10 月 19 日，由中铁二十局集团西北工程公司承建的石家庄市体育北大街工程，挖孔二队在体育北大街进行挖孔作业时，发生了一起塌孔事故，导致 1 人死亡。当日下午 3 时 30 分，吴某与其搭档张某，分别处于桩孔上下，准备在 P40-6 桩孔支模浇筑桩孔混凝土护壁作业时，该孔砂层出现塌孔，将张某埋住。事故发生后，经过多方长达 18 个多小时全力营救，张某被挖出时，已因窒息时间过久而死亡。

三、事故原因、人员伤亡及财产损失情况

（一）直接原因

（1）施工严重违章，进度过快。严重违反项目部编制的《人工挖孔桩施工组织设计》及明确提出的针对性防护措施；片面追求挖掘速度和经济效益；依据施工组织设计和施工技术交底要求，进入砂层施工作业每天进尺只限或允许在 50 cm 以内，而实际了解到的情况和孔内模板实物等证实，该班组 10 月 18 日下午 4 时左右浇筑一模，当日上午 10 时又浇筑一模，下午准备浇筑第三模时发生塌孔事故。

（2）由于施工区域毗邻石德铁路，紧靠体育北大街的石德铁路地道桥公路，来往车辆较多，尤其是重 30 t 以上的大吨位货车较多，且速度快，对桩孔混凝土护壁造成较大扰动，直接影响孔壁土体稳定及护壁混凝土凝结强度。

（二）间接原因

现场安全管理存在不到位，虽然具备经论证的施工组织设计、安全保护措施及技术交底，但缺少保证上述施工意图落实在施工现场的具体措施，以及落实于每位施工作业人员的具体办法，对施工作业队的安全管理存留死角；对违章作业在管理上缺乏力度，为事故发生留下隐患。

（三）人员伤亡及财产损失情况

死亡 1 人；经济损失约 72 万元。

四、事故性质和责任

事故性质：这起事故是一起严重的安全责任事故，由于项目经理部、施工作业队安全管理存在漏洞，现场安全监管存在死角，安全控制措施和手段不到位，查处违章存在缺陷，导致事故发生。

主要责任：一是施工作业者吴某擅自违反操作程序是引发事故的直接责任；二是项目经理部、施工作业队安全管理手段不硬，对违章作业制止不力，应负管理不到位的责任。

五、有关事故责任者追究行政、法律责任情况

（1）对项目经理刘某罚款 3 000 元；常务副经理兼总工乔某、安质部长李某各罚款 2 000

元;现场调度许某罚款 1 000 元。

(2)挖孔二队现场安全管理不到位,对其处以经济罚款 10 000 元。

六、防止类似事故应采取的措施及建议

(1)本次事故是由于施工现场管理薄弱和工人操作不当造成的。职工应切实学习《安全生产法》和《建设工程安全生产管理条例》等法规,提高安全生产意识和自我防护能力。

(2)补充完善安全管理规章制度,并坚决贯彻落实到施工生产的全过程。

(3)对全体管理人员,尤其是施工队从业人员进行安全生产法律、法规和安全管理规章制度的教育培训,使他们明确各自的安全职责。

(4)挖孔桩作业人员需进行专业培训和教育后才能上岗。工人施工操作前进行安全技术交底,对其讲清危险源及安全注意事项。同时,在作业过程中,安全管理人员要进行现场监督检查,一旦发现不安全行为,要立即坚决制止和纠正。

(5)混凝土采取集中机械拌合以保证桩孔护壁混凝土质量。每个作业桩孔配备安全绳、安全带、孔盖及通风设备,并对在用吊装机具、绳索等进行全面仔细检查,保证其使用性能良好。

(6)为加大现场安全监督管理力度,项目部增设国家安全工程师 1 名和专职安全员 3 名,每个队配备 2～3 名专职安全员,加大现场巡查及安全管理力度。

(7)对临时用电线路进行大检查,排查事故隐患,定期适时检查漏电保护装置,确保其性能良好,达到符合安全用电规范要求。

(8)按照"预防为主,常备不懈"的方针,针对可能发生的事故完善相应的事故应急、救援预案,落实事故应急救援抢险队伍、设备机具和物资器材等。

七、事故点评

这起事故是由于违章作业,安全管理松懈,安全教育不足,作业人员缺乏安全意识所造成的。这起惨痛事故启示各施工单位,加强施工一线人员的安全教育,普及安全知识是我们当前的重要工作。

案例六十七　承德县乾隆宾馆餐饮楼工程基坑坍塌事故

一、事故主要情况

事故发生时间:2005 年 11 月 15 日

工程名称:承德县政府招待所院内乾隆宾馆餐饮楼工程

事故单位:承德县兴承建筑有限公司

二、事故主要经过及采取应急措施情况

2005 年 11 月 15 日,承德县兴承建筑有限公司承建的承德县政府招待所院内乾隆宾馆餐饮楼工程,施工组长安排朱某、常某等 9 人对 B 轴/9-11 轴段进行清理槽基工作,该段墙体距塔机外侧基础 1.5 m,施工单位考虑槽边距塔机基础太近,为保证塔机安全而对该段槽边没有放坡。上午挖深 1.5 m 处时,现场技术员、安全员发现了一条距地面 1.5 m 深、高度约 0.8 m 的污水沟后,组织人员对槽壁进行了两排支护。下午 5 时 40 分,挖槽清底工作即将完成时,支护处土壁突然下滑,作业面中的工人常某、朱某被埋入土中,王某、张某下身埋入土中。工地有关人员立即组织工人进行抢救,并报县医院急救中心及县建设局。2 分钟后张某被救出,只受轻伤,并参加了抢救工作。王某上身在土以上,对其进行抢救挖掘时,发现朱某躺在王某的怀中,随即将朱某、王某救出送往县医院急救。约下午 6 时 05 分,常某被救出后送往县医院。朱某、常某经抢救无效死亡,王某骨盆小骨骨折,张某经检查未受伤。

三、事故原因人员伤亡及财产损失情况

(一)直接原因

(1)基坑未按规范要求放坡。

(2)对基槽的土质情况掌握不准,污水沟下方的原状土体已受过污水的侵蚀,稳定性较差,两排支护钢管失稳,支护体系失效,支护方案不合理。

(二)间接原因

(1)施工单位在施工组织设计中,未对基坑支护编制专项方案和附验算结果,该部分支护方案只有技术员绘制的草图,未经施工单位技术负责人和总监理工程师签字后实施,施工前未对有关安全施工的技术要求做出详细的说明。

(2)施工人员安全意识淡薄、思想麻痹,对地质情况复杂的基坑施工现场没有认真检查和制定相应的施工组织措施,对基坑支护的设计和审查不到位。监理单位未对该专项施工方案进行审查。

(三)人员伤亡及财产损失情况

死亡 2 人,伤 1 人;经济损失 40 万元。

四、事故性质和责任

这是一起由于安全技术措施不到位,监理单位未认真履行其监理职责所造成的重大安全生产责任事故。

五、有关事故责任者追究行政、法律责任情况

(1)承德县乾隆宾馆餐饮楼工程立即停工整改。

(2)给予承德县兴承建筑有限公司在全县通报批评并处罚款 5 万元。

(3)给予承德县兴承建筑有限公司发生事故的项目部停止工程投标资格 2 年(自发文之日起执行)的处罚。

(4)承德县兴承建筑有限公司所有项目部在建工程要全部停工整顿。

(5)对承德县工程建设监理公司进行全县通报批评,责令公司立即进行整改,整改达不到要求将按有关规定另行处罚。

(6)承德县兴承建筑有限公司和承德县工程建设监理公司及有关责任人,要写出书面检查,对有关责任人进行处理,并将处理结果报建设局备案。

(7)局建设工程安全监督站和相关责任人在认真分析事故发生原因的基础上,要写出文字检查并向局汇报。

六、防止类似事故应采取的措施及建议

(1)各施工企业要将此通报传达到每个员工,进行一次全员教育。深入持久的开展预防坍塌(模板支撑系统坍塌、围墙坍塌、基坑和管沟土方坍塌、塔吊坍塌)、高处坠落和触电等多发性事故的专项治理工作。

(2)各施工企业要由主管领导牵头,对企业的安全生产进行一次拉网式检查,特别对易造成模板支撑系统坍塌、围墙坍塌、基坑和管沟土方坍塌、塔吊坍塌等部位和环节作为检查重点,对存在的安全隐患立即采取措施整改。

(3)对于基坑工程,施工企业要严格按照规范要求施工,编制专项施工方案,并经施工单位总工程师、总监理工程师审核并签字后实施。

(4)企业要进一步建立健全安全管理制度,完善各种操作规程,加大对作业人员的安全教育培训力度。认真落实企业内部各级安全检查制度,充分发挥安全生产保证体系的作用,及时

发现事故隐患，将事故消灭在萌芽状态。

(5)对特种作业的架子工、电工、塔吊司机和龙门架司机等工种，严格检查持证上岗情况，杜绝无证上岗情况。

七、事故点评

这起事故是由于企业安全技术措施水平低下造成的。这起事故给我们的启示是要加强企业安全技术管理措施，提高建筑施工企业、监理企业技术人员的业务水平，严格执行安全技术方案的审批程序。

案例六十八　石家庄市棉二生活区改造工程C座住宅楼工程基坑坍塌事故

一、事故主要情况

事故发生时间：2005 年 12 月 06 日

工程名称：石家庄市棉二生活区改造工程 C 座住宅楼工程

事故单位：河北中地志诚土木工程有限公司

二、事故主要经过及采取措施情况

2005 年 12 月 6 日上午 9 时 50 分至当日上午 10 时 30 分，河北中地志诚土木工程有限公司承建的棉二生活区改造工程 C 座住宅楼基坑西坡中部。作业工人李某等 4 名工人在 8 m 深的基坑底部拟支护已开挖完毕的高度达 5 m 的第二步侧壁(第一步 3 m 高的护坡已护理)时，坑底上部 2 m 处发生小规模坍塌。当时塌方埋住了李某等 2 人的腿部，2 名工友随即上前救援，此时距基底 3 m 处已基本塌空，随后上部悬空的近 5 m 高的侧壁第二次坍塌，将李某等 4 人掩埋。后经紧急挖救，40 分钟后将李某挖出，抢救无效死亡；其余 3 人均为局部软组织挫伤，未见不良反应。事故发生后，项目部按公司制定的安全生产应急预案立即组织了现场所有管理及生产人员进行抢救，并拨打“120”、“110”，同时通知了公司领导。由生产经理、工长清查现场坍塌部位作业人员数，其余人员对被埋工人进行清土和清杂物，后在武警消防官兵到场支援下，很快救出 3 名被埋人员并立即送往石家庄市三院，事故发生后约 40 分钟，最后一名被埋人员被挖出并立即送往石家庄市三院进行抢救。

三、事故原因、人员伤亡及财产损失情况

(一)直接原因

(1)施工现场违反《建筑基坑支护技术规程》的规定。施工进度过快，违章施工。基础开挖深度达 5 m 时未按规定进行支护，是发生事故的直接原因。

(2)塌方处有几处为防空洞断面，有回填扰动土层，局部较湿，土质不良。

(3)未按规定进行放坡施工，现场放坡坡率应为 1∶0.2，而实际是按 1∶0.1 放坡比实施的，坡度较陡。

(4)现场各分项分包单位协调配合性差，重生产，轻安全，安全技术措施针对性差，各级责任制未落实，检查、整改不到位。

(二)间接原因

(1)作业人员思想麻痹，安全意识淡薄，自我防护能力差，侥幸施工、冒险作业。

(2)监理单位监理不到位，对施工现场存在的事故隐患未能及时发现和整改。

(三)人员伤亡及财产损失情况

死亡 1 人；经济损失约 12 万元。

四、事故性质和责任

这是一起由于作业人员思想麻痹、安全意识淡薄、自我防护能力差所造成的安全生产责任事故。

五、有关事故责任者追究行政、法律责任情况

(1)公司总经理邓某,对公司安全生产负全面领导责任,对公司主管部门的工作监察不利,未完全尽到监管职责,经研究决定给予公司总经理邓某公司内部通报批评。

(2)公司生产经理汤某,对施工人员安全教育不够,管理、监察不到位,没有认真核查生产现场的安全系数,没有真正把危险因素和事故消灭在萌芽之中。经研究决定,给予公司生产经理汤某严重警告处分,并处以 3 000 元罚款。

(3)公司安全处处长胡某,负责整个安全管理体系的过程控制与运行的效果控制,对发生事故的工地安全监督检查不完全到位。经研究决定给予公司安全生产处处长胡某警告处分,并处以 2 000 元罚款。

(4)棉二项目部经理荣某,本应领导并组织所辖施工人员做好有针对性的安全教育工作,但其在组织施工中,监督、检查、教育力度不够,没有及时发现事故隐患,对此次事故负有管理责任。经研究决定,给予该项目部项目经理荣某警告处分,并处以 1 000 元罚款。

(5)棉二项目部安全员孙某,对工作没有尽职尽责,没有做好本职工作,对施工人员安全教育不够,管理、监察不到位。经研究决定,给予孙某公司内部通报批评,并处以500元罚款。

(6)施工队队长陈某,对工人安全教育不到位,对工作环境所存在的安全隐患认识不足,盲目施工,致使事故发生,给予施工队队长陈某 3 万元的经济处罚。

六、防止类似事故应采取的措施及建议

(1)对超挖的部位及时回填至基坑支护规定标高,并派专人随时监护边坡状况,清理边坡上堆放的材料,防止事故再次发生。

(2)按 1∶0.1 放坡比放坡,重新计算增加锚杆等支护措施,重新出设计图,经会审后施工。

(3)对公司所有施工人员进行安全再教育,提高施工人员安全意识。组织施工人员进行安全再培训,使每个施工人员深刻了解以下五方面安全知识,并落实到每一个人的具体行动中:①施工安全防护、作业区内安全警示设置、个人的防护措施、施工用电常识、在建工程的交通安全、大型机械的安全使用;②对危险源的突显特性辨识;③事故报警及抢险处理;④紧急情况下人员的安全疏散;⑤现场抢救的基本知识。

(4)请甲方配合提供基坑周围荷载分布图,根据荷载分布图对基坑安全薄弱部位进行加固处理。

(5)进一步加强与甲方、监理及其他施工单位沟通,在无法提供安全的工作条件时,严禁进行施工。

(6)对工地整体进行安全大检查,对可能存在安全隐患的部位进行重点检查,及时消除隐患。

七、事故点评

组织施工中,应该按照土方开挖与边坡支护分层分段同步实施的要求进行。发生此事故的根本原因,主要是在基坑土方直壁开挖无任何边坡支护措施的情况下,指挥工人到边坡下危险区域施工,属于严重违章指挥,安全管理和监理严重不到位。

案例六十九　定州市污水处理厂工程基坑坍塌事故

一、事故主要情况

事故发生时间:2006 年 4 月 25 日

工程名称:定州市污水处理厂工程

事故单位:中星路桥工程有限公司

二、事故主要经过及采取应急措施情况

2006 年 4 月 25 日下午 4 时 20 分左右,由中星路桥工程有限公司承建的定州市污水处理厂配套管网——兴华路排水、道路修复工程施工现场,因基坑坍塌,发生了一起造成 1 人死亡,2 人重伤的重大安全事故。

三、事故原因、人员伤亡及财产损失情况

(一)直接原因

由于坍塌地段有一条国防电缆穿越基坑,电缆保护管已长期断裂,内存有积水渗入土壁,致使土壤松软;另外该处基坑南侧地面 2 m 以下有一道隐蔽的旧房基,该房基外侧的沟壁与房基发生剥离,是造成突然坍塌的直接原因。

(二)间接原因

施工单位未严格按《建筑基坑支护技术规程》有关规定施工,未严格按有关要求进行支护。施工人员对土壁情况掌握不准,作业人员思想麻痹,安全意识淡薄,自我防护能力差。

(三)人员伤亡及财产损失情况

死亡 1 人,重伤 2 人;经济损失 40 万元。

四、事故性质和责任

(1)施工企业法人没有健全本企业的安全生产制度,落实不到位,是事故的主要责任人。

(2)项目经理安全管理不到位,未按《建筑基坑支护技术规程》要求施工,是事故发生的直接责任人。

(3)施工现场技术负责人、企业技术总工对施工现场基坑土壁情况掌握不清楚,未按《建筑基坑支护技术规程》施工,也是事故发生的直接责任人。

(4)施工企业安全科长、现场安全员对本企业的规章制度没有认真的执行,没有按时进行安全检查,及时消除隐患,是事故的重要责任人。

(5)施工作业人员缺乏安全知识,作业人员安全意识不强,自我防护能力低,冒险进入危险施工作业现场,也是事故的原因之一。

(6)定州市建筑工程施工安全监督站,对施工现场监督管理不到位,没有及时采取强有力的手段对施工现场进行监督管理,负有监管不到位的责任。

五、有关事故责任者追究行政、法律责任情况

(1)对施工企业按照《中华人民共和国安全生产法》第 80 条、第 81 条,《建设工程安全生产管理条例》第 64 条,《河北省建设工程安全生产监督管理规定》第 39 条,《河北省安全生产条例》第 52 条的有关规定,处以罚款 3 万元。

(2)暂扣施工企业安全生产许可证书,降低项目经理资质等级。

(3)根据《建设工程安全生产管理条例》第 53 条、《河北省建筑条例》第 67 条,对中星路桥工程有限公司进行全市通报批评。

六、防止类似事故应采取的措施及建议

(1)建设局对此次事故高度重视,要求调查组认真、细致、详尽地进行事故调查,并将及时追究事故有关责任人的责任。

(2)建设局对事故及时进行了全市通报,召开全市施工企业和有关单位主管安全负责人参加的安全生产紧急会议,安排布置了开展全市建筑安全生产专项检查工作。要求各有关单位,

以此次事故为戒，举一反三，切实从思想上、组织上、认识上、行动上和具体措施上加以落实，确保安全生产，杜绝类似事故的再次发生。

(3)定州市建筑工程施工安全监督站按照建设局工作安排部署，加强对全市所有建筑工地的检查工作，开展了拉网式安全生产大检查，排查隐患，不留死角，强化监管，确保安全生产，杜绝各类安全事故的发生。

七、事故点评

此次事故的发生，充分暴露出个别施工企业对安全生产工作责任意识淡薄，领导不重视，职责不分，制度不落实，存在侥幸心理的情况施工单位未严格按《建筑基坑支护技术规程》有关规定施工，未严格按有关要求进行支护。施工人员对土壁情况掌握不准，作业人员思想麻痹，安全意识淡薄，自我防护能力差。

(三)塔吊倒塌

案例七十　秦皇岛市建新里小区 8 号楼工程塔吊倒塌事故

一、事故主要情况

事故发生时间：2005 年 4 月 7 日

工程名称：秦皇岛市建新里小区 8 号楼工程

事故单位：秦皇岛市承建建筑工程有限公司

二、事故主要经过及采取应急措施情况

2005 年 4 月 7 日 6 时左右，秦皇岛市承建建筑工程有限公司承建的秦皇岛市建新里小区 8 号楼工程，钢筋工刘某指挥塔吊司机周某倒运钢筋。当吊第二勾时，由于超重，塔吊没有起吊，卸去一部分钢筋后，塔吊开始起吊运行。钢筋吊至 3～4 m 高时，向北回转，同时变幅小车向大臂远端运行。当运至卸钢筋位置时司机打返向停车，塔吊开始倾倒，司机周某立即跑出驾驶室，迅速离开塔吊，未受任何伤害，塔吊向西侧倒塌，塔身扭曲，吊臂和平衡臂落在楼面上。

三、事故原因分析、人员伤亡及财产损失情况

(一)直接原因

(1)力矩限制器失灵：变幅小车向起重臂最大幅度方向移动时，吊物已超重，但力矩限制器没有报警，同时未能切断向前移动的变幅小车的电机电源，导致塔吊因严重超载而开始向前倾斜。

(2)吊重超载：该塔吊起重臂最大幅度为 38 m，最大额定起重量为 830 kg，该位置实际吊钢筋 1 480 kg，超额定载荷 650 kg。

(3)违章操作：塔吊司机周某在吊运货物时，将起重臂由西南向西北方向回转时打返向停车，属违章操作，致使塔身扭矩增加。塔吊套架导向轮首先将标准节西南角主支压弯变形，造成塔身失稳，向北倾斜倒塌。

(二)间接原因

(1)指挥工刘某，司索工王某、李某没有进行岗前培训，无证上岗。

(2)承建公司对设备检查不到位，没有及时发现力矩器失效。

(3)监理单位冶金设计院监理公司虽有安全管理制度但未能严格要求，对无证上岗的指挥工、司索工没有进行制止，监理责任不到位。

(三)人员伤亡及财产损失情况

经济损失 36.6 万元。

四、事故的性质和责任

这是一起由于安全投入不足,安全管理不到位,职工安全教育未落实,人员安全意识淡薄而造成的较大经济损失的起重机械设备事故。

五、有关事故责任者追究行政、法律责任情况

(1)秦皇岛市承建建筑工程有限公司建新里小区项目经理是该项目安全生产第一责任人,对事故负有领导责任,给予其停止 1 年招投标资格的行政处罚。

(2)秦皇岛市承建建筑工程有限公司建新里小区项目部塔吊司机对事故负有直接责任,省建设厅给予张某吊销起重机械司机操作证的处罚,并责成秦皇岛市承建建筑工程有限公司按公司制度给予罚款处理。

(3)秦皇岛市承建建筑工程有限公司安全管理不到位,责成其作出书面检查。因其违反了《特种设备安全监察条例》第 39 条,根据《特种设备安全监察条例》第 77 条,给予秦皇岛市承建建筑工程有限公司罚款 1 万元的行政处罚,并在全市建设系统进行通报,记入不良记录档案。责成该公司按照公司内部规章制度对这起事故的有关责任人进行处分,并给予经济处罚。

(4)建新里小区项目监理单位秦皇岛市冶金设计研究院工程监理公司对作业人员无证上岗、违章操作的行为监理不到位,负有一定的责任。对该公司在全市进行通报批评,记入监理单位不良记录档案,并责成该公司写出书面检查。根据《建设工程安全生产管理条例》第 58 条,省建设厅给予建新里小区项目总监周某停止执业资格 6 个月的处罚。

六、预防类似事故应采取的措施及建议

秦皇岛市承建建筑工程有限公司一要立即组织迅速排险(即拆除发生事故的塔吊),制定拆除方案,承建公司安全处、设备处、冶金设计院监理公司要对拆除过程现场监督,保证拆运发生事故的塔吊顺利进行(此项工作已经完成);二要按照有关规定对塔吊操作人员,尤其是指挥、司索人员进行培训和岗前教育,取得上岗证后方可上岗,杜绝违章操作和无证上岗现象的发生;三要对所有施工工地和在用的建筑起重机械设备进行全面检查。

七、事故点评

这起事故是由于企业安全管理不到位,作业人员安全培训教育不足,作业人员缺乏安全意识造成的。这起惨痛事故给我们的启示是一定要加强职工的安全教育,普及职工安全常识,而且教育要重点向一线作业人员倾斜。

(四)临时设施

案例七十一　承德市民族职业技术学院家属楼工程坍塌事故

一、事故主要情况

事故发生时间:2004 年 9 月 7 日

工程名称:承德市民族职业技术学院家属楼工程

事故单位:承德市华宇建筑安装工程有限公司

二、事故主要经过及采取的措施情况

2004 年 9 月 7 日下午 6 时 40 分,由承德市华宇建筑安装工程有限责任公司施工的承德

市民族职业技术学院家属楼1号楼工地在拆除施工临建房(砖砌)时,瓦工对临建房东侧墙体(高2.5 m,长5 m,宽0.24 m)底部进行掏空时,山墙整体倒塌,将于某砸于墙下。

事故发生后,现场人员立即组织抢救并拨打120和110报警。经120现场抢救无效,于某于晚7时左右死亡。

三、事故原因人员伤亡及财产损失情况

(一)直接原因

施工作业人员安全意识极为淡薄,在作业过程中严重违反安全操作规程对山墙底部进行掏空,导致山墙整体倒塌。现场安全管理制度不健全,拆除作业无拆除方案和安全技术交底。

(二)间接原因

施工现场负责人和安全员监督管理及检查不力,安全生产管理体系存在漏洞,特别是安全员在发现于某违章作业的情况下未采取果断措施予以制止。

(三)人员伤亡及财产损失情况

死亡1人;直接经济损失20万元。

四、事故性质和责任

这是一起由于施工作业人员严重违反安全操作规程违章作业,施工项目部安全管理体系存在严重漏洞,安全生产责任制未落实而导致的生产安全事故。

五、有关事故责任者的追究及行政、法律责任情况

(1)对承德华宇建筑安装工程有限责任公司进行全市通报批评,责令其所承揽的全部工程停工3天,进行全面的安全检查。

(2)事故项目部项目经理自通报之日起1年内在承德市范围内不得承揽任何工程。

(3)对承德华宇建筑安装工程有限责任公司处3万元罚款,并责令华宇公司对此次事故相关责任人给予相应的经济处罚。

六、防止类似事故的建议

(1)“安全第一,预防为主”的安全管理方针必须牢固并贯穿于整个施工活动的始终,务必克服各种侥幸心理,谨防“小工程”造成“大事故”。

(2)施工作业前必须严格落实安全技术交底,坚决杜绝违章指挥和违章作业现象的发生。

(3)拆除工程必须按规定认真编制拆除方案,制定各项安全防护措施并确保落实。

(4)施工现场安全员必须要发挥“安全员”的作用,加强对施工现场的巡回检查,发现违章指挥和违章作业的现象必须坚决予以制止。

(5)要进一步强化监理单位的安全监理职责,对于危险性较大工程的专项施工方案必须报监理审核并出具审核意见。

(6)施工企业要制定和完善应急救援预案,在施工现场配备必要的应急救援器材,并定期组织演练,从而提高事故预防和应急抢险处理能力。

七、事故点评

这起事故是由于企业安全管理不到位,安全操作规程未落实及作业人员安全意识极为淡薄、严重违章作业造成的。这起事故给我们的启示是要完善和加强施工企业的安全生产管理体系,强化一线作业人员的安全生产意识,普及必要的基本安全常识,这是当前一项重要工作。

第四节　物体打击事故案例

(一)塔　　吊

案例七十二　石家庄市远东小区10号综合楼工程物体打击事故

一、事故主要情况

事故发生时间:2004年2月20日

工程名称:石家庄市远东小区10号综合楼工程

事故单位:河北省第七建筑工程有限公司

二、事故主要经过及采取措施情况

2004年2月20日下午1时10分,河北省第七建筑工程有限公司承建的石家庄市远东小区10号综合楼,该施工现场的木工陈某、冯某捆绑钢管(直径48 mm,长2 m)并指挥QTZ80塔式起重机由14层卸料平台向18层吊运30根钢管过程中,因钢丝绳捆绑不牢,一根钢管自刚刚起吊的成捆钢管中脱落坠地(坠落高度50余米),将相邻施工现场正在砌筑围墙的某公司职工的头部击穿,致其当场死亡。

三、事故原因、人员伤亡及财产损失情况

(一)直接原因

在使用QTZ80塔式起重机过程中,严重违反《塔式起重机操作使用规程》(ZBJ 80012—89)、《建筑机械使用安全技术规程》(JGJ 33—2001)之规定,塔机司索指挥无证上岗,司机违章作业。

(二)间接原因

(1)该工程位于繁华路段,作业面窄小,相邻某施工单位砌筑围墙距事故工程仅3 m,起重吊装时起重臂及重物下方仍在交叉作业,且未采取任何防护措施,存在严重的安全隐患,这也是发生事故的一个重要原因。

(2)施工现场管理混乱,安全岗位责任制流于形式,安全技术措施不到位,违章指挥,轻安全,重进度,盲目施工。

(三)人员伤亡及财产损失情况

死亡1人。

四、事故性质和责任

这是一起由于违章指挥,违章作业所造成的安全生产责任事故。

五、有关事故责任者追究行政、法律责任情况

(1)给予河北省第七建筑工程有限公司及项目经理周某全市通报批评,并在建筑市场建立不良记录信用档案的处罚。

(2)建议发证机关对河北省第七建筑工程有限公司的《建筑业企业资质证书》、《安全资格证书》在资质年检时予以处理;对项目经理周某作《项目经理资质证书》降低一级的处罚。

(3)给予河北省第七建筑工程有限公司在石家庄市建筑市场停止招投标3个月处罚。

(4)责成河北省第七建筑工程有限公司所有在石家庄施工的工程立即开展一次安全生产大检查。对查出的问题依照“三定”、“四不放过”的原则予以整改,并将整改结果上报市建设局。

六、防止类似事故应采取的措施及建议

河北省第七建筑工程有限公司一要立即组织迅速排险（即拆除发生事故的塔吊），制定拆除方案，承建公司安全处、设备处、冶金设计院监理公司要对拆除过程现场监督，保证拆运发生事故的塔吊顺利进行（此项工作已经完成）；二要按照有关规定对塔吊操作人员，尤其是指挥、司索人员进行培训和岗前教育，取得上岗证后方可上岗，杜绝违章操作和无证上岗现象的发生；三要对所有施工工地和在用的建筑起重机械设备进行全面检查。

七、事故点评

这是一起由作业人员无证上岗，不懂操作规程，违章作业而引发的事故。加强安全教育培训，提高工人的安全意识，建立健全安全生产责任制度，是预防类似事故发生的有效手段。

案例七十三　沧州市顺城二期1号楼工程物体打击事故

一、事故主要情况

事故发生时间：2004 年 6 月 6 日

工程名称：顺城二期 1 号楼工程

事故单位：沧州市佳信建筑安装工程有限公司

二、事故主要经过及采取应急措施情况

2004 年 6 月 6 日上午 11 时 30 分，沧州市佳信建筑安装工程有限公司承建的顺城二期 1 号楼工地，塔吊司机在准备下班收钩时，违反操作规程，依靠超高限位停止钓钩提升。司机工作时注意力不集中，以致在超高限位器失灵时未能及时制止钓钩提升，造成油丝绳被拉断，钓钩坠落砸到正在下方进行支模作业的木工姜某身上，致其造成重伤，送医院经抢救无效死亡。

三、事故原因、人员伤亡及财产损失情况

（一）直接原因

安全投入不足，现场的安全防护不到位，没有经常地进行安全操作规程及规章制度的教育，是造成事故发生的主要原因。

（二）间接原因

（1）作业人员没有按照安全生产操作规程和标准进行操作，违章作业、冒险施工。

（2）施工企业安全生产责任制未落实，安全生产管理不到位。

（三）人员伤亡及财产损失情况

死亡 1 人。

四、事故性质和责任

这是一起由于安全管理不到位，安全投入不足，职工安全教育制度未落实造成的伤亡事故。

五、有关事故责任者追究行政、法律责任情况

（1）对佳信建筑安装工程有限公司进行全省通报批评。

（2）自通报之日起 3 个月内，沧州市佳信建筑安装工程有限公司不准在河北省范围内承包工程。

（3）对佳信公司主要负责人处以 3 万元罚款。

（4）责令沧州市佳信建筑安装工程有限公司对本项目和其他工程建设项目进行安全生产全面整顿，对全体员工进行认真的安全生产法律法规学习教育。

（5）吊销项目经理郑某三级项目经理资质证书。

六、防止类似事故应采取的措施及建议

(1)加大施工现场安全生产监督力度,确保各项安全生产措施真正落实到位。

(2)施工单位要加强安全生产责任制的落实,要结合实际,对特种作业人员和劳务工开展实用有效的安全生产教育培训。特种作业人员必须持证上岗。

(3)施工企业和项目部要制定相应的奖惩制度,将罚款用于奖励在安全生产工作方面作出贡献的先进集体或个人。

(4)全市实行建设施工企业向建设工程项目部派驻专职安全员制度。施工现场必须按规定配备专职安全生产管理人员,专职安全员需持证上岗并由建筑业企业直接管理,主要负责建设工程项目全过程的安全生产监督检查工作。

(5)制定事故应急救援预案,配备必要的应急救援器材,并组织演练,提高事故预防和事故应急抢险的处理能力。

(6)建设单位在编制工程概算时,必须单列职工意外伤害保险费、安全作业环境及安全施工措施费,并制定计划按工程施工进度按时拨付。

七、事故点评

本事故是由于企业安全管理不到位,安全操作规程不健全,对作业人员安全培训教育不足,以及作业人员缺乏安全意识造成的。我们在以后的工作中一定要加强教育与检查力度,并且要加大安全投入。

案例七十四　沧州市颐和商城工程物体打击事故

一、事故主要情况

事故发生时间:2004 年 6 月 10 日

工程名称:沧州市新华路颐和商城工程

事故单位:沧州市中天建设工程有限公司

二、事故主要经过

2004 年 6 月 10 日上午 11 时 35 分,沧州市中天建设工程有限公司承建的颐和商城工程,因正是麦收季节,工人大多回家收割麦子,工地基本处于停工状态。工地所使用的钢筋焊网的生产厂家,为推广使用该产品,组织了一些人员参观展示钢筋焊网。厂家一名业务人员,在没有向项目经理请示,又未得到工地负责人批准的情况下,擅自让钢筋工赵某将其中一组钢筋(约十片)挂钩,并指挥起吊,以便其进行录像。赵某不是专职司索、信号指挥的作业人员,却擅自将吊钩挂上,并指挥起吊。因他未将吊钩挂在实钢筋套内,而挂在了虚套上,当吊至 3 m 高处时,挂钩将虚套钢筋拉直,钢筋网片滑落,赵某本人被砸伤,经送医院抢救无效死亡。

三、事故原因及财产损失情况

(一)直接原因

钢筋网生产厂家未经工地负责人批准擅自指挥起吊是造成事故的直接原因。钢筋工赵某不是专职司索、信号指挥的作业人员,安全意识淡薄,随意听从旁人指挥,擅自挂吊钩,并指挥起吊;塔吊司机吴某,对于非专职司索、信号指挥人员的起吊指挥没有拒绝作业,没有严格执行操作规程,是造成事故的主要原因。

(二)间接原因

(1)工地负责人安全意识不高,对有关部门及甲方组织外单位到施工现场观摩学习活动未报公司审批,未制定应急预案。

(2)有的工人安全意识差，对公司及项目部进行的安全教育培训不能贯彻落实，自我防范意识薄弱。

(3)沧州市宏业监理公司未认真履行监理职责。

(三)人员伤亡及财产损失情况

死亡 1 人；经济损失 15 万元。

四、事故性质

这是一起因违章指挥、违章作业而造成的安全生产责任事故。

五、有关事故责任者追究责任情况

(1)对沧州市中天建设工程有限公司给予全市通报批评，并且从通报之日吊扣项目经理资格证书 3 个月，停止招投标 6 个月。

(2)依据《建设工程安全生产管理条例》给予该公司主要负责人 3 万元罚款的处罚。

(3)根据市建设局对该事故调查处理意见的批复，由相关单位严肃追究责任人的责任。

(4)责令沧州市中天建设工程有限公司对该项目和其他建设工程进行全面整顿，对全体员工进行一次认真的安全生产法律法规学习教育。

六、事故的预防措施

(1)管理单位、施工单位要加强安全生产责任制的落实，要结合实际强化对特种作业人员和劳务工的安全教育培训，特种作业人员必须持证上岗，严格遵守操作规程。

(2)加大施工现场安全生产管理力度，确保各项措施落实到位。

(3)对要求进入施工现场观摩学习等活动必须实行审批制，并制定预案。

七、事故点评

这是一起因违章指挥、违章作业，作业人员缺乏安全意识而造成的安全事故。我们要从此次事故中吸取教训，提高安全意识活动，落实安全生产责任制，强化特种作业人员培训及持证上岗的制度，坚决杜绝违章指挥、违章作业。

案例七十五　秦皇岛市红光北里 1 号、3 号住宅楼工程物体打击事故

一、事故主要情况

事故发生时间：2005 年 11 月 20 日

工程名称：秦皇岛市建国路红光北里 1 号、3 号住宅楼工程

事故单位：秦皇岛市海一建筑工程有限公司

二、事故主要及采取应急措施情况

2005 年 11 月 20 日上午 7 时 10 分左右，秦皇岛市海一建筑公司承建的建国路红光北里 1 号、3 号住宅楼工地，3 号楼塔吊司机丁某驾驶济南 QTZ315 塔吊将 1 号楼楼顶(形象进度为标准 1 层结顶)振捣器吊至地面入库。当吊至 1 号、3 号楼之间(3 号楼塔吊正北)位置时，吊钩上的振捣器从距地 8 m 左右的高度突然落下，将正在下方的壮工刘某砸伤。工地技术员王某发现事故后，立即拨打 120 急救电话。10 分钟后，项目副经理陶某和 120 急救中心救护车将刘某送往秦皇岛市第一医院抢救，刘某经抢救无效于 2005 年 11 月 20 日下午 6 时死亡。

11 月 20 日晚 7 时 20 分左右，项目副经理陶某将事故情况电话报告给项目经理常某。常某于 11 月 21 日晚 8 时，将事故报告给公司副总经理。11 月 21 日上午 10 时 30 分左右，市安监站接到海一建筑公司对该事故口头报告后，立即按照程序逐级上报，并组成调查组赶赴现场调查。

三、事故原因、人员伤亡及财产损失情况

(一)直接原因

(1)司索工违章操作,没有按规定对散落物用吊笼吊装,而是用铅丝绑扎振捣器具进行吊运,致使塔吊在运行过程中铅丝脱扣,吊物坠落。

(2)塔吊司机违章操作,在吊物没有按规定装入吊笼的情况下操作塔吊吊运,致使吊物坠落造成事故的发生。

(二)间接原因

(1)施工单位未配备经过专门培训考核且合格的起重司索、指挥人员,而用普通工种从事起重、司索等特种作业。

(2)施工单位对施工人员教育不到位,作业人员不知道无特种作业上岗证不得从事塔吊指挥、司索作业。

(3)监理单位检查特种作业人员持证上岗情况不严格,未发现无特种作业操作证人员进行起重、司索等特种作业。

(三)人员伤亡及财产损失情况

死亡 1 人。

四、事故性质和责任

这是一起塔吊司机、司索人员违章操作的生产性责任事故,属于工程建设四级重大事故。

五、有关事故责任者追究行政、法律责任情况

(1)项目经理常某未及时上报事故,未按规定要求配备起重指挥、司索人员,项目副经理陶某在没有起重指挥、司索人员的情况下指挥施工生产。给予降低项目经理常某项目经理资质等级 1 级、项目副经理陶某停止投标资格 6 个月的处罚。

(2)塔吊司机丁某违章操作,在吊物没有按规定装入吊笼的情况下操作塔吊吊运;混凝土工单某在不具备起重指挥、司索资格(没有特种作业上岗证)的情况下,没有按规定对振捣器具用吊笼吊装,而是用铅丝绑扎了振捣器具吊运,致使塔吊在运行过程中铅丝脱扣,导致吊物坠落砸死刘某,负直接责任。按照《特种作业人员安全技术培训考核管理办法》第 24 条之规定,吊销塔吊司机丁某塔机司机岗位资格证;混凝土工单某、塔吊司机丁某违反了《安全生产法》第 49 条,根据《安全生产法》第 90 条之规定,由海一建筑公司给予批评教育,依照有关规章制度给予其处罚。

(3)海一建筑公司红光北里 1 号、3 号楼项目部安全员赵某未履行安全生产管理职责,导致发生死亡事故,负有主要责任。按照《河北省〈建筑施工企业主要负责人、项目负责人、专职安全管理人员安全生产考核管理暂行规定〉实施细则》第 20 条,吊销安全员赵某安全生产考核合格证书,1 年之后方可重新考核。

(4)海一建筑公司主管安全生产工作的副总经理刘某对这起事故负领导责任,安全劳资处处长徐某对这起事故负管理责任,责成海一建筑公司给予刘某、徐某批评教育,依照有关规章制度给予处罚。

(5)冀咨监理公司红光北理 1 号、3 号楼工程监理部对安全监理重视程度不够,安全监理责任不明确,落实安全监理方案不到位,未按照《建设工程安全生产管理条例》之规定履行安全监理责任。总监刘某负有主要责任,监理人员包某、郭某负有一般责任,按照《建设工程安全生产管理条例》第 58 条之规定,撤销刘某总监资格,责成冀咨监理公司对包某、郭某进行批评教育。

六、防止类似事故应采取的措施及建议

(1)海一建筑公司要完善分公司安全保证体系,按有关规定成立安全生产管理机构,落实各项安全生产规章制度和责任制。

(2)海一建筑公司要对其全市所有承建的施工项目全面进行安全检查,查找隐患,限期整改。

(3)海一建筑公司要对所有安全管理人员和所有施工项目的施工人员进行有针对性的安全教育。以本次事故为戒,举一反三,吸取教训,提高对安全生产工作重要性的认识,强化安全生产意识,提高安全操作技能,严抓细管,及时消灭事故隐患和"三违"现象,遏制事故发生。

(4)各监理单位要充分履行安全监理的法定职责,检查施工现场有关人员持证上岗情况,审查安全施工方案,对重点部位、关键工序要实行旁站式监理,发现事故隐患要督导施工企业限期整改,如施工企业拒不整改,要向当地建设行政主管部门报告。

七、事故点评

塔吊司机、司索人员违章操作,作业人员无特种作业上岗证私自从事塔吊指挥、司索作业,塔吊司机吊运不符合规定的吊物,是这起事故发生的主要原因。这起事故给我们惨痛的教训,告诫我们除了要对从业人员进行严格培训,严格审核外,还应加大对非法作业者的惩罚力度。

案例七十六　承德市石油高等专科学校新校区工程物体打击事故

一、事故主要情况

事故发生时间:2006 年 4 月 6 日

工程名称:承德市石油高等专科学校新校区工程

事故单位:承德市冯营子建筑安装有限责任公司

二、事故主要经过及采取应急措施情况

2006 年 4 月 6 日下午 4 时 30 分,由承德市冯营子建筑安装有限责任公司施工的承德市石油高等专科学校新校区 A 座教学楼工程在进行模板吊装作业。当塔吊吊钩升至 16 m 高度,起重臂端头的两个固定起重丝绳 U 形绳卡滑鞍突然断裂,导致模板全部坠落,将正在下方备料的木工孟某砸伤。孟某随即被送往医院抢救,经抢救无效于当晚 10 时死亡。

三、事故原因、人员伤亡及财产损失情况

(一)直接原因

作业人员安全意识淡薄,自我保护意识差,现场所使用的塔吊在未办理检测备案手续的情况下即投入使用。断裂的 U 形钢丝绳滑鞍存在质量问题。塔吊司机违章作业,在吊物下方有人的情况下仍进行吊装作业。

(二)间接原因

施工项目部安全管理体系不健全,安全生产责任制未落实,施工单位未认真落实安全生产教育培训制度,对新入场工人安全教育培训不到位,施工单位在对机械设备配件的采购、检查及使用中的维护和保养等多个环节存在漏洞。

(三)人员伤亡及财产损失情况

死亡 1 人;经济损失 23 万元。

四、事故性质和责任

这是一起由于作业人员安全意识差,塔吊司机违规操作,施工单位的产品采购、保管、质检岗位责任制未落实而导致的生产安全事故。

五、有关责任者追究行政、法律责任情况

(1)省建设厅对冯营子建筑安装工程有限责任公司给予暂扣企业安全生产许可证30日的行政处罚，暂扣期间冯营子建筑安装工程有限责任公司不得参与招投标活动。

(2)对承德市冯营子建筑安装工程有限责任公司给予全市通报批评，记入市主管部门对企业动态管理的不良记录档案。

(3)对承德市冯营子建筑安装工程有限责任公司予以3万元的经济处罚。

(4)责令承德市冯营子建筑安装工程有限责任公司对此次事故相关责任人分别进行相应的处罚。

六、防止类似事故的建议

(1)施工企业要完善材料管理人员、机械设备管理人员、特种作业人员的岗位责任制，严把材料采购关，确保采购合格产品；严把材料质量关，严禁任何来源渠道不明、假冒伪劣和质次价廉的购配件进入施工现场。

(2)施工企业负责人应定期组织相关人员对库存的购配件、零部件等周转材料进行质量检查，将无产品检验合格证及来源渠道不明的物品及时清理出施工现场。

(3)塔吊等起重机械设备必须经检验检测合格后方可投入使用。

(4)对工人的安全教育培训不能"走过场、搞形式"，务必通过教育培训增强一线职工的安全生产和自我保护意识。

(5)要加大对施工现场的安全生产监督检查力度，确保各项措施真正落实到位。

七、事故点评

这是一起由于作业人员安全意识差，塔吊司机违规操作，施工单位的产品采购、保管、质检岗位责任制未落实而导致的生产安全事故。这起惨痛的事故告诫我们，要实现安全生产必须把好每一关，任何环节上的疏忽大意都会给施工安全留下隐患，各岗位安全生产责任制的落实是实现施工安全的最有效途径。

(二)模　　板

案例七十七　石家庄市桥东区休门城中村改造工程物体打击事故

一、事故主要情况

事故发生时间：2005年3月27日

工程名称：石家庄市桥东区休门城中村改造工程

事故单位：北京市第三建筑工程有限公司

二、事故主要经过及采取应急措施情况

2005年3月27日下午6时左右，北京市第三建筑工程有限公司承建的石家庄市桥东区休门城中村改造工程7号楼正在进行吊装模板施工。项目部生产经理张某安排吊装班班长李某、梁某、赵某、蒋某和信号工梁某，往7号楼4层调运大模板。信号工梁某(无上岗证)是河北省承德兴泰劳务有限公司潘某施工队人员，负责信号指挥；赵某、蒋某负责挂钩工作；梁某负责观察。当晚9时30分左右，按照施工安排在调运存放在模板区北侧偏东区域一块高2.9 m，宽3 m的模板，挂钩人员在被吊模板北侧，蒋某在被吊模板南侧进行挂钩，挂好钩后，通知信号指挥工梁某。梁某在接到挂钩人员的通知后就用对讲机通知塔司起吊模板。事后在对目击证人和挂钩人员进行询问时，3人均反映当时吊运模板的钩绳与模板的吊点不垂直。在信号指挥人员梁某向塔司发出起吊指令时，挂钩人员提醒梁某吊运模板的钩绳与模板的吊点不垂直,梁某听到后未作出回应。在大模板离地时,由于吊钩绳与模板的吊点不垂直,致使大模板在离地时向东南方向倾斜和旋转,因模板较重,挂钩人员在模板离地 1 m 左右时未垂直稳定住,导致该模板与东侧存放的同规格一块模板发生撞击,致使被撞击的相邻大模板倾倒,信号工梁某因躲闪不及,被大模板砸倒。项目部现场负责人及施工队负责人立即组织现场人员进行抢救,并及时将伤者送往石家庄市第一医院抢救,同时安排专人对事故现场进行保护,梁某经医院抢救无效死亡。

三、事故原因、人员伤亡及财产损失情况

(一)直接原因

(1)劳务用工单位违章指挥,使用无证人员上岗作业,信号工梁某在向塔司发出起吊指令前,未按照安全操作规程和安全技术交底的规定,检查模板和吊索具的状态,且对挂钩人员提示塔吊钩绳与模板的吊点不垂直的情况,未做出任何反映仍然发出起吊的指令。致使大模板在起吊后发生倾斜和旋转,把东侧相临的一块模板撞倒,是造成这起事故的主要原因。

(2)施工现场作业环境不良,模板的堆放方法不符合要求。模板堆放场地狭小,且场地不平整。模板堆放间距较小,每组模板之间未留出足够的安全作业通道和距离,这是这起事故的主要原因之一。

(二)间接原因

(1)由于该工程路途较远交通不便,公司主管领导及安全管理部门在对该工程安全管理上与北京的工程相比关注程度有所不够,尤其是主管部门的重视程度不够高,在安全管理上有所放松,仅在 2004 年 9 月到施工现场进行过例行的安全检查。项目经理部及安全员在思想上缺乏警惕性,对"安全第一,预防为主"的思想认识不深刻,对劳务分包人员管理不严;安全培训教育工作不扎实,对特种作业人员的资质审查等制度未认真执行;操作人员安全意识差,未掌握岗位专业操作的安全技能,缺乏自我保护意识,这是造成这起事故的间接原因之一。

(2)安全管理不完全到位,安全生产责任制未很好地落实,公司主管领导及公司安全监管部对外地施工项目部的安全生产监督及检查力度不足,对于外地项目部的安全管理体系运行过程、运行效果的情况缺乏信息,缺少安全隐患沟通及解决的渠道。项目部经理来往于京石两地,作为项目部生产安全的第一责任人,对项目部的生产安全负总责,但对项目部安全管理过程控制不利,对项目部各级安全生产管理人员的职责落实情况的监督检查力度不足。项目生产经理、项目各级管理人员及劳务用人单位对安全生产责任制没有认真加以贯彻落实,对劳务队人员的安全技能情况不了解,对安全技术措施的落实及作业环境检查不到位,未能及时发现信号工无证上岗的情况,这是造成这起事故的间接原因之一。

(3)安全管理的各项规章制度执行力度不足,项目经理对项目部的安全管理制度执行效果的监督管理力度不足。项目部各级管理人员未严格按照公司安全管理制度的要求进行施工和管理,安全管理制度未落到实处,未按照公司模板安全管理规定和模板吊装作业的安全技术交底的要求,进行模板施工。项目部安全管理人员未能按照公司模板安全管理规定的要求对模板堆放环境进行检查,未对操作人员用工手续及持证情况进行检查,未认真履行对施工过程的监督和检查工作,导致出现违章作业现象,这是造成这起事故的间接原因之一。

(4)项目部安全管理人员,未能按照公司模板安全管理规定的要求,认真履行对施工过程的监督管理和检查工作,导致违章作业现象未能被及时发现和制止,是造成这起事故的间接原因之一。

(5)项目部生产经理,对所辖施工人员安全教育不够,跟踪管理不到位,是这次事故的间接原因之一。

(三)人员伤亡及财产损失情况

死亡1人。

四、事故性质和责任

这是一起由于操作人员安全意识差,未掌握岗位专业操作的安全技能,缺乏自我保护意识,而引发的责任事故。

五、有关事故责任者追究行政、法律责任情况

(1)公司主管安全生产工作的领导张某,对公司安全生产工作负全面领导责任,由于其工作中对公司主管部门的工作监察不利,致使主管部门未完全尽到安全监管职责,对此次事故负有一定的领导责任。经研究决定给予张某在公司内通报批评的处分。

(2)公司安全监管部经理周某,主管监督公司安全管理体系的运行和过程控制与运行的效果控制,因是外埠工程,路途较远,对所属项目部安全监督检查不完全到位,对此次事故负有管理责任。经研究决定给予周某在公司内警告处分。

(3)项目部经理姜某,应对本项目部施工过程的安全生产负全而领导责任,因其在组织施工中对安全生产的管理责任制未能完全落到实处,对此次事故负有不可推卸的领导责任。经研究决定,给予姜某行政严重警告处分。

(4)该项目部生产经理张某,本应领导并组织所辖施工人员做好有针对性的安全教育工作,但其在组织施工中,监督、检查、教育不够,没有及时发现和排除事故隐患,对安全生产的过程控制不利,对此次事故负有管理责任。经研究决定给予张某行政警告处分,并对其处以1 000元的经济处罚。

(5)该项目部安全员苏某,对工作没有尽职尽责、没有做好本职工作,对外施队人员安全教育不够,管理、监察不到位,没有认真核查特种作业人员的上岗资质,未真正的到作业面去巡视,没有真正的把危险因素和事故隐患消灭在萌芽之中,对造成这起事故负有责任。经研究决定,对苏某给予公司内通报批评的处分。

(6)外施队长潘某,本应按照劳务分包合同的约定,负责向总包单位提供符合国家和公司安全管理规定的合格人员,但其对本队人员资质的管理把关不严,致使不具备上岗证的特种作业人员从事信号指挥工作,对此次事故负有管理责任。经研究决定,给予潘某2万元的经济处罚。

(7)吊装班班长李某,未能按照公司安全管理和模板安全管理规定的相关要求,对所管辖的吊装作业人员进行现场跟踪管理,同时也未及时发现信号指挥工梁某无证作业,对此次事故负有管理责任。经研究决定,给予李某一定的经济处罚。

(8)信号指挥工梁某无证作业,违章作业,是造成这起事故的主要原因。因梁某本人已死亡,故不再追究其责任。

六、防止类似事故应采取的措施及建议

(1)现场停工整顿,召开项目部专题会议,认真查找原因,切实吸取事故的教训,认真、逐级贯彻落实安全生产责任制。

(2)项目部组织安全生产检查,通过此次事故,举一反三,认真查找事故隐患,不留死角。

(3)重新检查施工现场各个作业环境、审阅施工方案和各工种安全技术交底情况,做好安全生产的过程控制。

(4)重新对员工进行培训教育,各专业工长、安全员检查以往在工作中存在的问题,做出整

顿方案，并制定出今后工作计划。在工人进场工作之前，由安全员及各专业工长对刚进场施工人员进行安全教育，加强危险部位的安全防护措施和典型事故案例的讲解。

七、事故点评

进一步建立健全企业安全生产责任制和各项安全管理规章制度，并采取切实有效的措施确保其得到贯彻落实。建立健全安全生产管理协议签订制度，确保《安全生产法》第40条"两个以上生产经营单位在同一作业区域内进行生产经营活动，可能危及对方生产安全的，应当签订安全生产管理协议，明确各自的安全生产管理职责和应当采取的安全措施，并指定专职安全生产管理人员进行安全检查与协调。"的规定得到贯彻落实。

案例七十八　衡水市武邑县检察院办案技术楼工程物体打击事故

一、事故主要情况

事故发生时间：2005年06月23日

工程名称：武邑县检察院办案技术楼工程

事故单位：武邑县第三建筑公司

二、事故主要经过及采取应急措施情况

2005年6月23日下午5时10分，武邑县第三建筑公司承建的武邑县检察院办案技术楼工程的施工现场，在吊装1层门厅独立柱组合钢模板时，木工杨某站在独立柱东侧，距北墙2.65 m，距地高度4.35 m的脚手架管上等模板落下时，模板挂钩处的角模板焊口突然开裂致使模板脱落。当时模板的起吊高度为8 m，重量为240 kg正砸中杨某头部，造成其死亡。

三、事故原因、人员伤亡及财产损失情况

（一）直接原因

操作人员吊装、组装组合模板时，严重违反操作规范。

（二）间接原因

（1）高空作业未搭设操作平台，工作人员安全防护用品不齐全。

（2）工地负责人张某私自雇用未经三级教育的人员施工，且其无证上岗，并未对操作人员进行书面安全技术交底。

（三）人员伤亡及财产损失情况

死亡1人；经济损失15万元。

四、事故性质和责任

这是一起因操作违章造成的安全生产责任事故。

五、有关事故责任者追究行政、法律责任情况

（1）对武邑县第三建筑公司处以10万元的罚款，并将此次事故在全县通报。

（2）该项目经理部半年内不允许参加新的招投标，接受新工程。

（3）该工程不参与评优活动。

（4）对施工负责人撤消其项目负责人职务，并处罚款5 000元，扣发1个月工资。

（5）对违反规程操作人员全部开除。

（6）对工地安全员给予行政警告处分，并处2 000元罚款。

（7）对公司领导进行通报批评。

六、防止类似事故应采取的措施及建议

（1）必须建立健全施工安全保证体系，完善现场组织管理机构，加强项目工程管理，对项目

实施严格的管理制度，及时检查发现不安全因素，将事故消灭在萌芽之中。

(2)加强操作人员遵章守纪教育，认真贯彻落实“安全第一、预防为主”的安全生产方针，加大安全投入，搞好安全生产“三级教育”，作好班前交底活动，认真检查每一作业面施工人员状态，及时消除事故隐患。

(3)作业前进行安全技术交底，并对作业环境进行安全检查，切实消除现场的不安全因素和不安全行为。为预防类似事故发生，再有类似工程要先搭设好操作平台，作好防护，并对吊装物的固定情况进行检查。

七、事故点评

做好安全生产工作，首先就要加强操作人员遵章守纪教育，认真贯彻落实“安全第一、预防为主”的安全生产方针，加大安全投入，搞好作业人员“三级教育”，作好班前交底，认真检查每一作业面施工人员状态，及时消除事故隐患。

案例七十九　石家庄市友谊南大街51号天蕴大厦工程物体打击事故

一、事故主要情况

事故发生时间：2005 年 6 月 28 日

工程名称：河北省石家庄市友谊南大街 51 号天蕴大厦工程

事故单位：江苏省苏中建设集团股份有限公司石家庄分公司

二、事故主要经过及采取应急措施情况

2005 年 6 月 28 日，由江苏省苏中建设集团股份有限公司石家庄分公司承包施工、石家庄新世纪工程建设监理有限公司监理的河北天蕴房地产开发公司天蕴大厦工程，在支模过程中，因剪力墙大模板倒塌，发生一起物体打击事故，致 1 人死亡。当日下午 3 时 40 分，6 层东单元校正大模板施工过程中，该公司职工朱某在天蕴大厦 6 层 H 轴处支模作业。该作业面为长 2.5 m、高 3 m、宽 24 cm 的独立剪力墙体，呈南北走向，两块大模板(每块重 350 kg，长 2.5 m，高 3 m)已吊装就位并临时固定，分居于剪力墙的东西两侧。墙体内钢筋骨架已绑扎完毕，混凝土未浇筑，大模板与周围的主体结构无任何拉接，为施工方便，朱某在校正大模板时，擅自将西侧大模板的 2 根 3 m 长的钢管斜撑拆除，致使模板支撑体系失稳，墙体内钢筋骨架随同两块大模板一起向西倾斜倒塌。正在作业的朱某因躲闪不及，被砸压在大模板下。事故发生后现场人员立即将朱某救出，同时项目部现场负责人组织人员将其送往和平医院进行抢救，并对施工现场进行保护，用照相机对现场进行拍照记录。伤者朱某经医院抢救无效死亡。

三、事故原因、人员伤亡及财产损失情况

(一)直接原因

违章作业是造成事故的直接原因。工人自身安全防护意识差，缺乏自我保护意识，在超出自己 1 m 多高的大面积模板旁作业，违章拆除支撑系统，冒险作业，从而导致这次事故的发生。

(二)间接原因

(1)公司领导对安全管理重要性认识有差距，重视不够，对安全工作没有足够的认识，在生产与计划、布置检查总结同步的情况下检查落实力度不够，没有真正把“以人为本，安全第一，预防为主”放在首位，安全认识存在差距。

(2)施工现场虽然管理分工到位，安全岗位责任制落实到人，但各岗位职责形同虚构，只顾生产进度，忽视安全生产管理，使一些安全设施落实不完善，管理检查不到位，存在漏洞，导致本次事故的发生。

(3)安全教育存在形式主义，只在工人进场时进行考试、教育、做记录，而在实际的操作过程中不能进行跟踪指导、监督，形成了教育与实际施工检查脱节。

(4)管理不严密存在漏洞，如能在平时检查时细心一点，早发现这一安全隐患(私拆模板支撑校正)就不可能发生这次事故。

(三)人员伤亡及财产损失情况

死亡 1 人；经济损失 22.4 万元。

四、事故性质和责任

(1)公司领导对安全生产管理的重要性，重视程度不够。

(2)工程部在管理上对管理人员的教育、检查、监督力度不到位。

(3)项目部在管理上岗位责任落实不到位，在施工检查监督上存在漏洞。

五、有关事故责任者追究行政、法律责任情况

(1)给予第二工程处通报批评，并处罚金 2 万元。

(2)给予第二工程处主任王某通报批评，责令其在大会上作出深刻书面检查，并处 2 000 元罚款。

(3)给予天蕴大厦项目部执行经理张某通报批评，责令其在大会上作出深刻书面检查，并处 1 500 元罚款。

(4)给予天蕴大厦项目部专职安全员孙某通报批评，责令其作出书面检查，并处 1 000 元罚款。

(5)给予天蕴大厦项目部木工工长陈某警告处分，责令其作出书面检查，并处 1 000 元罚款。

(6)给予天蕴大厦项目部木工代班工长梅某行政记过处分，责令其作出书面检查，并处 1 000 元罚款。

(7)此次事故的直接责任人朱某，因在事故中已死亡，不予追究责任。

(8)将第二工程处此次伤亡事故作为不良记录记入第二工程处信用档案。

六、防止类似事故应采取的措施及建议

(1)立即停工整顿，召开项目部紧急会议，认真查找原因，切实吸取事故的教训，认真逐级贯彻落实安全生产责任制。

(2)公司召开安全生产紧急会议，通报事故情况。

(3)项目部组织安全生产检查，通过此次事故，举一反三，认真查找事故隐患，不留死角。

(4)重新检查施工现场各个作业环境，审阅施工方案和各工种安全技术交底情况，做好安全生产的过程控制。

(5)重新对员工进行培训教育，各专业工长、安全员检查以往在工作中存在的问题，做出整顿方案，并制定出今后工作计划。在工人进场工作之前，由安全员及各专业工长对刚进场施工人员进行安全教育，并加强对危险部位的安全措施和典型事故案例的讲解。

七、事故点评

违章作业是造成事故的直接原因。工人自身安全防护意识差，缺乏自我保护意识，可见公司对员工进行培训教育力度还不够，加强这方面的说服教育势在必行。另外，公司领导对工人的安全重视不够，在管理职位上的责任不落实，对这起事故应负重要责任。

案例八十 石家庄市长安花园B、C单元及幼儿园工程物体打击事故

一、事故主要情况

事故发生时间:2005年10月7日

工程名称:长安花园B、C单元及幼儿园工程

事故单位:石家庄市住宅开发建设公司

二、事故主要经过及采取措施情况

2005年10月7日上午8时50分左右,石家庄市住宅开发建设公司第二分公司承建的建设北大街24号长安花园B、C单元施工工地,发生一起物体打击事故。民工颜某在检查B单元17层混凝土质量情况时,到一房间(B9-10、BJ-G三面剪力墙墙体大模板已拆除,只有北面一高2.75 m、宽2.2 m,重350 kg的墙面大模板已脱模但未拆除,其上部用二根12号铅丝在剪力墙体钢筋临时固定)内去取作业工具,由于大模板拆除固定件后正准备吊装,临时固定措施不牢固加之瞬间风力过大,致使房间北侧墙体模板突然倒塌,将正在取作业工具的颜某砸中。工人刘某、谢某听到大模倒塌后,马上喊人把大模抬起,见颜某被砸,随即将其救出,通过120救护车送往医院。颜某经医院抢救无效于当天上午死亡。

三、事故原因、人员伤亡及财产损失情况

(一)直接原因

(1)施工现场违反《建筑施工安全检查标准》(JGJ 59—99)的规定,大模板拆除、临时固定等不符合要求,是发生事故的直接原因。

(2)施工作业面位于17层,高度达50余米,瞬间风力较大。

(3)各种工种之间协调差,模板拆除未设置警戒线,人员随意进入危险区域。

(二)间接原因

公司各级领导对党和国家安全生产方针认识上有差距以及思想上对安全工作重视不够,思想麻痹,是造成职工伤亡事故发生的根本原因,也是安全生产工作中存在的最大事故隐患。日常工作中没有把安全生产列入重要的议事日程,特别是当生产任务繁重、建筑施工的黄金季节到来时,更是抓工程进度、抓生产效益多,而抓安全生产少,使安全和生产形成两张皮。尤其是在企业用工发生改变后,对所使用农民工的安全教育工作做得不够。

安全管理中存在的许多漏洞是造成事故发生的因素,在制度的落实、工作检查方面的疏忽导致了对特殊作业面重视不够、措施不力,造成这起事故的发生。施工现场违反《建筑工程大模板技术规程》(JGJ 74—2003)的规定,大模板的拆除、临时固定等不符合要求,是发生事故的直接原因。各种工种之间协调差,模板拆除未设置警戒线,人员随意进入危险区域,对风力对大模板稳定性的影响未有足够认识。施工人员对事故的危害防范意识不强,认识不足是造成事故的主要原因。

(三)人员伤亡及财产损失情况

死亡1人;经济损失24万元。

四、事故性质和责任

这是一起由于违章作业所造成的安全生产责任事故。

五、有关事故责任者追究行政、法律责任情况

(1)公司经理底某对这次事故负有领导责任,责令其写出书面检查,报市安监局。并要求底某在公司中层干部会上作出检查,免发3个月奖金并罚1个月基本工资的10%。

(2)公司副经理王某对这次事故负有领导责任，责令其写出书面检查，免发 3 个月奖金并罚 1 个月基本工资的 20%。

(3)第二分公司经理苏某，对这次事故负有领导责任，责令其写出书面检查，在分公司全体职工大会上作检查，并给予行政警告处分，免发 3 个月奖金并罚 1 个月基本工资的 20%。

(4)第二分公司副经理赵某对这次事故负有领导责任，责令其写出书面检查，并给予行政警告处分，免发 6 个月奖金并罚 1 个月基本工资的 25%。

(5)项目经理张某，对这次事故负直接领导责任，免发其全年奖金并罚 2 个月基本工资的 25%，并给予行政记过处分。

(6)项目副经理王某，对这次事故负直接领导责任，免发其全年奖金并罚 2 个月基本工资的 25%，并给予行政记过处分，停职使用 6 个月。

六、防止类似事故应采取的措施及建议

(1)10 月 7 日公司经理召开了紧急会议，立即成立 4 个事故处理小组：事故调查整改领导小组，事故调查小组，事故善后处理小组，事故整改恢复小组。本着“三定”、“四不放过”的原则，对事故进行调查整改和善后处理。

(2)安排公司有关科室、部门对公司全部在建工程的安全进行检查。10 月 8 日，公司召开项目部经理以上的各级领导和有关科室人员参加的安全会议，进一步对公司的安全生产工作进行分析和研究部署。

(3)加强对农民工的安全意识教育，由公司和分公司安全管理部门对全公司员工进行一次全面的安全教育，并由公司安全科、劳资科负责检查全公司农民工的来源、文化知识结构、三级教育情况和基本安全知识的掌握情况，对调查出的问题责成各工地负责人整改，到期完不成者给予处罚。

(4)坚持公司每月一次，分公司每半月一次，项目部每周一次的安全检查制度，把“预防为主”的方针落实到整个施工过程之中。对查出的事故隐患限期整改，不留后患。根据事故隐患整改的好坏，实行轻奖重罚，并曝光登载在公司《安全简报》上。

(5)进一步落实安全生产责任制，真正做到谁管理谁负责，谁干谁负责，把安全生产与经济分配挂钩，实行一票否决制。

七、事故点评

这起安全事故是由于企业安全管理不到位，安全操作规程不健全，作业人员安全培训不到位，自我防护意识差造成的。这起惨痛的事故启示各施工单位要进一步落实安全生产责任制，杜绝违章作业，冒险施工，防止此类事故的再次发生。

(三)洞口与临边

案例八十一　衡水市怡水园 212 号楼工程物体打击事故

一、事故主要情况

事故发生时间：2006 年 8 月 15 日

工程名称：衡水市怡水园 212 号楼工程

事故单位：衡水广厦建筑工程有限公司

二、事故主要经过及采取应急措施情况

2006 年 8 月 15 日上午 10 时 30 分，在衡水广厦建筑工程有限公司所承建的衡水市怡水园 212 号楼工地，木工张某在怡水园 212 号楼西单元 9 层北侧拆除阳台顶模板过程中，由于用撬棍力量太小无法拆除，于是将模板撬开 5 cm 缝隙后，改用 2.5 m 长钢管拆除。由于其用力过猛，模板掉下过程中钢管脱手，从 9 层掉下碰撞脚手架拉杆后从 7 层脚手架立网接茬处穿出，落至北侧钢筋制作区(距外脚手架 5 m 左右处)，击中正在进行钢筋切断作业辅助工作的魏某头部，并将其安全帽击落在地上。工地工长李某组织有关人员在事故发生 15 分钟内将伤者魏某送至衡水市第五人民医院进行抢救治疗，同时向公司汇报此次事故。伤者魏某于 2006 年 8 月 18 日下午 1 时 05 分经抢救无效死亡。

三、事故原因、人员伤亡及财产损失情况

(一)直接原因

木工拆模时违章操作，未搭设操作平台，而且用力过猛，导致拆模工具脱手、坠落；钢筋制作区未按规定搭设双层防护棚；密目网接茬处绑扎不严密。

(二)间接原因

安全防护不到位，督查不到位。

(三)人员伤亡及财产损失情况

死亡 1 人；经济损失 17 万元。

四、事故的性质和责任

(1)公司总经理尚某对项目部管理监督不力，负有主要领导责任。

(2)主管副总张某对安全管理监督不力，负有领导责任。

(3)安全科科长朱某对项目施工安全检查不到位，监督不力，负有领导责任。

(4)项目经理刘某是工地第一责任人，对施工现场监督检查不到位，负第一责任。

(5)212 号楼工长李某对施工现场检查管理不到位，负主要责任。

(6)212 号楼安全员刘某对现场安全检查及监督落实情况不到位，负主要责任。

(7)木工张某拆除模板时，违章操作，未搭设操作平台，用力过猛，导致拆模工具脱手、坠落，负直接责任。

五、事故责任者追究行政、法律责任情况

(1)对负有领导责任的总经理尚某、主管副总张某责令作出深刻检讨。

(2)对负有领导责任的安全科长朱某责令作出深刻检讨，停职反省，并处以 500 元罚款。

(3)对负有第一责任的项目经理刘某罚款 1 万元，并在全公司通报批评。

(4)对负主要责任的安全员刘某给予停职反省处理，并处以 500 元罚款。

(5)对负主要责任的工长李某给予停职反省处理。

(6)将木工张某辞退。

六、防止类似事故应采取的措施及建议

(1)对公司所有在建工程进行安全检查。

(2)公司所有在建工程立即自查自纠，重点检查外脚手架、密目网、安全网的搭设、防护情况及安全通道、木工操作区、钢筋工操作区的安全防护情况。对存在安全隐患的项目部，要求停工整改并写出整改报告，由各项目经理直接落实。

(3)各项目经理必须在 8 月 16 日上午组织本施工现场全体人员召开一次安全教育会议，以本次事故为案例，教育人们提高安全意识、关爱生命，告知本工程可能出现的紧急情况以及应该采取的应对措施。

七、事故点评

本次事故，教育人们提高安全意识、关爱生命，深入企业公开宣布对事故的处理决定。对建筑施工单位要强化安全监督管理，教育企业管理人员和职工从事故中吸取教训，防止类似事故的发生。

(四)临时设施

案例八十二　衡水市金鼎集团怡园4号住宅楼工程物体打击事故

一、事故主要情况

事故发生时间：2005 年 6 月 1 日

工程名称：衡水金鼎集团佳园房产开发公司怡园 4 号住宅楼工程

事故单位：衡水金鼎建筑(集团)有限责任公司

二、事故主要经过及采取应急措施情况

2005 年 6 月 1 日下午，衡水金鼎建筑(集团)有限责任公司所承建的衡水金鼎集团佳园房产开发公司怡园 4 号住宅楼施工现场，工长安排周某等人推砂子，同时安排其他 6 人负责安装顶层的楼板。工作到下午 6 时 30 分，周某推来一车砂子等待装罐时，坐在搅拌机南侧的维护栏杆上休息，旁边正在吊装的一块 0.9 m×4.2 m 的空心楼板。楼板被吊至大约 13.8 m 高度时，突然滑落，周某听到喊声向上看时被击中，当场倒地。在场人员立即向 120 急救中心求救，数分钟后经医院医生现场抢救无效，确认周某死亡。

经现场调查查看，死者周某侧卧在一块被摔坏的楼板块上，头朝西，安全帽紧贴头部已经脱离开，没有被砸痕迹。右小臂被另一块楼板块压住，造成骨折，没有外伤。前额偏右位置有一条 3 cm 左右的伤口。按照现场情况分析，楼板在下落过程中自动翻转(钢筋已在上面)，西头先落地后，摔在硬化的混凝土地面上，摔坏的楼板碎块飞溅，击中了周的头部并造成致命伤。

三、事故原因、人员伤亡及财产损失情况

(一)直接原因

(1)宋某、陈某在挂钩时，选择吊点不合理。按照常理计算，4.2 m 的楼板，4 个吊点分别选择在楼板两侧距板头 80 cm 左右比较合适，实际操作时吊点定在了 40 cm 处。起吊后钢丝绳受力增大，钩子向内移动，产生了内在的脱钩危险性。

(2)吊装楼板所用的索具存在缺陷，主要是 U 形钩卡子发生疲劳变形，开口增大，使受力面和摩擦力减少，是造成楼板脱钩的直接原因。

(3)高度的限制，在原 3 m 长的钢丝绳不能用的情况下，应改用铁扁担固定钢丝绳吊装，但实际采取吊点外移来缩短钢丝绳的高度，是导致事故的重要原因。

(二)间接原因

(1)安全检查不认真，发现隐患不及时，没有及时发现吊装楼板所用的索具有疲劳变形问题。

(2)安全管理力度不够大，对分公司及项目部的安全管理及奖惩力度不大，没有引起下属各部门对安全工作应有的重视。

(三)人员伤亡及财产损失情况

死亡 1 人；经济损失 15 万元。

四、事故性质和责任

这是一起由违章操作引发的安全生产责任事故。

五、事故责任者追究行政、法律责任情况

(1)五分公司经理王某,项目部经理彭某,对安全管理工作抓得不紧,导致项目部安全工作制度落实不好,安全检查不及时,没有及时采取措施,对本事故负重要责任。

(2)集团总经理代某,对各分公司及安全处的管理工作抓得不紧,预防措施不落实,对本事故负领导责任。

(3)集团主管安全工作的副总经理姜某,对下属分公司安全管理工作存在的制度不落实的问题,未能采取有效措施预防本次事故的发生,负有领导责任。

(4)集团安全处处长付某,虽然发生事故的前一天,对该工地曾进行过安全检查,但只注重提醒工地注意麦收期间的安全,未能逐项进行仔细检查由于当时没有吊装楼板,也没有注意可能会发生事故的吊钩存在问题,对发生该事故负有管理失察责任。

六、防止类似事故应采取的措施及建议

(1)根据周某死亡的事实,集团于 6 月 2 日上午通过电话向各项目经理和分公司安全科长通报了本次事故。对安全检查、安全防护等工作提出了要求,并要求以本事故为反面教材,对职工进行一次教育。

(2)为了吸取教训,防止事故的再次发生,集团安全处已于 6 月 2 日下午,在事故现场组织召开了本工程所有施工人员参加的事故分析及安全教育会议。

(3)按照市安监站的要求,全公司所有工程停工检查,进行整顿,采取了有效防范措施,排除了事故隐患。

(4)对所有起重设备、吊装作业,进行一次全面的专业检查,特别对索具要认真检查,不符合要求的不准使用;对作业人员进行一次事故案例教育,无证人员一律不准上岗作业。

(5)对本次事故的经过、原因及有关责任人的处理情况,在集团内部进行通报。

七、事故点评

各地行政主管部门要加强对市场的管理,针对本地区情况制定出切实可行的管理办法,并认真执行。应该特别加强对物料提升机的管理,必须加强监理单位和安全监督部门对相关规范规定的学习,以便实施针对性的管理,使之不流于形式。

(五)其　他

案例八十三　保定市勘察院 9 号商住楼工程物体打击事故

一、事故主要情况

事故发生时间:2004 年 11 月 27 日

工程名称:保定市勘察院 9 号商住楼工程

事故单位:保定建业集团有限公司

二、事故主要经过及采取措施情况

2004 年 11 月 27 日,保定建业集团有限公司承建的保定市勘察院 9 号商住楼工程工地,劳务分包队木工组加班安装 12 层墙体模板(当时施工形象进度为 11 层结顶局部 12 层)。木工组有 4 名人员协助吊装,由木工班班长赵某安排吴某、朱某在第 11 层楼上安装墙体模板,曾某、李某在楼下协助吊装大模板。因朱某违反规定在班前喝了酒,在未经班长及工长同意的情况下和同班的李某私自交换了施工位置。当晚 6 时 30 分开始吊装大模板,朱某私自制作了一个火炉,在主体北侧地面堆放的模板旁边烤火,与朱某同班吊模的曾某提醒朱某不要烤火,起吊模板时离大模板远点，但朱某因喝了酒对曾某的提醒置之不理。在晚7时55分时隔楼吊装15号模板时，起吊中碰倒了朱某烤火位置处的一块1.2 m×2.8 m的模板，并将朱某压在模板下。曾某立即喊人，这时劳务分包队代班班长曹某等人听到后，立即过去和曾某、徐某3人搬开模板，拉出朱某，后面闻讯而来的工人一起帮忙抬着朱某乘出租车去距出事现场最近的医院救治。到医院时已是晚8时10分，医院立即开始抢救，抢救了近1个小时后，医生于当晚9时10分宣布朱某死亡。经调查，死者朱某为南通劳务工人，南通劳务分包队伍与项目部于2004年10月19日签定了劳务分包协议，在协议中有安全生产要求，在该队进场后，进行了三级安全教育和安全技术交底。事故发生后，南通劳务分包队未向项目部及公司进行报告，私下擅自对该事故进行了处理。南通劳务分包队负责人江某、曹某私下与死者家属达成赔偿协议，事故处理情况亦未向项目部及公司进行报告，致使建业集团2004年12月16日才察觉，随即进行了调查，并于2004年12月17日向市安监站进行了事故报告。

三、事故原因、人员伤亡及财产损失情况

(一)直接原因

(1)死者朱某严重违反工作纪律和现场有关操作规程，班前饮酒，私自调换工作位置，在未经动火许可的情况下私制火炉在吊装作业区内烤火，是本次事故的直接原因。

(2)劳务分包经理及主要负责人江某、曹某未经安全培训，不具备上岗资格，且缺乏必要的安全知识，明知朱某等4人不具备特种作业上岗资格，却安排其4人进行司索作业实属严重违章指挥。司索人员曾某明知朱某在吊装物旁烤火，有一定危险性，但未能有效制止，也未向有关人员报告，是造成本次事故的主要原因。

(二)间接原因

该工程项目部，违反有关规定与无资质队伍签订劳务分包合同，并有意规避建设行政主管部门的检查，在施工过程中监管不严，对无特种作业上岗证人员随意上岗现象熟视无睹，亦是造成本次事故的一个重要原因。

(三)人员伤亡及财产损失情况

死亡1人。

四、事故性质和责任

这是一起由于违反劳动纪律造成的安全生产责任事故。

五、有关事故责任者追究行政、法律责任情况

(1)死者朱某严重违章、违纪，是造成本次事故的直接原因，应负直接责任，鉴于本人已死亡，不再追究其责任。

(2)南通劳务分包队属无资质队伍，非法进行分包活动，并存在严重的违章指挥、监管不严现象，是造成事故的主要原因。事故发生后，私自处理，未向企业及项目部报告，也未向有关部门报告，应付主要责任。依据其违法事实，责令建业集团立即将该劳务分包队伍清除出施工现场，并不得在保定市内继续承揽劳务分包工程。

(3)该工程项目部使用无资质队伍施工，造成了本次事故的发生。该项目部项目经理张某，身为该项目部第一责任人，对工地存在的安全隐患不能有效消除。事故发生后，对该事故还一无所知，致使拖延了事故的报告时间，应负主要责任。按照有关规定，吊扣张某项目经理资质6个月，并责令企业对该项目部进行重组。

(4)该项目部专职安全员张某，未能认真履行职责，对该工地存在的安全隐患和严重的违纪、违章现象未进行有效的监管，也未向企业主管部门报告，属严重失职行为。按照有关规定，

吊销张某安全资格证书,3 年内不得重新申办,责令企业将其调离原工作岗位。

(5)保定建业集团有限公司,对该项目部和施工现场存在的问题和安全隐患监管不利,各项制度未能有效落实,从客观上拖延了事故的报告时间,对本次事故负有不可推卸的责任。按照有关规定,对保定建业集团有限公司处以 1 万元经济处罚,并责令该企业对本次事故负有一定责任的有关人员给与相应的行政处分。

(6)保定市天平建设监理有限公司为该工程的监理单位,对该工程存在的安全隐患不能有效制止。事故发生后,也未将该事故向有关部门报告,是使该事故拖延报告时间的一个重要原因。按照有关法律规定给予该单位 2 000 元的经济处罚,并通报批评。

六、防止类似事故应采取的措施及建议

(1)责成企业加强对职工的教育,牢固树立“安全第一,预防为主”的思想,提高全体职工安全意识和自我保护意识及防护能力,生产中做到“三不伤害”,文明施工。

(2)责令该项目部停工整顿,全面检查,消除安全隐患,经市安监站复查合格后方许复工。对建业集团所有在建工程,开展安全大检查,认真排查隐患,并予以消除。

(3)落实安全生产检查制度,做到安全生产有人抓,违章违纪有人管,消除事故隐患,杜绝“三违”,确保安全生产。

(4)做好周一安全教育,周六安全检查工作,积极开展班前安全活动。

(5)责成企业立即对该项目部进行重组,并健全有关责任制度,切实落实安全责任。

(6)加强对劳务分包的监控,加大安全管理力度,清退无资质分包队伍。

七、事故点评

落实安全生产检查制度,做到安全生产有人抓,违章违纪有人管,消除事故隐患,杜绝“三违”。健全有关责任制度,切实落实安全责任,加大安全管理力度,确保安全生产。

第五节　机具伤害事故案例

(一)施工机具

案例八十四　鹿泉市鼎新水泥有限公司二期技改工程施工机具伤害事故

一、事故主要内容

事故发生时间:2004 年 3 月 13 日

工程名称:鹿泉市鼎新水泥有限公司二期技改工程 A 标段

事故单位:河北省第四建筑工程公司

二、事故主要经过及采取应急措施情况

2004 年 3 月 13 日晚 9 时 40 分左右,河北省第四建筑工程公司施工的鹿泉市鼎新水泥有限公司二期技改工程,原料调配库基础混凝土浇筑完毕后,机械工李某对搅拌机进行保养清理。在用水清理过程中,未关机断电,设备边运转边冲刷斗滚筒,李某不慎跌落到滚筒内发生意外事故。据值班电工任某讲当时站在搅拌机西侧约 5 m 处,看到李某和马某二人同时在清理搅拌机,马某站在搅拌机上方清理。后来猛然回过头来看搅拌机,发现李某不见了,同时发现搅拌机有异常的响动。

据当时在旁边另一台搅拌机搞清理工作的机械工马某讲,他和李某同时在做清理搅拌机的工作,猛然听到电工任某喊出事了,他看到搅拌机上有血,再细看后,确认李某掉进搅拌机里。在现场的电工任某发现异常情况，立即跑过去拉闸切断电源，并通知工长组织人员抢救，李某由于伤势过重，失血过多，在送往医院的途中死亡。

三、事故原因、人员伤亡及财产损失情况

（一）直接原因

操作者违章作业，思想麻痹大意，在未拉闸断电、机械设备运转的过程中，站在搅拌机筒一侧的防护罩上清理设备。

（二）间接原因

(1)负责现场施工的主管工长监督落实、安全技术交底执行情况不到位，未能及时发现制止违章作业行为。

(2)项目经理平时对职工安全教育不扎实，只图表面形式，不重视实际效果。项目部没制定切实有效的安全生产奖励措施。在生产过程中，重抢工程进度，轻安全管理监督检查。

(3)公司对入场的劳务人员，特别是对民工安全管理缺乏有效的监督。

（三）人员伤亡及财产损失情况

死亡 1 人。

四、事故性质和责任

这是一起由于管理不善、违章操作引起的生产安全责任事故。

五、有关事故责任者追究行政、法律责任情况

(1)冀中水泥厂项目经理孟某，对事故负主要管理责任，责令其写出书面检查，并在公司安全会议上作出检讨。按照公司安全管理奖罚制度有关规定，给予其撤消项目经理职务，停职检查，罚款 2 000 元的决定。

(2)公司总经理贾某，对事故负有领导责任，责令其写出书面检查，并在公司安全会议上作出检讨，处罚款 1 000 元。

(3)五分公司副经理王某，对事故负有主要领导责任，责令其写出书面检查，并在公司安全会议上作出检讨，处罚款 1 500 元。

(4)五分公司经理田某，对事故负有主要领导责任，责令其写出书面检查，并在公司安全会议上作出检讨，处罚款 1 500 元。

(5)五分公司冀中水泥厂项目部劳务负责人宋某，对事故有直接管理责任，给予其严重警告，并处罚款 2 000 元。

(6)因五分公司在安全管理上存在的疏漏，管理不严，对事故负有重要责任，为严肃纪律，扣除其本年度综合考评分 20 分，并处罚款 2 万元。

六、防止类似事故应采取的措施及建议

(1)责令该项目部施工现场立即停产整顿，并保护好事故现场。

(2)项目部召开由现场全体人员参加的安全教育会，稳定职工情绪，防止连锁事故和扩大事态的不良影响。

(3)责成五分公司和水泥厂项目部做好对死者家属的安抚工作，按照国家有关规定，妥善安排善后处理等各项事宜。

(4)由公司主管安全教育的部门组织各类人员进行安全教育培训，加强安全、法律、法规方面的学习，使职工牢固树立遵章守法、杜绝三违的安全意识，并对现场“三违”行为加大处罚力度。

七、事故点评

在贯彻安全生产教育方面忽视了安全教育的效果，没有使全体职工从思想上提高对安全

生产重要性的认识，安全管理工作未做到规范化、标准化，职工违章作业的行为未能及时被制止，是发生事故的深层次原因。企业员工贯彻执行安全生产方针的责任感和树立“安全第一，预防为主”的思想未得到有力的提高，专项安全防护方案有时与现场实际情况不太相符，使得落实情况有时脱节。应认真把国家、地方、公司的各项安全管理制度与政策和标准规范应用到施工管理工作中，落实到班组及作业人员身上，提高全员的安全意识，消除安全隐患，是防止事故发生的根本。

案例八十五　秦皇岛开发区泰和家园8号住宅楼工地施工机具伤害事故

一、事故主要情况

事故发生时间：2004 年 3 月 27 日

工程名称：秦皇岛开发区泰和家园 8 号住宅楼工地

事故单位：抚宁县第一建筑工程公司

二、事故主要经过及采取应急措施情况

2004 年 3 月 27 日早 5 时，抚宁县第一建筑工程公司承建的秦皇岛开发区泰和家园 8 号住宅楼工地，杨某叫徐某下来负责推灰，徐某就从 5 楼放空车下来，把空车推到搅拌机前。在等待搅拌机出灰的过程中，徐某爬到料斗轨道上，向搅拌筒内观望。此时，满某误操作了料斗上升按钮，致使料斗上升，将徐某两膝以下夹在了料斗与搅拌机滚筒中间。2 人一起大声呼救，班长听到喊声，急忙跑到搅拌机棚内，慌忙中按下料斗上升按钮，料斗继续上升，压到徐某胸背部，此时约 5 时 20 分，料斗提升电机由于过载被烧坏。班长去叫项目经理，回来后试图用钢锯锯断料斗钢丝绳救人，但未能锯断。6 时左右，机修工人用电焊机将钢丝绳烧断后将徐某救出，并立即将其送往秦皇岛市第一医院抢救。经抢救无效，徐某于早 7 时 30 分死亡。

三、事故原因、人员伤亡及财产损失情况

（一）直接原因

徐某违反操作规程，爬到料斗轨道上，在向进料口观望时，操作工误操作了料斗上升按钮，致使料斗上升，将徐某双膝以下夹在料斗与搅拌机滚筒中间；抹灰班长在实施抢救时，慌忙中又误按下料斗上升按钮，导致料斗继续上升，压迫徐某胸背部，抢救措施不力，是发生事故的直接原因。

（二）间接原因

（1）施工组织不合理。一是抹灰班没有配备专职的搅拌机手；二是违反《劳动法》规定，抹灰工每日工作时间达 10 小时，每周工作时间达 70 小时，造成人员疲劳、反应能力下降。

（2）现场施工管理混乱。如电闸箱不上锁，现场没有操作规程和明显警示标志等。

（3）施工企业没有组织制定事故应急救援预案。

（4）施工人员上岗前没有进行过“三级教育”和安全技术交底。职工安全意识淡薄，操作技能低下。

（5）安全检查不到位。施工企业内部没有经常性的组织开展安全检查工作，对施工现场存在的安全隐患及违规操作现象没有及时发现或制止。

（6）监理公司对施工企业的安全监理不到位。

（三）人员伤亡及财产损失情况

死亡 1 人；直接经济损失 13 万元。

四、事故性质和责任

这是一起典型的由于安全管理不到位，工人违章作业引发的生产安全责任事故。

五、有关事故责任者追究行政、法律责任情况

(1)抹灰班长违规安排没有操作资格的满某开搅拌机，而且在实施抢救时措施不当，对事故负有直接责任。这起事故给公司造成重大经济损失和诚信损失，为使其接受教训，给予其罚款2 000元，并清除出施工现场的处理。

(2)满某在明知自己不是公司内专职搅拌机手的情况下，对班长的安排不予拒绝，并违章操作。对事故负有直接责任，给予开除处理，并处以罚款1 000元。

(3)死者徐某安全意识淡薄，违反操作规程，冒险作业，对此次事故负有直接责任，鉴于其已死亡，故不予处罚。

(4)工地工长丁某对班组及工人管理不严，对此次事故负有管理责任，给予其撤职处分，调离施工现场，并处罚款1 000元。

(5)安全员王某对施工现场检查监督不到位，未发现安全隐患，对违章指挥、违章作业的现象未及时发现与制止，对事故负有安全管理责任。给予免去其项目部安全员职务，全公司通报批评，并处罚款1 000元的处理。

(6)项目经理陈某身为施工现场安全第一责任人，对现场施工组织管理不严，违章指挥，对事故发生负有直接领导责任。根据公司安全事故处理有关规定，给予其撤职处分，调离施工现场并处罚款2 000元。

(7)分管安全经理乌某对该项目管理不严，在安全生产管理上没严格履行应尽的职责，对事故负有领导责任，经研究，给予其罚款2 000元的处罚。

(8)公司经理姜某对该项目管理不严，在安全生产管理上没有严格履行应尽的职责，对事故的发生负有领导责任，经研究，给予其罚款2 000元的处罚。

六、防止类似事故应采取的措施及建议

(1)认真吸取事故教训，组织全体员工认真学习贯彻落实《建设工程安全生产管理条例》，宣传贯彻到每一个工地、每一个班组、每一个人，切实提高全体施工人员的安全意识，加强对职工的安全教育和培训，牢固树立“安全第一，预防为主”的思想，提高职工的自我保护能力，做到不伤害自己，不伤害别人，不被别人伤害，彻底杜绝类似事故发生。

(2)加强安全生产的基础工作，建立健全安全生产责任制，并把安全生产目标管理责任制逐级分解到企业管理各有关部门和班组，针对作业过程中的每一个环节、细节制定安全措施，完善操作规程，严格执行安全技术交底制度。加大对违章作业的查处力度，坚决杜绝违章指挥、违章作业，进一步改善生产作业环境，确保生产作业的安全。

(3)利用本次事故血的教训对公司全体人员进行一次深刻的安全教育，使所有人员遵守规章制度，进一步加强对项目部各班组的管理。落实三级安全教育，坚决落实“安全生产，预防为主”的方针。

(4)进一步加强对机械设备、施工机具的严格管理，建立健全设备日常维修保养记录，确保设备正常运转，加强对各种作业人员的考核培训，严格持证上岗制度。凡是应专人操作的机器，实行专人专机，一律不准他人使用，下班后机械电源拉闸上锁。

(5)遵守劳动法规定的作息时间，严禁非上班时间作业，禁止超长时间加班，避免疲劳作业。

(6)以此事故为鉴，开展全公司全面的安全生产大检查。工地不论大小，不留死角，认真查找事故隐患，建立健全隐患整改责任制，认真落实整改措施，消除各类事故隐患，确保安全生产，文明施工。

(7)为了使以后不再发生责任事故,决定全面调整此工地管理人员,对项目经理及专职安全员予以撤换,并配齐技术员、资料员、质检员等管理人员。

七、事故点评

这起事故是一起典型的违章作业安全生产事故,作业人员在明知自己不具备操作机械资格的情况下违章操作,同时也暴露出施工现场的安全管理工作的漏洞,对职工安全教育的不足,职工安全意识的淡薄。因此必须对一线作业人员实施有效的安全、技能培训,加大考核力度,提高安全意识。

案例八十六　新乐市礼堂综合楼工程施工机具伤害事故

一、事故主要情况

事故发生时间:2004 年 3 月 18 日

工程名称:新乐市礼堂综合楼工程

事故单位:河北新大地建设有限公司

二、事故主要经过及采取措施情况

2004 年 3 月 18 日,河北新大地建设有限公司承建的新乐市礼堂综合楼工程,钢筋班 3 人用卷扬机在场外加工区调直钢筋,其中 2 人往前拽钢筋,1 人在后边挂钩,待前面 2 人往回看时,发现李某蹲在地下,双手护着面部。2 人急忙通知管理人员,管理人员立即安排出租车将伤者送往医院。后经调查核实,该钢筋盘条拉到头,钢筋端头未固定好而弹出,正好弹在该工人眼上。后经医院诊断李某为眼球破裂,对其进行了眼球摘除手术,后经过医生建议,项目部联系医院为该工人安装了假眼球。

三、事故原因、人员伤亡及财产损失情况

(一)直接原因

钢筋端头未固定牢固,拉出时较快,而李某注意力不集中是发生事故的直接原因。

(二)间接原因

作业工人未执行安全操作规程,安全意识淡薄,自我防护能力差,施工现场管理不严,检查不力是发生事故的主要原因。

(三)人员伤亡及财产损失情况

重伤 1 人。

四、事故性质和责任

这是一起由于安全管理不到位,违章操作所造成的安全生产责任事故。

五、有关事故责任者追究行政、法律责任情况

项目部有关人员缺乏必要的安全知识,发生事故后隐瞒未报,责令施工项目立即停工整顿,对相关责任人进行严肃处理。

六、防止类似事故应采取的措施及建议

(1)认真吸取事故教训,提高思想认识,本着对事故举一反三和“四不放过”的原则,对事故责任者严肃处理。切实贯彻“两条例一决定”,并进一步完善安全规章制度和安全生产责任制网络,确保安全生产责任落实到人,做到安全时时有人管、事事有人管。

(2)加强施工现场管理、技术管理,严格三检(自检、互检、交接检)、技术交底等制度,履行验收手续,对民工应加强对施工现场危险因素和紧急救援方案知识的教育培训,加强特殊工种应知应会培训,严格按操作规程作业。

(3)加大安全教育和培训力度,提高广大职工的安全防护意识,坚决贯彻执行国家安全生产方针政策法规与行业的各项安全生产规章制度,加强专业上岗培训工作,严禁无证或无相关培训记录上岗。

(4)对专业性较强,危险性较大的分项工程必须编制专项施工方案,在施工中严格遵照执行。

(5)在购买建筑设备和构件时要有产品合格证、生产许可证、检测报告,在签订购置、租赁合同时要明确产品质量责任,进场要验收,必要时要委托有资质的单位检验。

七、事故点评

此次事故是一起由于施工制度不合规范,管理人员、作业人员安全意识淡薄,监理检查不到位造成的恶性事故。这起惨痛的事故启示施工单位只有加强安全管理队伍建设制,加强安全培训制度,抓好落实工作,才能实现安全生产。

案例八十七 邯郸市同仁花园16号楼工程施工机具伤害事故

一、事故主要情况

事故发生时间:2004 年 6 月 6 日

工程名称:邯郸市同仁花园 16 号楼工程

事故单位:中煤光华地质基础工程公司

二、事故主要经过及采取措施情况

2004 年 6 月 6 日,中煤光华地质基础工程公司承建的邯郸市同仁花园 16 号楼工地,正在进行喷粉钻机地基处理施工。当时小班人员有 3 人,机手张某、送灰工郭某和倒灰工赵某。上午 10 时左右,送灰工郭某和倒灰工赵某分别在基槽外进行作业,机手张某在基槽内的钻机上操作钻机,钻机处于转动上提阶段。突然,郭某和赵某听到张某大叫一声,2 人立即跳入基槽内,奔向钻机,赵某立即关闭了钻机电源。这时发现张某倒在钻机上,被钻机传动轴挤住,衣服绞在传动轴及小链条上。2 人立即帮其从钻机上下到地下,张某当时意识尚清醒,没有发现外伤,但表示身体不舒服。赵某立即用手机拨打了 120 急救电话,10 分钟左右 120 急救车到达现场,将张某送往第一医院急救,上午 11 点张某抢救无效死亡。事故发生后,现场负责人张某立即赶到医院,配合医院进行抢救,并对其家属进行安抚工作。下午 6 时 30 分公司接到报告,公司经理和公司有关部门及人员立即赶到事故现场和医院组织善后处理工作,并立即上报主管单位中煤第一勘探局,局领导对事故的处理及善后工作作出了指示和安排。次日清晨,由副经理孙某和安监部经理向邯郸市安全生产监督管理局报告,公司总工向邯郸市建管办安监总站报告。邯郸市安监局二处处长郭某当即赶赴事故现场,会同市总工会李部长、市公安局经保大队赵队长、市建管办安监总站郝站长等对事故进行勘察分析,并于 6 月 7 日下午在第一勘探局会议室召开了事故分析调查会议,并对事故的调查处理及善后工作作出安排。

三、事故原因、人员伤亡及财产损失情况

(一)直接原因

(1)钻工张某安全意识差,在钻机正常工作转动时,违章离开操作台,进入非工作区,衣服被传动轴绞住,致使身体被传动轴挤压是导致事故发生的直接原因。

(2)钻机机长赵某在日常工作中,对现场工人的劳保用品及穿戴未作严格要求,致使张某因上衣不扣扣子卷入传动轴,是造成事故的重要原因。

(3)现场负责人张某作为现场施工和安全的直接责任人对现场情况监控不力,是事故发生的主要原因。

(二)间接原因

(1)项目部对安全生产工作重视不够,致使部分工人安全意识差,认为喷粉桩设备简单,易于操作,从没有发生过安全事故,因而没有引起高度重视,也是导致事故发生的另一原因。

(2)公司对职工安全教育及培训工作不够到位,没有进一步使职工认识到安全的重要性,公司经理及主管领导对安全工作的不够重视也是导致事故发生的原因之一。

(三)人员伤亡及财产损失情况

死亡 1 人;经济损失 9 万元。

四、事故性质和责任

这是一起由于违章作业所造成的安全生产责任事故。

五、有关事故责任者追究行政、法律责任情况

(1)钻工张某在钻机正常作业转动时违章进入非工作区,是导致这起事故发生的直接原因,应负主要责任,因其死亡,不再追究其责任。

(2)机长赵某对工人要求不严格,负直接领导责任,公司决定对其作开除处理。

(3)工长张某对现场监督不力,负有管理不善的责任,给予其行政记大过处分。

(4)项目经理孙某负直接领导责任,给予其行政警告处分。

(5)主管安全领导杨某负领导责任,给予其行政警告处分。

六、防止类似事故应采取的措施及建议

(1)公司决定,暂停公司所属工地的施工,进行安全整顿。重点从人的不安全行为、物的不安全状态、作业环境的不安全因素三个方面进行整顿。认真查明事故原因,举一反三,建立健全各项安全制度,加强安全监督工作。教育全体职工从这次血的教训中认识到安全生产工作的重要性,开展"学规程、找隐患、查违章、堵漏洞"和"安全合理化建议"活动,从思想上提高全体员工的安全意识,公司严格按"安全第一、预防为主"的方针去认真落实各项安全措施。

(2)对管理人员及班组长加强安全意识培训,认真学习《安全生产法》,摆正安全与生产的关系,克服重生产、轻安全的思想,切实负起安全生产的岗位责任。对施工作业人员安全生产情况经常不断地检查监督,发现不安全隐患立即纠正,进行整顿,真正做到生产必须安全,不安全不生产。

(3)坚持班前安全教育,把查处违章作为安全活动重点,加强安全意识,落实安全措施,做好安全交底各重要环节,坚决查处违章作业行为,一经发现严厉处罚。

(4)对全体员工进行安全教育补课,进行全员安全操作规程和安全知识培训、考核,建立健全安全教育档案。

(5)在喷粉桩钻机操作台前两侧设置挡板,防止人员从操作台进入非作业区。在检修设备前,应首先制定出安全和防范措施,以防患于未然。

七、事故点评

认真学习《安全生产法》,摆正安全与生产的关系,克服重生产、轻安全的思想,切实负起安全生产的岗位责任。对施工作业人员安全生产情况经常不断地检查监督,杜绝违反操作规程的现象,发现不安全隐患立即纠正,进行整顿。

案例八十八　张家口市世纪豪园 31 号楼工程施工机具伤害事故

一、事故主要情况

事故发生时间:2004 年 9 月 5 日

工程名称:张家口市世纪豪园31号楼工程

事故单位:张家口市京北建设有限公司、张家口市一建公司商品混凝土搅拌站

二、事故主要经过及采取措施情况

2004年9月5日上午,张家口市京北建设有限公司承建的张家口市世纪豪园31号楼施工现场,张家口市一建公司商品混凝土搅拌站进行泵送混凝土作业。当泵送浇筑混凝土作业到中午1时左右,泵浆汽车第三次向前挪动停靠位置,准备浇筑15轴线上的框架柱混凝土。当时泵车右侧的两个支撑臂选择的落点距基坑边缘较近,两个支撑又压在钢筋料堆的上边,泵车操作员武某开动泵机在为距离泵车对面大约15 m处的框架柱泵送混凝土时,由于泵车管架大臂延伸跨度较大,使泵车重心压向一方,加上泵车工作的机械振动,导致车体重心严重侧移,致使右侧的土方塌陷,支撑臂将钢筋压弯,车体发生严重倾斜,将泵车传送臂终端正在进行混凝土浇筑施工的振捣作业人员王某挤压住,致其死亡。

三、事故原因、人员伤亡及财产损失情况

(一)直接原因

泵车司机和泵车混凝土操作工严重违反泵车距边坡4 m以外进行停靠的安全操作规程,而且支撑又压在钢筋上,导致车体倾斜,是导致事故的直接原因。

(二)间接原因

(1)市机械施工公司及搅拌站领导对安全生产工作还没有落实到实处,安全生产规章制度不完善,对职工的安全教育抓得不够。

(2)施工管理不严,制度不落实,作业现场操作缺乏监控、记录、确认程序,导致随意性作业情况易发生。

(三)人员伤亡及财产损失情况

死亡1人。

四、事故性质和责任

这是一起由于违章操作造成的严重的责任事故。

五、有关事故责任者追究行政、法律责任情况

(1)搅拌站经理段某是本单位安全生产工作的第一责任人,对安全工作不重视,没把安全落到实处,应对这起事故负一定的领导责任,给予其行政警告处分。

(2)搅拌站主管安全工作的副经理李某,按工作职责,应做好职工安全教育、施工现场作业规范等各项基础性工作,对这起事故应负主要的安全管理工作责任,给予其行政记大过处分。

(3)汽车泵车司机黄某,应对施工作业现场泵车停靠位置不当负有直接责任,给予其行政记过处分。

(4)泵车操作员武某,对泵车停靠的位置存有侥幸心理,严重违反安全操作规程,进行危险作业,导致事故发生,给予其开除处分。

六、防止类似事故应采取的措施及建议

(1)市机械施工公司、搅拌站每月召开一次安全生产会,专门研究安全生产工作中需要解决的问题。法定责任人要保证安全资金的投入,主管安全工作的副经理要做好安全工作的落实,进一步完善单位内部各项安全管理制度,进一步加强职工的安全教育,特别是施工现场的安全教育,以这起事故为教训,让全体职工真正提高安全意识,坚决做到不安全不作业。

(2)严格劳动安全施工,进入施工现场进行泵送混凝土操作作业时,派驻一名安全员,专门负责现场环境、机械状态和操作行为的安全确认、记录、监护以及协调工作。遇有不能确定的

因素，坚决停止作业，并向单位领导汇报。

(3)严格执行岗位安全技术操作规程，特别是向高处泵送混凝土时，更要注意电缆安全防护，开展全厂职工查找事故隐患的活动，将查出的问题进行公示，全部整改。

七、事故点评

严格执行岗位安全技术操作规程，对现场环境、机械状态和操作行为进行安全确认、记录、监护。进一步完善各单位内部各项安全管理制度，加强职工的安全教育，特别是施工现场的安全教育，让全体职工真正提高安全意识。

(二)龙门架及井字架

案例八十九　唐山建设集团建筑构件厂工程施工机具伤害事故

一、事故主要情况

事故发生时间：2004 年 2 月 26 日

工程名称：唐山建设集团建筑构件厂混凝土构件厂工程

事故单位：唐山建设集团有限责任公司

二、事故主要经过及采取措施情况

2004 年 2 月 26 日上午 10 时，唐山建设集团有限责任公司承建的唐山建设集团构件厂工程工地，吊装人员开始给用户吊装混凝土构件。大约在中午 12 时 40 分左右开始装第三辆汽车。12 时 50 分，第三辆汽车装好第一架混凝土构件后，起重指挥孟某留在汽车上用方木支撑吊装混凝土构件，由于上下车不方便，孟某没有随吊车一起走，起重机向南行走去吊装混凝土构件，司索工韩某在轨道西侧由北向南走。汽车距要吊装的混凝土构件放置处约 65 m 左右时，韩某走到距汽车 51 m 处，与管理人员李某交谈后欲查看混凝土构件顶部吊环的好坏。于是，韩某走到要吊的混凝土构件中间与横向放置的混凝土构件的夹角处，跃上混凝土构件顶部。在韩某还没有完全直起腰时，听见李某的叫声并发现李某倒在起重机吊车突出的减速器和混凝土构件之间的南侧。韩某马上进行呼救并跳下混凝土构件，奔向李某。这时，起重机司机听见喊声，立即停车。听见喊声的其他工友将李某抬到办公室，同时拨打 120 急救电话求救，5 分钟后，救护车到厂，将李某送往医院抢救，终因抢救无效死亡。

三、事故原因、人员伤亡及财产损失情况

(一)直接原因

吊车设计的减速器与现场堆放的构件距离太小，运行过程中吊车观望角度和管理人员李某的工作地点呈盲区，视线被遮挡，加之起重机司机和司索工韩某的配合出现瞬间观察不到位的时间差，是事故发生的主要原因。李某作为现场的管理人员，在观察构件质量和选料的过程中，由于注意力过于认真和集中，司机在启动起重机时鸣铃示警，没能引起李某注意，是事故发生的直接原因。

(二)间接原因

该厂对职工安全教育缺乏深入细致的工作，安全操作规程缺乏严格的检查和落实。现场混凝土构件摆放与起重机突出的减速器距离之间存有不安全的因素，并且该厂管理人员没能及时发现和消除，也是事故发生的一个重要原因。

(三)人员伤亡及财产损失情况

死亡 1 人；经济损失 9 万元。

四、事故性质和责任

这起事故是由于违章操作造成的安全生产责任事故。

五、有关事故责任者追究行政、法律责任情况

(1)厂长王某对安全生产工作检查落实不到位,对本次事故负领导责任,经研究决定给予其行政记过处分。

(2)生产科长张某对员工安全教育、检查不够,对本次事故负有一定领导责任,经研究给予其行政记过处分。

(3)安全员王某对生产工人缺乏经常性的安全教育,安全监督检查不够,经研究给予其行政记过处分。

(4)设备员郑某对起重设备安全管理制度执行不严,经研究给予其行政警告处分。

(5)起重机司机杜某和起重机司索韩某在作业时安全意识淡薄,现场监护不严,经研究决定给予二人行政记大过处分。

六、防止类似事故应采取的措施及建议

(1)认真吸取事故教训。事故发生后该厂立即召开了全体职工大会通报了事故情况,组织全体员工利用 3 天的时间逐条学习安全生产操作规程。同时该厂利用一周的时间,进行了全面的停产整顿,厂长带队,工会、安全、生产、技术人员及班组长、电工、机修工等,对起重机、各类机械设备,以及成品件堆放、生产操作场地等设备设施,逐台件、逐岗位开展了拉网式的安全检查,及时查改各类事故隐患 13 项,同时增加了安全生产定期检查和报告制度,落实责任,做到不安全不生产,防止事故再次发生。

(2)加强职工安全生产宣传教育和培训,加强对作业人员的教育和培训,认真制定和落实安全生产操作规程,对工人严格管理,做到持证上岗作业,确保安全生产。

(3)层层落实安全生产责任制,建立健全各项规章制度。认真落实各级管理人员安全生产责任制,按岗定责,发现问题及时处理。

七、事故点评

认真吸取事故教训,落实安全生产责任制,建立健全各项规章制度。加强对作业人员的教育和培训,认真制定和落实安全生产操作规程。对工人严格管理,做到持证上岗作业,确保安全生产。

案例九十　河北大学艺术学院南北楼 B 区项目施工机具伤害事故

一、事故主要情况

事故发生时间:2004 年 8 月 12 日

工程名称:河北大学艺术学院南北楼 B 区工程

事故单位:河北第四建筑工程公司

二、事故主要经过及采取措施情况

2004 年 8 月 12 日,河北第四建筑工程公司第六分公司承建的河北大学艺术学院南北楼 B 区工程,施工用物料提升机在上料过程中,司机张某发现卷扬机靠背轮上的 1 个 12 mm×10 mm 螺丝掉下,于是停车叫后方上料人员蔡某找机械工拿工具和螺栓进行修理。这时上料盘停在距 4 层卸料平台 1 m 处,上料盘中有 4 辆装满砂浆的小车,因当时没有找到合适的螺栓,机械工继续到别处寻找,没有在施工现场,张某擅自用 $\phi12$ 钢筋临时代替螺栓固定。张某经过处理后发现物料提升机不能起动,因施工任务紧,张某在叮嘱蔡某和刘某两人二人不能乱

动后,就亲自去叫人赶快修理。这时,壮工刘某走到卷扬机边触动卷扬机闸片及线包部位,闸片突然松动,吊盘高速下落,带动卷扬机变速器和靠背轮高速转动,靠背轮突然破碎飞出,飞出物将刘某头部击中,工地人员立即就近将刘某送到医院抢救,经手术取出靠背轮碎片。手术后刘某病情比较稳定,至 19 日刘某拆除药线时刀口已愈合好,而且其精神状态也较好,能吃东西,也能讲话。但当日下午 5 时刘某突发高烧,经转院后病情进一步恶化,于 8 月 19 日晚 11 时 30 分经抢救无效死亡。

三、事故原因、人员伤亡及财产损失情况

(一)直接原因

壮工刘某在工作中,本身不具备卷扬机操作知识,也不懂机械性能,更无特种作业人员上岗证,其本人所从事的工种,与机械维修毫无关系且在无人指派及无专业人员看护的情况下,违反操作规程,趁卷扬机手不在场,随意调整卷扬机。并且刘某在施工过程中始终没有佩戴安全帽,加大了此次事故的严重性,是本次事故的直接原因。

(二)间接原因

此次事故的发生反映了六分公司领导在安全生产管理工作中安全生产意识淡薄,安全教育形式化,安全管理松散,安全培训教育、安全检查、设备维修保养等制度不落实,责任不明确等问题。导致施工现场工人安全生产意识差,自我防范能力低,缺乏必要的安全知识,违章作业、违规操作,是事故发生的间接原因。

(三)人员伤亡及财产损失情况

死亡 1 人。

四、事故性质和责任

这是一起由于工人违章操作所造成的安全生产责任事故。

五、有关事故责任者追究行政、法律责任情况

(1)壮工刘某本人不具备特种作业人员操作资格,在无人指派情况下,无视操作规程,不听从操作人员劝告,善自调整卷扬机,而且在施工过程始终未佩戴安全帽,实属违章作业是造成本次事故的直接原因,应负直接责任,鉴于其本人已死亡,不再追究责任。

(2)项目经理张某身为施工现场安全生产第一责任人,疏于管理,对安全生产工作不够重视,不能对施工人员进行有效的安全教育,施工现场班组安全教育活动形同虚设,安全教育、安全检查等制度不落实,责任分工不明确,存在严重的重生产、轻安全现象,致使施工现场操作工人缺乏必要的安全知识和自我防范能力,对本次事故应负有直接管理责任。给予其通报批评,严重警告,责令写出深刻检查在公开场合进行自我检讨,并处罚款 1 000 元。

(3)河北四建六公司,在安全管理工作中,三级教育制度和对新上岗民工培训的教育制度落实不到位,对检查发现的安全隐患整改不利,对本次事故应负有一定的领导责任,依照《河北省建设工程安全生产监督管理规定》第 39 条的规定,对河北省第四建筑工程公司予以罚款 1 万元的处罚。对省四建六分公司经理张某、副经理黄某,依照《建设工程安全生产管理条例》第 66 条的规定,给予通报批评及警告,并处罚款 2 000 元。

(4)保定市第三监理工程建设监理公司,对该工地存在的安全隐患不能及时有效的要求施工单位进行整改,也未向有关主管部门报告,因此,对本次事故应负有一定监理责任。给予该公司通报批评,责令立即对其各监理部进行整改,并依照《河北省建设工程安全生产监督管理规定》第 39 条的规定,对第三监理公司罚款 1 000 元。

六、防止类似事故应采取的措施及建议

(1)对发生事故的卷扬机立即进行检测,做进一步的技术分析和技术鉴定,未经检测合格,不得投入使用。

(2)所有在建工程,立即开展安全生产大检查,认真排查隐患,并予以消除。

(3)责成企业加强对职工的安全教育,牢固树立"安全第一,预防为主"的思想,提高全员职工的安全意识和自我防护能力,生产中做到"三不伤害",文明施工。

(4)落实安全生产检查制度,做到安全生产有人抓,违章违纪有人管,消除事故隐患,杜绝"三违",确保安全生产。

(5)加大安全投入,逐步改善安全生产环境,提高文明施工(生产)的硬件设施。

(6)做好周一安全教育,周六安全检查工作,积极开展班前安全活动。

(7)制定安全管理目标,将安全生产责任目标层层分解落实到人,定期考核。

七、事故点评

这起事故是因安全生产教育不到位,工人违章操作引起的。因此各施工企业要重视安全生产基础工作,建章立制,强化安全生产教育培训工作,加大检查力度,减少违章作业、违章指挥的现象,从根本上消除生产安全事故。

案例九十一 保定市河北勘察总队住宅小区2号楼工程施工机具伤害事故

一、事故主要情况

事故发生时间:2005年5月19日

工程名称:河北勘察总队住宅小区2号楼工程

事故单位:保定建业集团有限公司

二、事故主要经过及采取应急措施情况

2005年5月19日晚7时40分左右,保定建业集团有限公司承建的河北勘察总队住宅小区2号楼工地人员正在进行加班作业。6层作业人员召唤卷扬机手把6层剩余物料(油毡、喷灯、汽油等,重量大约半吨)运到地面,恰逢卷扬机手上厕所,现场壮工陈某便私自开动卷扬机。操作中,卷扬机制动轮破碎,碎片击中陈某的胸部,现场人员立即将其送往医院,经抢救无效死亡。

三、事故原因、人员伤亡及财产损失情况

(一)直接原因

(1)陈某在操作中违反卷扬机操作规程,违章作业,用外力松开制动器,致使吊盘快速下落,吊盘接近地面时又突然恢复制动,造成制动轮碎裂,碎片击中其胸部致死。

(2)卷扬机存在质量缺陷,制动架与卷扬机底架间焊缝有缺陷。

(二)间接原因

(1)壮工陈某未经施工工长允许私自操作卷扬机,且没有取得特种作业人员岗位证书,不懂操作规程。

(2)卷扬机机手的特种作业人员岗位证书未进行年检,违反卷扬机操作规程,离开机棚时没有断电锁闭电控箱,致使其他人员能够随意开动设备。

(3)龙门架及卷扬机未按规定经检测机构检测。

(4)现场安全管理与设备管理不到位,对特种作业管理也不到位。

(三)人员伤亡及财产损失情况

死亡1人,经济损失20万元。

四、事故性质和责任

此次事故的是因为工人违章作业造成的一起责任事故。

五、有关事故责任者追究行政、法律责任情况

(1)死者陈某严重违章、违纪,是造成本次事故的直接原因,应负直接责任,鉴于本人已死亡,不再追究其责任。

(2)该项目部项目经理李某,身为项目部第一责任人,对现场职工安全教育管理不到位,致使陈某违章操作卷扬机,应负主要责任。按照有关规定,吊扣李某项目经理资质证书及其安全管理人员考核证书半年,并责令企业对该项目部进行重组。

(3)该项目部专职安全员陈某,未能认真履行职责,对物料提升机未进行检测就使用,未采取有效措施,也未向企业主管部门报告,属严重失职行为。按照有关规定,吊销陈某安全管理人员考核证书,3 年内不得重新申办,并责令企业将其调离原工作岗位。

(4)保定建业集团有限公司,对该项目部和施工现场存在的问题和安全隐患未及时发现和消除,各项制度未能有效落实,对本次事故负有不可推卸的责任。按照有关规定,对保定建业集团有限公司处以 1 万元经济处罚,并责成该企业对本次事故负有一定责任的有关人员给予相应的行政处分。

(5)保定市建设工程监理有限公司,对该工程存在的安全隐患不能有效制止,也未按有关规定向建设行政或安全管理机构报告,按照有关法律规定给予该公司 2 000 元的经济处罚,并进行通报批评。

六、防止类似事故应采取的措施及建议

(1)责成保定建业集团加强对职工的教育,牢固树立“安全第一,预防为主”的思想,提高全体职工安全意识和自我保护意识及防护能力。生产中做到“三不伤害”,文明施工,对企业所有在建工程,开展安全大检查,认真排查隐患,并予以消除。企业立即对该项目部进行重组,并健全有关责任制度切实落实安全责任制。

(2)责令保定建业集团河北总队项目部停工整顿,全面检查,消除安全隐患,经市安监站复查合格后方许复工。落实安全生产检查制度,做到安全生产有人抓,违章违纪有人管,消除事故隐患,杜绝“三违”现象,确保安全生产。做好周一安全教育,周六安全检查工作,积极开展班前安全活动。

七、事故点评

职工安全意识淡薄,未取得龙门架操作证擅自作业,是此事故直接原因,企业持证上岗等管理制度未得到贯彻落实,其项目经理负有不可推卸的责任。施工企业要建章立制,强化制度的落实,坚持特种作业持证上岗制度,加强安全教育培训工作,杜绝“三违”现象,有效防止事故发生。

第六节　触电事故案例

(一)外电线路

案例九十二　唐山玉田镇东八里铺信用社办公楼触电事故

一、事故主要情况

事故发生时间:2004 年 5 月 23 日

工程名称：唐山玉田镇东八里铺信用社办公楼工程

事故单位：唐山中实建筑有限公司

二、事故主要经过及采取措施情况

2004年5月23日，唐山中实建筑有限公司承建的唐山玉田镇东八里铺信用社办公楼工程，主体建筑及内外装修已完工。候某为该公司架子工，负责该项工程外装修搭设架子的拆卸，候某找到吴某，让其到工地帮忙，和他一起拆卸脚手架。上午候某与吴某开始拆卸外部脚手架，吴某站在2层作业台架上，拆除3层架管。上午11时，在拆除一根立管(6 m)时，吴某因操作不慎，将立管倒向建筑物主体南侧水平距离5 m的高压裸线上，当场被电击倒。吴某被紧急送往医院抢救，至下午3时经抢救无效死亡。

三、事故原因、人员伤亡及财产损失情况

(一)直接原因

吴某缺乏安全生产意识，操作不当，是造成这次事故的直接原因。

(二)间接原因

施工现场未采取有效的安全防护措施，是这次事故的间接原因。

(三)人员伤亡及财产损失情况

死亡1人；经济损失9.8万元。

四、事故性质和责任

这是一起由于工人违章操作所造成的安全生产责任事故。

五、有关事故责任者追究行政、法律责任情况

(1)唐山中实建筑有限公司安全防范意识淡薄，防范措施不严，对这次事故负主要责任，责成县建设局对其进行处理。

(2)吴某自身防范意识差，操作不规范，是本次事故的直接责任人，因其在事故中死亡，不再追究其责任。

六、防止类似事故应采取的措施及建议

(1)该公司应加强安全知识教育，提高安全防范意识，特别是在工程接近完工时，更应采取必要的安全措施。

(2)组织职工进行安全知识培训，提高自身防范意识，使其在作业前充分了解作业环境。

(3)对架子工等特种作业人员进行专门的培训，未经培训、没有操作证的人员不准上岗。

七、事故点评

这起事故是由于安全管理不到位，工人违章操作，安全意识淡泊，安全教育培训不足所造成的。这起惨痛的事故启示各施工单位要加大各级安全生产管理人员的安全意识，提高管理人员的素质，加大对施工人员的安全教育培训工作，普及安全常识。

案例九十三　石家庄市华药输水管线工程触电事故

一、事故主要情况

事故发生时间：2005年7月7日

工程名称：石家庄市华药输水管线工程

事故单位：石家庄市安装工程有限公司

二、事故主要经过及采取措施情况

石家庄市安装工程有限公司承揽的华药输水管线主体工程于2005年5月已完工，于

2005 年 7 月 7 日进行新旧管口碰头作业，工作地点位于建华北大街与丰收路交叉口。上午由班长陈某联系吊车，双方相约 11 点到现场，结果吊车司机提前于 9 点钟左右到现场，陈某询问得知吊车司机想要提前到现场把车修理一下。约 11 点左右，陈某让吊车将断开的旧管由沟下吊出，工人们开始预制碰头管件，由于天气炎热，工人们下午 3 时才正式开始工作。首先安排测量尺寸下料，断钢管，修理承口及套袖。在下午 3 时 10 分吊车开始工作，第一钩把沟西侧下好料的 ϕ630 钢管(约 2 m 长)吊到沟东侧。大约下午 3 时 30 分左右，吊车吊装第二钩，准备把吊车北侧的 ϕ630 钢承口吊至吊车南侧。当时管工王某把钢承口套上钢丝绳索挂到吊钩上，吊车起吊后，吊臂由北自西向南回转。由于管件重量轻，吊车绳索左右晃动大，于是王某便过去用手扶稳管件随着吊车吊臂从西侧由北往南回转。当吊车臂转到西南侧时，吊臂离南侧半空中高压线接近(高压线为橡胶绝缘电线)，这时听司机喊别拽，喊声未落就见管工王某倒地。工友们以为他摔倒了，王某当时还说了句“没事”，紧接着就抽动起来，大家赶忙上前抱住他。项目经理急忙从现场北侧跑过来对王某进行人工呼吸及心脏按压等急救措施，并拨打了 120 急救电话。由于怕耽误时间(当时现场有一小车)，随即开车把王某送往附近医院急救中心，大概在下午 3 时 40 分左右将王某送达医院进行抢救，经医院奋力抢救，王某终因伤势过重经抢救无效死亡。

三、事故原因、人员伤亡及财产损失情况

(一)直接原因

吊车作业前，未按吊车位置、作业半径、臂杆高度以及被吊物情况进行全面考虑，致使吊车绳距南侧高压线过近，高压线放电时，绳索带电将王某击倒。

(二)间接原因

(1)项目经理部对安全生产意识淡薄，没有把“遵章守法、关爱生命”的指导思想放在首位，在租用吊车过程中，没有严格按照国家安全生产的有关法律法规和公司规章制度及操作规程去做，所租用的吊车作业人员没有取得特种作业人员上岗证，属违章作业。

(2)工程进入尾声，施工人员思想较为松懈、麻痹，把“安全第一、预防为主”的方针放于脑后，各级责任制落实不到位，未安排专门人员进行现场安全管理。

(3)此次事故的发生，暴露了企业在安全生产管理上的不足，该工程项目重新施工，对特殊部位的分项工程，未进行有针对性的安全技术交底，安全防护未能到位。

(4)公司各级领导安全意识不够高，对安全生产的管理思想麻痹，投入的精力不够，有时以工作忙为理由，忽视了安全生产工作，放松了安全生产的管理，致使安全生产管理工作时松时紧，工作不到位。

(5)各级领导在抓安全管理工作上浮浅，没能有效地抓到深处，落到实处，只是停留在文字上、口头上，没能落实到各自目标的实处。

(三)人员伤亡及财产损失情况

死亡 1 人；经济损失 15 万元。

四、事故性质和责任

这是一起由于安全教育、安全管理不到位，违章作业所引发的重大安全生产责任事故。

五、有关事故责任者追究行政、法律责任情况

(1)公司法人董事长苏某，对本次事故负领导责任，责令其在公司综合调度会上作书面检查，并处罚款 1 000 元。

(2)公司总经理张某，对本次事故负领导责任，责令其在公司综合调度会上作书面检查，并

处罚款 1 000 元。

(3)公司主管副经理王某，对本次事故负领导责任，责令其在公司综合调度会上作书面检查，并处罚款 800 元。

(4)公司直属项目部经理白某，对本次事故负有直接责任，责令其在公司综合会和项目部全体人员会上作书面检查，并处罚款 3 000 元。

(5)项目部安全员沈某，安全监督检查不到位，安全管理不严格，对本次事故负有主要责任，责令其在项目部会上作书面检查，并处罚款 2 000 元。

(6)项目施工负责人陈某，对本次事故负有直接责任，责令其在项目部会上作书面检查，给予行政记过一次，并处罚款 3 000 元。

六、防止类似事故应采取的措施及建议

(1)公司已于 7 月 7 日下午要求立即停工，并立即上报有关部门进行调查取证工作。同时召集现场全体人员分析事故原因，总结事故教训，提高思想认识，确保安全生产。

(2)公司于 7 月 9 日上午召开了安全生产专题会，通报这次事故发生的经过，观看了安全生产教育宣传片。会上公司领导及主管安全生产的经理、项目部经理都作了深刻检讨，同时公司领导要求各分公司(厂)及施工队伍在施工中必须认真贯彻“安全第一、预防为主”的方针，带头执行安全生产的各项规章制度。

(3)根据事故原因公司要求分公司及项目部的领导要进一步认真落实安全生产岗位责任制、安全生产检查制度、安全技术措施管理制度，依照相关规定在 7 月 11 日前对自己单位在岗职工进行安全教育培训，通报本次事故。未经培训和考核不合格的职工不得上岗作业，对特种作业人员上岗和租赁的超重设备要进行进场检验，司机必须持有特种作业操作证，并严禁有缺陷的设备进场作业。

(4)各分公司、公司直属项目部，领导带队组织技术、质安人员对各自在建工程进行一次检查，对检查出的问题、隐患要提出整改要求。公司由主管经理带领公司各相关部门对公司全部在建工程进行检查，对查出的问题、隐患(属基层检查中查出没整改的)根据公司规定加倍处罚，并停工整改。

(5)施工用电要严格按“临时用电”规定执行，做到“一机一闸一保护”，临电电工要持证上岗，工地其他人员不得私自接线拆线。

(6)通过经济手段和行政手段，自上而下，强化安全管理意识。对在这次整改中，不按规定要求进行，整改缓慢的，一律按公司规定严肃处理。

(7)分析事故原因，总结事故教训，制定专项安全技术措施，责任到人，加强安全教育培训管理，特别是特种作业人员安全教育培训，增强安全意识，杜绝类似事故的再次发生。

七、事故点评

通过此次事故可见，租赁设备是施工现场的一个事故隐患，必须严格执行租赁设备进场检验制度及特种作业人员持证上岗制度。各施工单位，要牢固树立“安全第一、预防为主”的思想，加大安全生产管理，强化培训教育，提高安全防范意识，严格执行各项规章制度，防止类似事故发生。

案例九十四　保定市乐凯胶片公司暖气管道改造工程触电事故

一、事故主要情况

事故发生时间：2005 年 5 月 6 日

工程名称:保定市乐凯胶片公司暖气管道改造工程

事故单位:河北玉川建筑工程有限责任公司

二、事故主要经过及采取措施情况

2005 年 5 月 6 日,河北玉川建筑工程有限责任公司施工的保定市乐凯胶片公司暖气管道改造工程工地运来一车钢管,每根钢管长 12 m,约重 1 t,需雇汽车吊进行吊装。现场负责人吴某联系到保定市二里七店吊车业主白某,租用了车主的 25 吨汽车吊并雇佣了司机付某。吴某在施工现场附近对车主及司机进行口头交代,并让其一定注意安全。晚上 6 时,起吊第一根钢管,当钢管距沟底 1 m 左右时,车主让工地干活的两位壮工周某、商某帮忙扶一下钢管,使钢管吊放到管道的西头。就在周某、商某接触钢管同时,汽车吊的钢丝绳碰到了位于管沟上空的 10 kV 高压线,将周某、商某同时击倒在地。站在管沟边上的工长吴某发现后立即组织救援并打电话报告给公司安全科长吴某。后周某经抢救无效死亡,商某轻伤。

三、事故原因、人员伤亡及财产损失情况

(一)直接原因

(1)车主白某与司机付某无任何操作证件,承揽吊装业务进场后,又未对现场的情况进行详细勘察,盲目作业。

(2)工长吴某明知车主与司机无任何操作证件,还雇佣其进行吊装作业,进场后又未对其进行安全技术交底。

(二)间接原因

该项目违反《保定市临建、零建、维修工程管理规定》擅自开工,没有办理安全监督手续。施工过程中没有配备安全管理人员,在施工过程中管理不严,对无特种作业操作证人员随意上岗现象熟视无睹。

(三)人员伤亡及财产损失情况

死亡 1 人,轻伤 1 人。

四、事故性质和责任

这是一起由于工人无证上岗、违章操作所造成的安全生产责任事故。

五、有关事故责任者追究行政、法律责任情况

(1)车主与司机无任何操作证件,承揽吊装业务进场后,又未对现场的情况进行详细勘察,盲目作业,应负主要责任。

(2)工长明知车主与司机无任何操作证件,还雇佣其进行吊装作业,进场后未对其进行安全技术交底,应负主要责任。责令企业对其作停职处理,进行教育后,取得相应证件,方可上岗。

(3)河北玉川建筑工程有限责任公司承揽该工程项目,违反了《保定市临建、零建、维修工程管理规定》擅自开工,没有办理安全监督手续,对河北玉川建筑工程有限责任公司处以 1 万元的经济处罚。

六、防止类似事故应采取的措施及建议

(1)责成企业加强对职工的教育,牢固树立"安全第一,预防为主"的思想,提高全体职工安全意识和自我保护意识及防护能力,生产中作到"三不伤害",文明施工。

(2)责令乐凯胶片公司暖气管道改造工程停工整顿,全面检查,消除安全隐患,经市安监站复查合格后方许复工。对河北玉川建筑工程有限责任公司所有在建工程,开展安全大检查,认真排查隐患,并予以消除。

(3)落实安全生产检查制度,作到安全生产有人抓,违章违纪有人管,消除事故隐患,杜绝“三违”,确保安全生产。

(4)责成企业立即撤消原现场施工员,另行委派施工员及其他管理人员。

(5)加强对临时雇佣人员及机具的监控,加大安全管理力度,杜绝无证上岗情况的发生。

七、事故点评

企业应加强对职工的教育,牢固树立“安全第一,预防为主”的思想,提高全体职工安全意识和自我保护意识及防护能力,生产中作到“三不伤害”。落实安全生产检查制度及特种作业人员持证上岗制度,消除事故隐患,杜绝“三违”现象,确保安全生产。

(二)施工现场临时用电

案例九十五　邯郸市邯山广场居住小区2号楼触电事故

一、事故主要情况

事故发生时间:2004年6月19日

工程名称:邯郸市中华南大街邯山广场居住小区2号楼工程

事故单位:邯郸市光明建筑安装工程有限公司

二、事故主要经过及采取措施情况

2004年6月19日,邯郸市光明建筑安装工程有限公司承建的邯郸市中华南大街邯山广场居住小区2号楼工地,刘某发现砂浆搅拌机反复跳闸不能起动,随即告诉瓦工班长,班长又找到现场值班电工,要求查找原因。电工经过初步检查后认为可能是电机问题,就到仓库领取摇表进行了测试,最后认定为电机漏电,随手把拆下的电源线放在搅拌机旁边,并告诉瓦工班长电机漏电,不能使用,之后又通知了施工员。施工员说:“先把电线拆了,下午上班去仓库领取电机,先吃饭吧!”于是众人就分头吃饭去了。下午2时上班后,室内砌筑填充墙的3名技工急等用灰,抹灰班长要求和灰工必须及时供应。2名和灰工为图省力,违章操作,私自把电工上午拆下的电源线,挂在了开关箱闸刀的保险片上,起动了搅拌机。在砂浆搅拌过程中,由1人往提升机料盘上推灰,1人推车运砖,造成了搅拌机无人看守。就在这时,与之相邻的混凝土搅拌机上料工李某正好走过来,伸手抓握出料手柄,被电击倒在地上。正在寻查设备的电工正好路过发现李某已横卧在地,砂浆机还在运转,马上拉闸断电,又喊来众人相救。闻讯赶来的施工员迅速对李某实施了口对口人工呼吸,并拨打120急救电话。约下午2时50分,120急救中心医护人员赶到,并立即展开抢救,后又将伤者转入邯郸医专附属医院救治。李某经抢救无效于下午4时50分死亡。

三、事故原因、人员伤亡及财产损失情况

(一)直接原因

(1)混凝土班工人李某,在未经他人允许的情况下,私自离开工作岗位,擅自进入其他班组施工场地,触动已漏电的砂浆搅拌机导致触电,是造成这起事故的直接原因。

(2)瓦工班和灰工安全意识淡薄,明知砂浆搅拌机漏电,私自接电,强行使用,严重违反了安全操作规程,是造成这起事故的主要原因。

(3)瓦工班负责人,在已知砂浆搅拌机漏电的情况下,未采取进一步有效措施,仍然安排工人干活,并未明确告知不能使用已漏电的砂浆搅拌机,在开工后对工人擅自使用搅拌机的行为失察,是造成这起事故的重要原因。

(4)电工在检查确定砂浆搅拌机电机漏电后，只是将电线拆下盘好，未采取进一步有效措施，未关闭配电箱，未设置警示标志，也是造成这起事故的重要原因。

(5)工地施工员明知新工人安全意识差，在未对新工人进行安全教育培训的情况下同意其上岗，在工地检查时，不能及时发现工人的违规行为，是造成这起事故的重要原因。

(二)间接原因

(1)光明建筑公司邯山广场居住小区项目部经理李某忽视安全生产工作，未按规定对工人进行三级安全教育培训，对施工现场出现的违规行为，监管不力，是造成这起事故的重要原因。

(2)邯郸市光明建筑安装工程有限公司对安全生产工作重视程度不够，安全生产责任制落实不到位，未按规定设置专门的安全机构和配备相应的安全生产管理人员，对从业人员的安全教育培训不足。

(三)人员伤亡及财产损失情况

死亡 1 人；经济损失 12 万元。

四、事故性质和责任

这是一起由于安全管理不善、违章作业所造成的安全生产责任事故。

五、有关事故责任者追究行政、法律责任情况

(1)瓦工班工人违反操作规程，私自接线，强行施工，是造成事故的主要原因，应负主要责任，建议对其作开除处理。

(2)混凝土班工人李某违反劳动纪律，私自串岗，擅自触动施工机械，导致触电，是这起事故的直接原因，应负直接责任，因其死亡，责任不再追究。

(3)电工发现事故隐患，并采取一定措施，但措施不到位，且其本人无特种作业操作证而从事电工作业，是这起事故的重要责任者，对其作开除处理。

(4)瓦工班班长安全意识淡薄，疏于管理，未能及时发现事故隐患，负直接领导责任，对其作开除处理。

(5)工地施工员未对工人进行安全生产教育，监管不力，负有管理责任，给予行政记大过处分。

(6)项目部经理对安全生产重视不够，疏于管理，负有领导责任，给予行政记过处分。

(7)公司副经理张某，主管安全生产工作，未尽到其职责，负有领导责任，给予行政严重警告处分。

(8)邯郸市光明建筑安装工程有限公司法人代表聂某，未建立健全本单位安全生产责任制，未按规定设立安全生产管理机构和配备安全生产管理人员，未按规定对从业人员进行安全生产教育培训，依照《安全生产违法行为行政处罚办法》第 36 条规定，对其单位处罚 2 万元。

六、防止类似事故应采取的措施及建议

(1)严格按照国家、省、市有关安全生产法律、法规和规定要求，进一步完善安全生产各项规章制度和各级、各部门、各工种安全生产岗位责任制，并认真贯彻落实，以便时时处处都能做到有法可依，有章可循。

(2)认真吸取事故教训，举一反三，尽快建立健全安全生产保证体系，设立安全生产管理机构并配足安全生产管理人员，确保分工明确，各负其责。

(3)公司上下全面开展安全教育，普及安全知识，举办形式多样的培训班，特别要加强对新工人的安全技能岗位培训，特种作业人员做到持证上岗。从而提高全体职工的安全意识和安全防护能力。

(4)搞好现场整改。组织项目部有关人员及各生产班组、各工种主要力量对施工现场安全工作进行认真排查。特别是临电安全方面要从三相五线制配置到三级配电两级保护进行测试;从警示牌告知到拉闸上锁管理,都逐一进行自查自纠。对外架防护、物料提升、钢筋制作、模板支拆、塔机使用与维修等,都要进行严格的检查,决不放过一个隐患,进一步加大整改力度,强化安全管理,彻底改变施工现场管理混乱现象,彻底杜绝各类事故发生,为今后的安全生产打下一个坚实的基础。

七、事故点评

施工企业要严格按照国家、省、市有关安全生产法律、法规和规定要求,加大安全生产教育培训力度,教育职工遵章守纪,严格按操作规程作业,确保分工明确,各负其责。加强对施工现场的安全检查,决不放过一个隐患。对查出的隐患要及时整改,强化安全管理,彻底杜绝各类事故的发生。

案例九十六　石家庄龙泉花园38号楼触电事故

一、事故主要内容

事故发生时间:2004 年 7 月 5 日

工程名称:龙泉花园 38 号楼工程

事故单位:鹿泉市鹿通建安责任有限公司

二、事故主要经过及采取应急措施情况

2004 年 7 月 5 日下午 6 时 40 分左右,在鹿泉市鹿通建安责任有限公司承建的龙泉花园 38 号楼工程工地,一单元 1 层正在浇筑地面垫层。3 名民工下班回住宿的楼梯间内,边走边打闹,走在中间的民工蒋某不慎头部触在楼梯间内的 220 V 裸露的临电上,另外 2 名工人马上把电源拔掉,并立即对倒地的蒋某进行人工呼吸抢救。在场的项目经理王某立刻拨打 120 急救电话后蒋某在送往医院途中死亡。项目经理王某得知蒋某死亡后当即通知公司经理及巡警并保护了现场。巡警到现场后,对现场进行了拍照,并做以下安排:①立即停工整改并保护现场;②立即勘察和询问事故原因;③由公司领导与项目经理对民工进行安全教育;④对死者善后事宜由项目经理王某直接安排,并进行妥善处理;⑤由调查组尽快报市级有关部门。

三、事故原因、人员伤亡及财产损失情况

(一)直接原因

现场临电连接不规范,致使电线裸露且高度不够,漏电保护器失灵,是发生事故的直接原因。

(二)间接原因

(1)对工人的安全教育不及时、不详细、不全面。

(2)民工本人自我保护意识差,对安全用电意识浅薄,对其安全管理缺乏有效的监督教育机制。

(3)临电不规范,接线头太多,乱拉临线,临线高度达不到规范要求。

(4)施工队长对临时工安全教育不够,监督不到位,自己存有侥幸心理,对安全方面没有狠抓硬管,执行不利,在抓生产的同时忽视了安全,以上问题都是造成这起触电事故发生的主要因素。

(5)项目经理平时对职工安全教育不重视,不注重实际效果,对岗位责任制落实不到位。

(三)人员伤亡及财产损失情况

死亡1人。

四、事故性质和责任

这是一起生产安全责任事故。

五、有关事故责任者追究行政、法律责任情况

(1)公司总经理李某对事故负领导责任，责令其写出书面检查，并在公司安全会议上作出检查，根据公司安全管理奖罚制度的有关规定，对其处罚款1 000元并扣3个月奖金。

(2)公司主管安全经理王某，对本单位的安全生产负直接领导责任，没有对劳务队伍进行安全知识及临时用电技术教育培训，对事故负有直接领导责任。责令其写出书面检查，并在公司安全会议上作出检讨，根据公司安全管理奖罚制度的有关规定，对王某处罚款2 000元罚款并扣除3个月奖金。

(3)公司第一处项目经理王某，是该工地安全生产第一责任人，对自己管辖范围内的安全生产全权负责，对劳务人员的安全管理工作产生疏漏，致使施工过程中存在严重的违章作业行为。根据公司安全管理奖罚制度的有关规定免去王某第一处项目经理职务6个月，责令其作出深刻检讨并罚全年奖金。

(4)公司第一处施工队长及技术人梁某、许某，对施工现场没有进行彻底检查，对上级领导下达的整改通知的落实、检查工作不到位，对事故负直接管理责任。免去二人全年奖金，责令其作出深刻检讨，并罚6个月工资。

六、防止类似事故应采取的措施及建议

(1)责令该项目部施工现场立即停工整改。

(2)项目部召开现场全体人员参加的安全教育会，稳定职工情绪，防止发生连锁事故和扩大事态的不良影响。

(3)项目部做好死者家属的安抚工作，按照国家有关规定妥善安排好死者善后处理等事项。

(4)公司总经理亲自主抓安全，对现场进行安全督导，检查项目部并安排专人对施工作业现场的所有机具、设备、安全防护装置设施进行全面的检查与维修。对施工作业环境按文明施工的标准进行彻底整改，经监理及甲方验收合格，报请上级主管部门批准后方可恢复生产。

七、专家点评

施工现场临电规范实施多年，也多次开展了触电事故的专项整治工作，但施工现场在临电方面还存在这么多问题，反映出企业管理混乱，各项责任制未落实到位。因此如何加强安全教育，提高对安全生产的认识，摆正安全在生产中的位置，还有很长的路要走。

案例九十七　石家庄市盛景佳园3号楼触电事故

一、事故主要情况

事故发生时间:2006年6月21日

工程名称:石家庄市中华南大街386号盛景佳园3号楼工程

事故单位:石家庄第三建筑工程有限公司

二、事故主要经过及采取应急措施情况

2006年6月21日下午5时20分，石家庄第三建筑工程有限公司施工的盛景佳园3号楼工地(中华南大街386号)，打夯人员让电工将打夯机线拆除后，电工将线盘在打夯机上，利用塔吊将打夯机从建筑物南侧吊至东北角处进行室外回填土施工作业。电工将电缆线接上配电

箱后，未接打夯机上的线就合闸试电，将正在安装电缆线的张某击中。工地人员立即对张某进行现场救治，并拨打120送医院急救，张某经医院抢救无效于当晚7时左右死亡。

三、事故原因、人员伤亡及财产损失情况

(一)直接原因

电工高某在接好打夯机电源线后，未与打夯机处正在导线人员张某沟通好就擅自合闸试电，致使张某触电。电工高某擅自合闸，违章作业是本次事故发生的直接原因。

(二)间接原因

(1)工人自身素质低，因施工作业人员全部为农村劳动力，未经过长期专门的安全教育，使得工人本身安全意识淡薄，缺乏基本的安全常识和操作技能，在施工中对出现的危险和隐患意识不到。尤其是张某刚入场受教育时间还短，自我安全防护意识不高。

(2)分公司、项目部监督检查力度不够，对工人的安全教育不到位，致使部分作业人员安全意识淡薄，自我安全意识差，工人对存在的危险因素认识不足。

(3)虽然公司领导能够贯彻执行安全生产管理制度和"安全第一，预防为主"的安全生产方针，并建立健全了各级安全生产责任制，也把安全生产工作列入了重要的议事日程。但由于近年来市场竞争激烈，企业面临的风险和压力越来越大，公司机制运行正在进行调整和进一步完善，在安全生产责任制落实上抓得不够狠、不够严，安全责任制不能有效落实到施工第一线。

(三)人员伤亡及财产损失情况

死亡1人；经济损失20万元。

四、事故性质和责任

这是一起由于违章操作所造成的生产安全责任事故。

五、有关事故责任者追究行政、法律责任情况

(1)李某身为该工程项目经理，做为施工现场安全生产第一责任人，安全生产工作落实不力，给予记过处分，责令其本人写出书面检查，在全公司安全生产会议上作检讨，并处罚款2 000元。

(2)王某身为该项目工程的工长，做为项目安全生产一线管理人员，对施工现场安全生产监督检查不到位，对工人培训教育不够，致使工人安全生产意识淡薄，对本次事故负直接领导责任。给予其警告处分，在公司安全生产会议上作检查，并处罚款800元。

(3)安全员赵某没有尽到本身职责，对现场监督检查不到位，没有及时发现电工违章操作，鉴于其工作中的疏忽，对其处500元罚款。

(4)电工高某在操作证过期未复审的情况下继续从事特种作业，并违反操作规程，在未进行良好沟通的情况下，擅自合闸试电，致使张某触电。鉴于高某不再具备从事特种作业资格，对其进行转岗教育，考核合格后从事普工作业。

(5)电工班长赵某对本班组人员教育不够，致使操作人员不熟悉掌握本工种操作规程，对赵某给予警告处分，并处罚款500元。

(6)景某身为十分公司主管生产副经理，"安全第一"的思想树立不牢，抓安全工作不牢不死，措施落实不力，对本次事故应负主要领导责任。给予其警告处分，在全公司安全生产会议上作检查，并处罚款1 500元。

(7)公司主管生产的副总经理苏某，安全方针贯彻不力，在检查落实中抓得不狠、不死，对本事故负领导责任。责令其本人写出书面检查，在全公司安全生产会议上作检讨，并处罚款1 000元。

(8)公司董事长、总经理宋某，身为企业安全生产第一责任者，对安全生产强调布置多，但在落实中抓得不严、不细，对本次事故负有第一领导责任。责令其本人写出书面检讨，在安全生产会议上作检查，并处罚款 1 000 元。

六、防止类似事故应采取的措施及建议

(1)2006 年 6 月 21 日下午 6 时 10 分，公司接到事故通知后，公司董事长，副总经理，安全处处长等人立即赶到施工现场对现场同志进行了询问和安抚。在稳定职工情绪的同时，按事故处理的程序，停止施工作业，派专人保护事故现场，并用电话通知的形式向市安全生产监督管理局、市安监站、市总工会及当地派出所等有关部门汇报了事故情况。

(2)董事长赶到事故现场后立即对此次事故进行了专题研究和布置，并组成了以生产副总经理为首的事故调查组进行事故调查；对公司在施的所有工程进行一次全面的安全生产大检查，消除事故隐患；向工人宣讲此次事故的前因后果，予以警示。董事长要求各级领导对这起事故高度重视，立即采取防范措施，以此为戒，决不允许类似事故再次发生。并对本次事故进行细致调查，查出事故原因，分析原因，严格按照“四不放过”的原则，严肃处理事故责任者。同时做好死者的善后工作。

(3)公司于 2006 年 6 月 22 日召开了全体中层以上干部参加的安全生产大会，认真学习了国家安全生产法及有关法律、法规。会上公司董事长强调各分公司要严格遵守公司各项规章制度，认真落实安全生产责任制。各施工现场要进行自查、整改，消除施工现场的安全隐患，把安全生产工作放到第一位来抓。

(4)为了防止事故的重复发生，公司抽调各部门人员组成监督检查小组，由副总经理带队，用两天时间对公司所有在建工程进行安全生产大检查。并召开各工地各职能人员会议，通报情况，对查出的问题要求其按照“三定”原则进行整改，对存有重大隐患的工地责令其立即停工整改，复查合格后方可施工。

七、事故点评

监督检查力度不够，对工人的安全教育不到位，致使部分作业人员安全意识淡薄，自我安全意识差，没有形成人人讲安全、我要安全、群防群治的良好氛围，工人对存在的危险因素认识不足，是造成本次事故的主要原因。因此提高作业人员和管理人员自身的素质，严格按操作规程进行作业是解决问题的关键。

第七节　起重伤害事故案例

案例九十八　崇礼县粮油总公司住宅楼起重伤害事故

一、事故主要情况

事故发生时间：2004 年 4 月 29 日

工程名称：崇礼县粮油总公司住宅楼工程

事故塔吊安装单位：张家口市建筑机械厂

事故建筑施工单位：万兴建筑安装有限公司

二、事故主要经过及采取应急措施情况

2004 年 4 月 8 日，万兴建筑安装有限公司开始组织对崇礼县粮油总公司住宅楼进行施工。由于工地建筑面积大，所以使用塔吊运料，于是该公司从张家口市建筑机械厂购买塔吊 1 座，并由张家口市建筑机械厂负责安装。2004 年 4 月 25 日塔吊安装到位，在试用过程中发现钢丝绳打拧。4月29日下午要求厂家技术人员来维修，厂家随即派2人来修理。下午3时40分左右，在吊臂上的滑车向前运行时，放在塔身护栏中的吊钩从高处掉下，击中在吊臂正下方距塔身底座12 m处进行地面作业的木工薛某头部。事故发生后，施工工地负责人王某立即组织人员将薛某送往崇礼县医院抢救，但由于薛某被打击到头部、背部等要害部位，因伤势过重已经死亡。下午5时30分县安监局接到报案后赶到事故现场调查，并将事故情况上报县政府及市安监局。4月30日县安委会组织县安监局、公安局、工会、建设局、粮食局等单位组成事故调查组，对事故展开调查。

三、事故原因、人员伤亡及财产损失情况

（一）直接原因

(1)塔吊出现钢丝绳打拧的故障后，维修人员违章操作，未将吊钩放到地面上再进行修理作业，致使吊钩从高空落下伤人，是造成这起事故的直接原因。

(2)安装单位没有针对该工程特点的施工组织方案进行安装，安装后未经有关部门验收，安装公司自验程序不规范，相关人员未能全部到位，安装存在问题是造成这起事故的主要原因。

（二）间接原因

建筑施工单位现场管理不到位，劳动组织安排不合理，对职工的安全教育不够，致使职工安全意识淡薄，自我保护能力差，是造成这起事故的主要原因。

（三）人员伤亡及财产损失情况

死亡1人；经济损失10万元。

四、事故性质和责任

这是一起因施工单位现场管理不到位，劳动组织不合理，职工违章作业而引发的责任事故。

五、有关事故责任者追究行政、法律责任情况

(1)张家口建筑机械厂厂长对这起事故负有领导责任，给予其行政记过处分。

(2)张家口建筑机械厂总工、万兴建筑安装公司工地负责人对这起事故负有直接领导责任，给予其行政记大过处分。

(3)张家口建筑机械厂技术工人刘某、韩某是这起事故的直接责任人，吊销二人的特种作业证，并由用人单位辞退。

六、防止类似事故应采取的措施及建议

(1)施工单位要严格按照国家标准、行业规则组织生产，吊装提升作业必须设专职安全员现场监护。

(2)施工单位要认真吸取事故教训，加强职工安全素质教育，强化职工的安全意识和自我保护意识。

(3)严格特种设备的安装、调试、检验、检测程序，施工企业、安装单位要做好特种设备的验收工作，未经检验的特种设备不得交付使用。

(4)对施工现场要开展认真细致安全检查，针对现场存在的问题，做出整改方案，杜绝类似事故发生。

七、事故点评

此次事故的根源是施工企业安全生产管理的规章制度不健全，安全生产责任制度不落实，导致施工现场责任人和作业人员违章指挥、违章作业现象形成一种习惯，从而没有人认识到自

己是在违章指挥和违章作业，也就得不到及时的制止和纠正，事故的发生也就是必然的。因此，一定要加强安全教育培训，强化安全意识，严格操作规程的落实，从而减少违章指挥、违章作业现象，从根本上减少事故的发生。

案例九十九　石家庄市农业机械总公司3号住宅楼起重伤害事故

一、事故主要情况

事故发生时间：2004 年 5 月 25 日

工程名称：石家庄市农业机械总公司 3 号住宅楼工程

事故单位：河北华丰建筑装饰工程有限公司

二、事故主要经过及采取措施情况

2004 年 5 月 25 日，河北华丰建筑装饰工程有限公司承建的石家庄市农业机械总公司 3 号住宅楼工程工地，塔式起重机起吊 810 kg 的罐装混凝土时，在起重臂回转就位过程中，距塔身根部 14 m 以外的 33 m 长的起重臂整体弯折，其他部位也不同程度的变形，塔机整体报废。因采取措施及时，本次事故未造成人员伤亡。

三、事故原因、人员伤亡及财产损失情况

(一)直接原因

(1)根据中国建筑科学研究院建筑机械研究分院 2004 年 7 月 2 日对该塔机出具的分析报告显示，该塔机起重臂下弦封板用料缺陷存在严重的质量隐患，这是造成本次事故的直接原因。

(2)在使用 QTZ40 塔式起重机过程中，施工单位违反《建筑机械使用安全技术规程》(JGJ 33—2001)规定，塔机信号指挥人员张某无证上岗。

(二)间接原因

(1)施工现场安全岗位责任制流于形式，安全技术措施不到位，管理人员责任心差。

(2)塔机安装单位违反《建设工程安全生产管理条例》第 17 条的规定，安全技术措施、拆装方案不完备，验收手续不齐全。

(3)检测单位未能有效的检测出塔机存在的质量隐患，对事故的发生负有一定的责任。

(三)人员伤亡及财产损失情况

四、事故性质和责任

这是一起由于安全管理不到位造成的安全生产责任事故。

五、有关事故责任者追究行政、法律责任情况

(1)给予石家庄市农业机械总公司、河北华丰建筑装饰工程有限公司、河北科信建设监理有限公司全市通报批评，并在建筑市场建立不良记录信用档案的处罚。

(2)给予项目经理崔某、项目总监朱某全市通报批评的处罚。

(3)对河北华丰建筑装饰工程有限公司违反建筑市场规定的行为按有关规定予以处理。

(4)暂停山东章丘市起重机厂在石市及县(市)区范围内的所有型号的塔机注册登记及备案，对正在使用该厂的塔机由施工单位立即开展一次塔机安全检查，待检测合格后方可使用。

六、防止类似事故应采取的措施及建议

(1)认真吸取事故教训，组织全体员工认真学习贯彻落实《建设工程安全生产管理条例》，将安全生产宣传贯彻到每一个工地，每一个班组，每一个人，切实提高全体施工人员的安全意识，加强对职工的安全教育和培训。牢固树立“安全第一，预防为主”的思想，提高职工的自我

保护能力，做到不伤害自己，不伤害别人，不被别人伤害，彻底杜绝类似事故发生。

(2)加强安全生产的基础工作，建立健全安全生产责任制，并把安全生产管理责任制逐级分解到企业管理各有关部门和班组。针对作业过程中的每一个环节、细节制定安全措施，完善操作规程，严格执行安全技术交底制度，加大对违章作业的查处力度，坚决杜绝违章指挥，违章作业，进一步改善生产作业环境，确保生产作业的安全。

(3)利用本次事故的教训对公司全体人员进行一次深刻教育，使所有人员必须遵守规章制度，服从管理，进一步加强对项目部各班组的管理，落实三级安全教育。

(4)进一步加强对机械设备、施工机具的严格管理，建立健全设备日常维修保养记录，确保设备正常运转，加强对各种作业人员的考核培训，严格持证上岗制度。凡是应专人操作的机器，实行专人专机，一律不准他人使用，实行下班后机械电源上锁制度。

(5)遵守劳动法规定的作息时间，严禁非上班时间作业，禁止超长时间加班，避免疲劳作业。

(6)以此事故为鉴，开展全公司全面的安全生产大检查。工地不论大小，检查不留死角，认真查找事故隐患，建立健全隐患整改责任制，认真落实整改措施，消除各类事故隐患，确保安全生产，文明施工。

七、事故点评

这是一起典型的由于塔机质量问题引发的生产安全事故，因此企业要购买和租赁质量优良、信誉度高的厂家的产品，做好进场验收工作及检测工作，加强对特种设备的监督检查，防止同类事故发生。

案例一百　石家庄市东铁大厦工地起重伤害事故

一、事故主要情况

事故发生时间：2004 年 7 月 15 日

工程名称：平安北大街 22 号东铁大厦工程

事故单位：中建一局华江建设有限公司

二、事故主要经过及采取应急措施情况

2004 年 7 月 15 日上午 9 时 40 分左右，中建一局华江建设有限公司施工的石家庄东铁大厦工地，出租方(河北融信中建机械租赁有限公司)的 TC5023 型塔吊司机在用吊笼起吊混凝土震动器(吊笼及震动器总重量 300 kg，吊钩重 320 kg)，当起吊高度达 30 m，小车运行距塔身根部 30 m 时，在塔机大臂上，距塔吊主吊钩钢丝绳固定点 2.6 m 处断裂，共重 620 kg 的吊笼、震动器及吊钩急速下落，击中正在现场作业的钢筋工王某头部，导致王某因伤势过重经抢救无效死亡。

三、事故原因、人员伤亡及财产损失情况

(一)直接原因

塔吊作业时钢丝绳断裂，吊笼及吊钩急速下落，击中地面作业人员头部，是导致本次事故的直接原因。

(二)间接原因

(1)总包单位认为机械设备具体检查保养工作应由分包单位自行负责，因合约中有了责任划分，而放松了安全管理。在日常施工中对安全工作虽然经常进行不定期检查，在每次生产例会上都强调要抓好安全生产，重视安全工作，但在实际的工作中落实不够，贯彻不力，忽视了安全在生产中的重要地位，致使不安全因素长期存在于施工中。

(2)分包单位(出租方)机械租赁公司领导在思想上“安全第一，预防为主”的方针树立不牢，虽然健全了各级安全生产责任制，也把安全生产工作列入了议事日程，但由于没有发生过事故，从思想上放松了对安全生产管理的要求，在安全生产落实上抓得不严、不细，对职工进行安全教育不够。安全技术交底中，一般提醒较多，但在技术规范角度、安全防范角度上看，内容很少。

(三)人员伤亡及财产损失情况

死亡 1 人；经济损失 20 万元。

四、事故性质和责任

这是一起安全生产责任事故。

五、有关事故责任者追究行政、法律责任情况

(1)公司经理耿某，对企业制度监督检查力度不够，安全生产工作落实不力，对这次事故负有领导责任，责令其作书面检查并处以 3 000 元罚款。

(2)公司生产经理许某，作为主管生产者，对施工现场机械安全检查监督力度不够，未能及时发现事故隐患，负有领导不力的责任，责令其作书面检查并处以 3 000 元罚款。

(3)塔吊司机马某，对安全第一的思想树立不牢，在检查机械中没能及时发现钢丝绳破损的情况，对本次事故负直接责任，责令其在公司安全生产大会上作书面检查并处以 2 000 元罚款。

六、防止类似事故应采取的措施及建议

(1)总包单位根据“三定”、“四不放过”的原则，在本次事故处理上，首先成立了伤亡事故调查组，对此次事故进行了调查，认真分析原因。经调查后一致认为此次事故是钢丝绳质量问题及检查不到位造成吊笼及吊钩急速下落而击中王某所致。立即分别召开了干部职工会议，要求一是对租赁方(河北融信中建机械租赁有限公司)的机械、塔吊、外用电梯全部进行认真地检查，消除安全隐患；二是整顿现场混乱现象，材料集中分类堆放，垃圾当天清理，当晚外运；三是及时完善施工现场安全通道防护、安全标志的设置等问题，对现场职工进行安全教育，增强各级管理人员的安全生产意识和业务能力及生产工人的自我保护能力。

(2)分包单位(出租方)加大了对安全生产的监督、检查力度，严格执行各项安全技术操作规程，实行安全生产一票否决制。认真编制塔吊的检查、维修方案，具体操作严格按照该方案执行。对所有在用机械设备进行安全大检查，对查出的安全隐患，按照“三定”要求立即整改。

七、事故点评

只有加大安全监督、控制的力度，严格执行各项安全规程，有针对性的进行班前教育，才是防止事故发生的根本。

案例一百零一　邯钢动力分厂 5 号制氧站过滤器检修工程起重伤害事故

一、事故主要情况

事故发生时间：2004 年 8 月 10 日

工程名称：邯钢动力厂 5 号制氧站过滤器检修工程

事故单位：河北冶金建设集团有限公司

二、事故主要经过及采取措施情况

2004 年 8 月 10 日，河北冶金建设集团有限公司承建的邯钢动力厂 5 号制氧站工程，根据

邯钢动力厂抢修工程的需要，一公司邯钢动力厂项目部安排焦某等十余人参加此次抢修工程。焦某、李某和付某为一组(由李某担任天车司机，焦某和付某担任起重工作，负责地面挂钩)，主要任务为将吊装孔的盖板吊出，以便为拆除及安装水冷却器创造条件。在已安全吊出三块盖板后，上午7时15分开始起吊第四块盖板(该盖板规格为4 500 mm×1 200 mm×160 mm，重约420 kg)时，盖板出现倾斜，呈直上直下状态。为避开吊装孔，天车向正西方向缓慢移动，移至平台后，天车开始回钩，回钩过程中，盖板钩头脱离，盖板瞬间向东南方面倾斜。当时焦某站在所吊盖板西侧不足1 m的位置，其身后有一些检修设备，焦某为了逃生，立即向东侧跑去，因躲闪不及，盖板将其压在下面，致其死亡。

三、事故原因、人员伤亡及财产损失情况

(一)直接原因

(1)作业人员未能正确使用吊装用具，连接盖板钩头脱出，致使盖板倾斜，是造成事故发生的直接原因。

(2)工人在吊装操作时违反操作规程，违章起吊是导致这次事故发生的主要原因。

(二)间接原因

(1)施工人员安全意识不到位，在吊装中对钢丝绳未能正确打结。

(2)施工人员自我保护能力和自保意识差，对盖板的倾倒方向判断失误。

(3)李某无证从事天车操作，特种作业人员持证上岗制度未能在项目上得到充分落实。

(4)建设公司和项目部对安全生产工作认识重视程度不够，存在麻痹大意思想。

(三)人员伤亡及财产损失情况

死亡1人。

四、事故性质和责任

这是一起由于工人违章操作所造成的安全生产责任事故。

五、有关事故责任者追究行政、法律责任情况

(1)第一工程分公司经理王某，作为一公司安全生产第一责任人，对此次事故负有领导责任，给予其行政记过处分，并处罚款5 000元。

(2)第一工程分公司主管安全副经理张某，对此次事故负有管理责任，给予其行政记过处分，并处罚款5 000元。

(3)邯钢动力厂项目负责人高某，为本项目部安全生产第一责任人，负有直接领导责任和管理责任，责令其停职检查，给予行政记过处分，并处罚款5 000元。

(4)项目部安全员李某，检查工作不到位，负有管理责任，给予行政记大过处分，罚款2 000元。

(5)同班作业人员李某和付某安全意识不强，负有直接责任，分别给予二人行政警告处分，各予以罚款2 000元。

六、防止类似事故应采取的措施及建议

(1)集团公司要以“8·10”事故的惨痛教训为诫，在职工中广泛开展安全生产教育活动，举一反三，排查本单位在施工生产中存在的安全隐患，制定整改措施，责任落实到人。

(2)集团公司所属各单位要认真查清本单位特殊工种人员持证情况，凡未经安全生产监督管理部门和其他有关部门培训取得特种作业人员操作资格证的，一律不得从事特殊工种岗位作业。

(3)加强对职工安全操作技能的培训，切实提高职工的安全操作技能和自保互保能力，杜

绝违章作业。

(4)对发生事故的原因、教训和防范措施在全公司开展广泛的学习教育活动，让全公司上下人人受到教育，防止类似事故的发生。

(5)加大对各级安全生产管理人员的培训力度，提高各级安全管理人员的管理素质和管理水准。

七、事故点评

这起事故是由于安全管理不到位，违章操作，工人安全意识淡薄，安全教育培训不足所造成的。这起惨痛的事故启示各施工单位要加大对各级安全生产管理人员的安全教育，提高管理素质和水准，加大对施工人员的安全教育培训力度，普及安全常识。

案例一百零二　衡水市河北裕丰实业股份有限公司植酸酶项目(质检中心)工地起重伤害事故

一、事故主要情况

事故发生时间：2004 年 12 月 8 日

工程名称：河北裕丰实业股份有限公司植酸酶项目(质检中心)工程

事故单位：衡水宏源建筑安装工程有限公司

二、事故主要经过及采取措施情况

2004 年 12 月 8 日，衡水宏源建筑安装工程有限公司承建的河北裕丰实业股份有限公司植酸酶项目(质检中心)工地，塔机安装队雇佣李某的汽车吊吊装塔机组件。李某从基地把吊车组件装拖拉机运到工地卸车，卸完车后，发现塔机安装工在做安装塔吊的准备工作，便想把压重块吊运到塔位跟前。在没有指挥人员指挥的情况下，汽车吊司机私自在离被吊物 30 m 远的地方，采用斜拉斜吊的方法准备吊压重块。压重块(3.6 m×0.3 m×0.6 m)重 2 t 多，汽吊吊了几次没吊起来，在吊勾没有松动的情况下，司机走到离被吊物 1 m 处查看时，突然被吊物向南半弧线移动，司机被压重块撞在左臂和腰腿部。工地人员立即拨打 120 将伤者李某送往医院，后经抢救无效死亡。

三、事故原因、人员伤亡及财产损失情况

(一)直接原因

死者在无人指挥的情况下违章作业，斜拉斜吊是发生事故的直接原因。

(二)间接原因

(1)项目部安全管理不到位，安全培训工作不足，工人安全意识淡薄。

(2)重要环节的施工，施工现场未安排专人监护。

(三)人员伤亡及财产损失情况

死亡 1 人。

四、事故性质和责任

这是一起由于安全监督不到位、违章作业所导致的安全生产责任事故。

五、有关事故责任者追究行政、法律责任情况

(1)责令负有领导责任的总经理刘某、主管副经理李某作出深刻检讨，对安全科长马某予以警告处分。

(2)对负有第一责任的项目经理张某严重警告，处罚款 5 000 元，并在全公司进行通报批评。

(3)对负有直接责任的分包方第二建筑工程有限公司塔机安装队予以终止协议。

六、防止类似事故应采取的措施及建议

(1)对公司全部在建工程进行安全检查。

(2)公司全部在建工程立即整改,重点检查施工机械是否具有保险、限位等安全装置,用电开关、漏电器是否灵敏可靠,以及临边洞口、密目网、安全网的搭设防护情况,对分包单位的安全管理情况是否严格审查。对存在安全隐患的项目部,要求立即停工整改并写出整改报告,由各项目经理负责落实。

(3)各项目经理组织本施工现场的全体人员召开一次安全教育会议,以本次事故为案例,教育人们提高安全意识,关爱生命。并告知本工程可能出现的紧急情况,以及应该采取的相应措施。

七、事故点评

这是一起典型的由于违章作业引发的安全生产责任事故,因违章作业造成不安全因素存在于现场,同时人的不安全行为也促成了事故的发生,这种事故发生的规律在这一事故中全部体现。消除事故的根本是加强安全生产培训教育,加大检查力度,严格按照操作规程作业,消除工人不安全行为。

案例一百零三　藁城市邱头镇住宅小区北楼工程起重伤害事故

一、事故主要情况

事故发生时间:2005 年 5 月 4 日

工程名称:藁城市邱头镇住宅小区北楼工程

事故单位:藁城市廉南建筑安装有限公司

二、事故主要经过及采取应急措施情况

藁城市廉南建筑安装有限公司承建的邱头镇住宅小区工程,建筑面积 4 635 m^2,于 2004 年 8 月 16 日开工建设,计划于 2005 年 11 月 10 日竣工。2005 年 5 月 4 日早 6 时 30 分左右,一号塔吊司机上机作业,在指挥员的指挥下 6 时 40 分塔吊开始上料(砌墙砂浆)。由于是现场搅拌,搅拌机在塔吊西面,自正西方向吊上沙浆起钩上升大约 3 m 左右时停止上升后开始向北回转。当回转到东北方向时,距塔身根部 12 m 以外的 13 m 长的起重臂整体弯折,其他部位不同程度的变形。事故发生时塔机起升高度 9 m,小车工作幅度 12 m,吊罐高度距地面 6.5 m,起吊砂浆重量 260 kg,未造成人员伤亡。事故发生后及时采取措施停止施工,让施工人员撤离现场,同时将事故报告项目经理,公司总经理立即向藁城市安全局、藁城市建设局工程科做了汇报。

三、事故原因、人员伤亡及财产损失情况

(一)直接原因

起重机年久失修,保养不及时和塔吊司机操作不规范是导致事故发生的直接原因。

(二)间接原因

(1)司机安全意识淡薄,操作不规范。

(2)公司多次强调安全生产,也下发了相应的安全规章制度和《施工质量安全强制标准》,对现场从业人员进行了安全教育,并发放了安全教育宣传材料,但缺乏有针对性的防护措施,在生产过程中,检查落实的力度不够。

(3)对特种作业人员的管理不严,教育力度不够,作业人员安全意识淡薄,存在侥幸心理。

(三)人员伤亡及财产损失情况

本次事故无人员伤亡;经济损失 15 936 元。

四、事故性质和责任

这是一起安全生产责任事故。

五、有关事故责任者追究行政、法律责任情况

(1)总经理是企业的法人,对此次事故负领导责任。责令其作出书面检查,并扣罚当月工资及奖金。

(2)该项目经理是项目安全生产的负责人,在安全上疏忽大意,管理不善,对事故发生负管理责任。责令其作出书面检查,并处罚金 500 元。

(3)项目安全员,对存在的安全隐患未能及时发现和采取可靠的安全防护措施,对现场施工人员的违章操作行为未能及时的发现和制止,对事故的发生负管理责任。责令其作出书面检查,并处罚金 200 元。

(4)现场施工班组长,对本次事故负有管理责任。责令其作出书面检查,并扣除当月奖金。

六、防止类似事故应采取的措施及建议

(1)事故发生后立即停止施工,对现场安全施工生产进行全面检查,对该事故塔吊进行安全拆除。重点检查安全用电、三宝四口、架体搭设、火灾等安全防护措施,发现的安全隐患及时进行整改,由公司安全科复查合格后方可继续施工。

(2)立即召开项目部全体人员会议,要求专职安全员及各级管理人员认真落实安全管理职责,强化对施工过程安全生产的监管力度,发现的安全隐患责成专人实施整改。严格落实安全员每日的安全检查巡视,对发现违章操作的行为及时制止、整改,对情节严重的人员给予辞退处理。

(3)召开现场职工大会,组织各施工组进现场有真对性的进行安全教育,提高职工的安全意识、法律意识。

(4)各施工班组加强班前班后的安全宣传教育。由班组负责人对当天的施工部位、作业环境及施工中的危险因素对具体作业人员进行针对性的教育。对重点施工部位设专人监管,专人指挥,专人负责,杜绝管理漏洞。

(5)公司领导班子要将安全生产工作列入日常工作重点,加大对安全管理体系的检查力度。定期召开安全会议,听取各部门的安全工作汇报,安排安全工作,制定安全工作计划。

七、事故点评

公司对存在的安全隐患未能及时的发现和采取可靠的安全防护措施,对现场施工人员的违章操作行为未能及时的发现和制止,与司机安全意识淡薄,操作不规范等原因组合在一起便使这次事故的发生成为必然。

第八节　火灾事故案例

案例一百零四　邯郸市康德商城二期扩建工程火灾事故

一、事故主要情况

事故发生时间:2006 年 2 月 20 日

工程名称:邯郸市康德商城二期扩建工程

事故单位:河北建工集团有限责任公司

二、事故主要经过及采取措施情况

2006年2月20日，河北建工集团有限责任公司承建的邯郸市康德二期扩建工程，工作人员在4层楼面清理建筑垃圾时，仓库保管人员黄某在未办理任何动火审批手续的情况下，擅自指挥工人王某在施工现场焚烧建筑垃圾。王某焚烧建筑垃圾未等火完全熄灭即离开，现场未做有效看护，致使火源遇见大风流散。晚7时50分，工地项目木工工长左某，发现在楼内出现火苗后立即报告项目部。项目部得知后立即启动事故应急救援预案，组织人员灭火，并迅速拨打火警电话119求救，但因风势较大，火势迅速蔓延。项目灭火人员为避免人员伤亡，立即撤离现场。后经消防车辆进入现场，在消防人员全力扑救下，火势得以被扑灭。

三、事故原因、人员伤亡及财产损失情况

(一)直接原因

仓库保管员违章指挥，作业人员违章动火，在施工现场焚烧建筑垃圾，火未熄灭便擅自离开现场，致使火源流散而引发火灾。

(二)间接原因

项目部对施工现场消防安全疏于管理，安全生产责任制落实不到位，现场安全管理混乱。未按规定设置消防通道、消防水源、配备消防设施和器材等。

(三)人员伤亡及财产损失情况

无人员伤亡；经济损失23.17万元。

四、事故性质和责任

这是一起由于职工安全意识淡薄、违反劳动纪律所造成的安全生产责任事故。

五、有关事故责任者追究行政、法律责任情况

(1)对河北建工集团有限责任公司给予全市通报批评，由省建设厅暂扣其安全生产许可证30天。

(2)给予河北建工集团有限责任公司邯郸市康德商场二期扩建工程项目经理曹某停止执业1年的处罚。

(3)依据《建设工程安全生产管理条例》第62条的规定，对河北建工集团有限责任公司处2万元罚款。

(4)依据《建设工程安全生产管理条例》相关规定，给予有关事故责任人一定的经济处罚。鉴于公安消防部门已对相关责任人作出了经济处罚，故不再另行给予经济处罚。

(5)责令河北建工集团有限责任公司对此次事故的有关责任人作出相应的行政处理。

(6)对邯郸市诚信工程建设监理有限责任公司作全市通报批评，责令其监理的全部项目进行认真自查自纠，严防类似情况再次发生。

六、防止类似事故应采取的措施及建议

河北建工集团有限责任公司立即组织全员安全生产教育，要举一反三，认真吸取这次火灾事故教训，开展安全生产大检查，消除一切生产安全隐患。要高度重视并认真做好安全生产工作，加强对《安全生产法》、《消防法》、《建设工程安全生产管理条例》等法律、法规的学习，建立健全并分解落实安全生产责任制。认真落实安全生产管理规章制度和安全技术措施，提高全员安全意识，加强安全检查，发现事故隐患立即整改，不违章指挥、违章作业、冒险蛮干。监理单位要严格按照法律法规的规定，认真履行安全监理责任，发现事故隐患立即责令施工单位整改或暂时停工，消除事故隐患，以确保工程建设的顺利进行。各有关单位要引以为戒，吸取教训，查找不足，进一步加强建设工程安全生产管理工作。

七、事故点评

这起事故是由于工人违反劳动纪律所造成，此事故暴露出该单位本身安全管理制度不健全，安全意识差，安全管理松懈等不安全因素的存在。应加大对违章指挥、违章作业的处罚力度，有效遏制事故，坚决消除各类隐患和不安全因素，杜绝重大事故的发生。

案例一百零五　石家庄市华电中线汽改水工程过中山路隧道工程火灾事故

一、事故主要情况

事故发生时间：2006 年 11 月 24 日

工程名称：华电中线汽改水工程第五标段过中山路隧道工程

事故单位：石家庄市道桥建设总公司七公司

二、事故主要经过及采取应急措施情况

石家庄道桥建设总公司七公司施工的华电中线汽改水工程第五标段过中山路隧道工程，于 2006 年 10 月 10 日开工，该工程为市重点工程，为确保居民能在冬季按时取暖，工期安排较紧。该工程包括土建隧道工程；热力管道安装工程；热力管道保温工程，分别由三个施工单位施工。其中，土建隧道工程由道桥建设总公司七公司总承包，四川希望金诚建设劳务有限公司劳务分包。隧道部分施工已于 11 月 9 日完工，并已交付甲方。因隧道所占场地的中学怕影响学校教学，校方通知道桥建设总公司七公司必须在 27 日前恢复占用场地。项目部遂安排加快隧道竖井部分的施工。施工人员于 11 月 24 日傍晚临时加班，劳务带班人员安排 5 名劳务人员在隧道北竖井进行加固模板作业。晚 7 时 30 分左右，因隧道口支架有外露钢筋，影响加固，张某就从竖井下到隧道内，对其进行处理，在进行电焊切割时，焊渣掉落到下面的供热管道上，引燃包裹在管道上的保温材料，致使保温材料迅速燃烧。由于担心烧坏了电器，张某便赶紧招呼正在竖井口固定模板的张某、李某救火。听到张某救火招呼后，2 人立即到隧道内与张某一起实施灭火。见火扑不灭，3 人分头跑离火灾现场，其中 1 人跑向体育中心出口去拉闸，2 人跑向北出口。在向北出口跑的两人中，1 人在撤离过程中轻微灼伤，被送往医院治疗；1 人在撤离过程中不幸窒息，经 120 现场抢救无效死亡。

三、事故原因、人员伤亡及财产损失情况

（一）直接原因

劳务人员张某处理支架外露钢筋头时，本应该用钢锯锯掉，但其在未向管理人员报告的情况下，就擅自使用电焊切割，造成焊渣掉落到管道保温层上，引燃防护层，引起火灾，导致了这次事故的发生。

（二）间接原因

(1)生产场所环境不良，管理混乱。该工程包括土建工程；管道安装工程；管道保温工程。正常的施工顺序应该是先由道桥建设总公司七公司干完隧道土建工程后，十二化建接着进行管道安装，最后由北方保温公司进行保温施工。因华电供热指挥部对工程工期要求紧，北方保温公司在道桥建设总公司七公司隧道竖井土建工程还没竣工的情况下，提前进行了保温施工，而且没有告知华电指挥部，更没有告知道桥建设总公司七公司。华电供热指挥部没能及时进行沟通协调、签署交叉施工安全管理协议，部署现场安全管理人员，导致施工人员不知晓隧道内包裹了易燃的聚氨酯保温材料，在施工安排上，也就未采取相应的安全防火措施，客观上造成了生产场所环境不良，为火灾事故的发生埋下安全隐患。

(2)救援人员救火知识欠缺，缺乏必要的火灾逃生知识。火灾发生后，张某、李某闻讯从加固模板处来到隧道内帮助灭火。因对火情估计不足，未使用现场消防器材，而是采用铁锨铲土灭火。因防护层包装的是易燃材料，所以燃烧迅速，并产生大量浓烟，难以扑灭。3 人在撤离火灾现场时，又因缺乏火灾逃生知识，2 人选择了向北撤离方向。因火源靠近北口竖井，产生火灾烟筒效应，导致张某在撤离途中窒息死亡。

(三)人员伤亡及财产损失情况

死亡 1 人，轻伤 1 人；经济损失 20 万元。

四、事故性质和责任

这是一起由违章操作引起的严重的生产责任事故。

五、有关事故责任者追究行政、法律责任情况

(1)道桥建设总公司总经理对这起事故的发生负有领导责任。责令其写出检查，上报市城市管理局、安全生产监督管理局，免发 1 个月奖金，并扣罚当月工资的 10%。

(2)道桥建设总公司副总经理主管安全，虽平时也做了大量的工作，但检查、指导不细，负有一定管理领导责任。责令其在处党委会上作检查，并免发 1 个月奖金。

(3)道桥建设总公司七公司经理作为直接领导，对该起事故的发生负有领导责任。责令其向道桥总公司作出检查，在总公司范围内进行通报批评，并写出书面检查，上报市安监局。免发其 6 个月奖金，并扣罚当月工资的 20%。

(4)道桥建设总公司七公司副经理做为主管生产领导和项目经理，没有及时发现问题，对该起事故负有直接领导责任。责令其写出检查，上报市安监局，给予撤消项目经理职务的处分。免发其 6 个月奖金，并扣罚当月工资的 30%。

(5)道桥建设总公司七公司项目部安全员，对施工安全现场监督不到位，没有及时发现和处理问题，对该起事故负有监督责任。责令其写出检查，并免发 6 个月奖金，吊销其安全员资格证。

(6)劳务公司项目经理，布置工作不细，对劳务人员教育不到位，导致无证人员违章进行电焊作业，造成事故发生，负有现场直接领导责任，给予其严重警告处分。

(7)劳务分包公司现场带班班长，对违章现象未能发现制止，最终造成事故发生，负有直接现场管理责任，给予行政记过处分。

(8)劳务公司壮工张某，安全意识淡薄，擅自使用电焊切割，无证操作，直接引起火灾，间接造成人员死亡事故，负有主要责任。对其解除劳务合同，鉴于死者为其亲弟弟，故不再追究其责任。

(9)劳务分包公司布置工作不细，现场管理混乱，职工教育不到位，致使劳务人员违章操作，造成事故，对事故负有责任。道桥建设总公司解除该公司劳务分包资格 2 年，根据事故造成的损失，按照合同承担相应的责任。

六、防止类似事故应采取的措施及建议

(1)抓好安全思想的深化落实，认真分析事故原因，吸取事故教训，召开公司领导和公司安全委员会成员会议，进一步学习国家有关安全的生产方针、政策和法规，对照职责分工和安全生产责任制的要求，深刻检查在履行职责中对安全工作重视的程度和抓安全落实的深度。在此基础上，广泛深入地对职工、劳务方进行安全教育，进一步提高对“安全生产事关人命”、“安全生产人人有责”的认识，增强自我保护意识，形成群管群防的浓厚氛围，把“安全第一，预防为主”的思想真正落到实处。

(2)强化规章制度的完善落实，要以《安全生产法》和各项规章制度为依据，进行一次全面

治理整顿。以部门和项目工程为基点，一个岗位一个岗位，一个项目一个项目地整顿治理。重点抓好防火灾、防塌陷、防触电、防设备伤害等事故的制度落实，对查出的问题要逐个研究，责任到人，立即解决，进一步健全和完善安全生产的各项规章制度、措施，建立严密、完善的规范化管理运行机制，从组织制度上保证安全生产工作落实到位。

(3)安全检查重在落实，认真开展安全生产大检查，对每个工地关键环节、重要部位，进行全面检查。严格按照安全生产责任制的要求，一级抓一级，一级查一级，分工负责，按级负责，逐级落实。对检查出的问题立即解决，当时解决不了的，要责任明确到人，限定时间加以解决。尤其是要加大对三级安全教育及特种作业人员持证上岗情况的检查力度，严格管理，一抓到底，抓出成效。同时发动职工开展自查、互查活动，查隐患、堵漏洞、纠违章，把事故消除在萌芽状态，坚决杜绝类似事故的重演。特别是要建议投资方，在狭小施工空间要使用防火材料保温，消除事故火灾隐患。

(4)一定要从这起伤亡事故抓起，把严明奖惩的安全生产激励机制贯穿于整个生产经营活动和责任目标中。按照安全生产责任制的有关规定，对违章行为该罚的罚，决不姑息迁就，对避免事故发生的有功人员该奖的奖，充分调动全体职工做好安全生产工作的积极性和主动性。

七、事故点评

通过本次事故可以看出公司领导对“安全第一，预防为主”的认识有差距。安全思想树立不牢，安全生产工作认识起点不高，在实施劳务分包中，安全生产管理措施没能及时跟上，在劳务分包方管理上还有差距，存在对规章贯彻不力，督促不到位，会上讲得多，具体落实少的现象。在具体布置作业过程中，没能及时发现隐患，从而造成事故的发生，企业安全管理有漏洞。在工程工期紧、任务重的情况下，对安全工作重视不够，对危险工地的安全管理力度不够，安全技术交底针对性不强，不良环境的检查不到位。安全保证体系和监察体系运行不畅，缺乏行之有效的制约机制，严格执行规程有差距；在组织上、思想上、措施上、制度上没有形成合力，出现较大漏洞，造成交叉施工没有签署安全协议，没有部署现场安全管理人员，造成事故的发生。教育不到位，检查不细，公司对本公司职工及劳务分包人员进行的安全教育，只限于一般号召。对具体工地的安全注意事项抓得不细，检查督促不力，导致劳务人员私自使用电焊机切割钢筋，造成火灾事故。现场施工人员没有及时发现问题和异常现象，采取对应安全措施，没有做到关键部位、关键环节，要有关键措施，这也是造成这次事故的原因之一。

第九节　中毒和窒息事故案例

案例一百零六　雄县雄州世纪城6号住宅楼中毒窒息事故

一、事故主要情况

事故发生时间：2005年12月12日

工程名称：雄县雄州世纪城6号住宅楼工程

事故单位：河北中凯建设工程有限公司

二、事故主要经过及采取应急措施情况

2005年12月11日晚，由河北中凯建设工程有限公司承建的雄县雄州世纪城6号住宅楼工地，5名工人在下午结清工资款后，因无车返乡，在工地外面吃饭喝酒后返回工地6号楼一车库内住宿。因天气寒冷，几名工人找来铁桶装上木柴拎到车库内点燃取暖，并拉下车库门。12月12日早6时许，工地抹灰组组长发现5人在车库内昏迷不醒，急忙拨打120急救电话，并组织将人抬上车救护车送至医院抢救。经过近 2 个小时的抢救，早晨 8 时 20 分，医生宣布其中 2 人死亡，另 3 人转院治疗，经检查确定为轻伤。

三、事故原因、人员伤亡及财产损失情况

（一）直接原因

5 名工人私自入住车库属于违规行为，由于没有安全常识，用铁桶装上木柴点燃取暖并将车库门关上，是发生本次事故的主要原因。

（二）间接原因

该工程项目违反了国务院《建设工程安全生产管理条例》相关安全管理规定，规章制度执行不严格，检查落实不到位，是造成本次事故的重要原因。

（三）人员伤亡及财产损失情况

死亡 2 人，轻伤 3 人。

四、事故性质和责任

此事故是因为工人违章造成的一起责任事故。

五、有关事故责任者追究行政、法律责任情况

(1)5 人私自入住未经竣工验收的建筑物车库，不懂安全常识，用铁桶装上木柴点燃取暖，其行为违反《建设工程安全生产管理条例》第 2 款，应负主要责任，鉴于当事人已死亡或受伤，不再追究其责任。

(2)河北中凯建设工程有限公司，违反国务院《建设工程安全生产管理条例》第 64 条第 3 项。依国务院《建设工程安全生产管理条例》第 64 条第 3 项对河北中凯建设工程有限公司处以 5 万元罚款。

(3)该工程项目负责人违反国务院《建设工程安全生产条例条例》第 66 条第 3 款的规定。依据国务院《建设工程安全生产管理条例》第 66 条第 3 款的规定，由省建设行政主管部门按照相关法律、法规对项目经理予以处罚。

六、防止类似事故应采取的措施及建议

(1)责成企业加强对职工的教育，牢固树立“安全第一，预防为主”的思想，提高全体职工安全意识和自我保护意识、防护能力，在生产生活中做到“三不伤害”文明施工。

(2)责令河北中凯建设工程有限公司雄州世纪城工地停工整顿，全面检查，消除安全隐患，经县建设局安监站复查合格后方可复工。

(3)落实安全生产检查制度，做到安全生产有人抓，违章违纪有人管，消除事故隐患，杜绝“三违”，确保安全生产。

七、事故点评

在贯彻安全生产教育方面忽视了安全教育的效果，没有使全体职工从思想上提高对安全生产重要性的认识，没有使安全管理工作完全规范化、标准化。企业需加强对职工的教育，牢固树立“安全第一，预防为主”的思想，只有提高全体职工安全意识和自我保护意识及防护能力，才能从根本上杜绝事故发生。

案例一百零七　迁安市地志展览馆工程窒息事故

一、事故主要情况

事故发生时间：2006 年 3 月 11 日

工程名称：迁安市地志展览馆工程

事故单位:唐山惠隆建筑工程有限公司

二、事故经过及采取的应急措施情况

2006年3月11日下午6时30分,唐山惠隆建筑工程有限公司施工的迁安市地志展览馆工地,项目部技术负责人吴某安排瓦工贾某与装载机司机王某到设备间进行回填土作业,由贾某负责贴墙体保温板,次日早1时30分完工,王某回屋休息。3月12日上班时,王某发现贾某没有上班,经询问他人,都说没有看见贾某。下午1时左右,贾某家人来工地寻找贾某,说3月11日晚至3月12日中午贾某一直没有回家,并在工地发现了贾某的自行车。工地工长怀疑贾某被埋在回填土中,一边通知公司有关领导,一边组织人员和挖掘机进行挖土找人。公司立即启动应急救援预案,成立以公司经理为组长、副经理和总工为副组长的应急救援小组,组织开展救援工作,并向公安机关报案。经过几个小时的努力,于3月12日晚10时左右,贾某的尸体在基坑回填土中被找到。

三、事故原因、人员伤亡及财产损失情况

(一)直接原因

施工现场照明设施不到位、未设专人监护,在回填土时,贾某下到基坑底部,而司机王某未看到并继续作业是发生事故的直接原因。

(二)间接原因

(1)施工现场安全管理不到位,重要部位施工未派专人监护,检查不到位。

(2)企业安全生产责任制未落实,安全意识不强,安全生产管理只停留在表面上,违章作业现象普遍存在,得不到制止和处理。

(3)安全教育不到位,作业人员安全意识差,缺乏必要的防范危险的意识和自我保护能力。

(三)人员伤亡及财产损失情况

死亡1人;经济损失28万元。

四、事故性质和责任

这是一起由于安全管理不到位、职工安全意识差、各项制度未落实而造成的安全生产责任事故。

五、有关事故责任者追究行政、法律责任情况

(1)责令公司主管安全的副经理作出书面检查。

(2)对该项目经理降一级工资。

(3)对安全科长处1 000元罚款。

(4)对工地工长处500元罚款。

(5)对工地技术负责人处500元罚款。

六、防止类似事故应采取的措施和建议

(1)公司所有在建工程全部停工整改,由市安监站验收合格后方可复工。

(2)施工企业要建立健全安全生产保障体系,配备有实践经验、责任心强的专职安全员对每道工序及分部分项工程进行检查。

(3)加大安全生产检查力度,严格做到公司月查、项目部周查、班组日查,把事故隐患消灭在萌芽中。

(4)杜绝违章指挥、违章作业,严禁冒险蛮干,一经发现严肃处理。

(5)加强对职工遵章守纪教育,使工人在各个部位施工时,能够严格执行安全操作规程。

(6)加强对特种设备的安全管理,未经检查验收的设备严禁使用,对特种作业人员严格遵

守持证上岗制度。

七、事故点评

这起事故是由于项目部安全管理不到位、各项制度未落实，作业人员违反操作规程和缺乏必要的安全防范意识，自我保护能力差所造成的。这起惨痛的事故给我们启示是要加强一线操作人员的安全培训和安全教育，杜绝违章指挥、违章作业现象，这是减少和避免各类事故发生的主要措施。

第十节　车辆伤害事故案例

案例一百零八　石家庄市卓达星辰商业广场车辆伤害事故

一、事故主要内容

事故发生时间：2004 年 9 月 1 日

工程名称：石家庄市卓达星辰商业广场工程

事故单位：南通三建集团有限公司石家庄分公司

二、事故主要经过及采取应急措施情况

由江苏省南通三建集团有限公司承建的石家庄市卓达星辰商业广场工地，正在进行基础垫层混凝土施工。因场区道路不畅，影响罐车行走，铲车司机将影响进出的铲车移动并同时平整路面时，将在路边熟睡的石家庄建工集团职工杨某轧伤，致其死亡。

三、事故原因、人员伤亡及财产损失情况

（一）直接原因

死者杨某违反规定随意留睡于非生活区，这是造成事故的主要原因。

（二）间接原因

(1)公司领导对安全管理工作的认识没有足够的重视。在公司的规章制度中，虽然明确了“安全第一，预防为主”的方针，但缺乏针对性的保证措施，在生产与计划、布置的过程中，核查力度不够。

(2)安全管理人员未能严格执行国家有关法规，安全生产的方针、政策、规章制度未考虑生产条件符不符合安全生产，是发生事故的根本原因。

(3)铲车司机夜间施工未考虑施工作业面狭窄，作业现场光线不足，视野不清等情况，开车之前未视察一下前方是否有人或其他障碍物就开始作业，属违章作业，是事故发生的又一个原因。

(4)作业现场光线不足，视野不清。

(5)施工作业面狭窄，不同作业单位协调配合性差，管理责任制不到位。

（三）人员伤亡及财产损失情况

死亡 1 人。

四、事故性质和责任

这是一起安全生产责任事故。

五、有关事故责任者追究行政、法律责任情况

(1)项目经理顾某，为项目安全生产第一负责人，未能很好的贯彻落实安全生产方针、政策、法规和各项规章制度，结合项目特点，提出有针对性的安全管理要求，致使安全事故未能得到控制，应对事故发生负领导责任。责令顾某作出书面检查，给予行政警告处分，并对其罚款

2 万元，免除月奖金及年终奖金。

(2)项目安全员陆某对存在的隐患未能及时发现和及时采取安全防护措施，对现场施工工人的违章操作行为未能及时发现和制止，对事故的发生负管理责任。责令其作出书面检查，给予行政警告处分，并对其罚款 1 万元，免除月奖金及年终奖金。

(3)后勤施工组组长张某，对本次事故负有一般管理责任。责令其作出书面捡查，罚款 1 000 元，免除月奖金及年终奖金。

(4)铲车司机茅某，在夜间施工时既没有下车巡视，又在现场无照明、视野不清的情况下违章作业，导致事故发生，对事故的发生负主要责任。对其罚款 2 000 元，并给予辞退处理。

六、防止类似事故应采取的措施及建议

(1)卓达星辰广场工程发生事故后立即停止施工，对施工现场的安全生产情况进行全面的大检查。重点检查施工机具、安全用电、临边防护等安全防护措施，杜绝同类事故的重复发生，对发现的安全隐患及时进行整改，由分公司安全科复查合格后方可继续施工。

(2)立即召开项目全体人员会议，要求专职安全员及各级管理人员认真落实安全管理职责，强化对施工过程安全生产的监督管理力度，对发现的安全隐患责成专人实施整改，严格落实安全员每日的检查巡视。对发现的违章操作行为及时制止、整改，对拖延不办的有权令其停工，情节严重的给予辞退处理。

(3)召开现场职工大会，进一步加强对现场职工的安全教育，有针对性的对施工班组进行安全操作规程的教育，提高个体职工的安全技术知识水平，加强对职工法律、法规的教育，提高职工的安全意识和自我防护能力。

(4)施工班组加强班前教育活动的开展，班组长应根据当天的施工部位，作业环境及危险源对操作人员进行有针对性的安全技术交底，加强对工人遵章守纪的教育。安全生产劳动保护工作必须以预防为主，"严"字当头，依靠群众，把好关，彻底堵塞管理不到位的漏洞。

(5)项目经理部进一步抓好各级人员安全职责执行情况的考核。对在安全生产管理工作中因管理不善，造成安全混乱，各项防护设施不落实的人员予以扣除当月和年终奖金的处罚。除给予事故责任人经济处罚外，情节严重的应给予辞退处理。对在安全工作中成绩突出、作出贡献的人员给予奖励，以促进施工现场安全管理工作和安全生产状况的全面提高。

七、事故点评

这是一起因未查明作业场所环境引发的事故，两个公司的管理都存在问题。公司安全生产教育跟不上，现场检查不力，冒险蛮干，结局值得我们思考。

案例一百零九　保定市北市区李庄小区 1 号车库工程车辆伤害事故

一、事故主要情况

事故发生时间：2005 年 3 月 9 日

工程名称：保定市北市区李庄小区 1 号车库工程

事故单位：保定市第三建筑安装工程公司

二、事故主要经过及采取应急措施情况

2005 年 3 月 9 日下午 2 时左右，保定市第三建筑安装工程公司施工的李庄小区 1 号车库工程，在进行铲土作业时，由于铲车司机违章作业，铲车失控，顺坡撞上地下车库门梁，致使铲车司机张某被当场挤死。事故发生后，保定市第三建筑安装工程公司未按规定时间及时上报事故情况，直到 3 月 29 日，保定市建设局接到市安监局关于对该起事故的通报后，向该企业进行质询后，该企业才于 4 月 8 日将该事故情况报告市建设局有关部门。

三、事故原因、人员伤亡及财产损失情况

（一）直接原因

这是一起由于铲车司机违章作业，导致铲车失控而引发的一起安全责任事故。

（二）间接原因

(1)公司各级领导对安全管理的重要性认识不到位，"安全第一、预防为主"的思想意识不够，安全管理不规范，对职工的安全培训、教育不到位。

(2)公司在安全生产管理上存在一定疏漏，规章制度落实不到位，各部门的安全生产责任制未真正落实到人。

(3)施工现场管理混乱，违章作业、违章指挥的现象大量存在。

（三）人员伤亡及财产损失情况

死亡 1 人。

四、事故性质和责任

这是一起由于违章作业造成的责任事故。

五、有关事故责任者追究行政、法律责任情况

(1)给予项目经理赵某扣发其本人半年奖金、降一级工资，5 年内不准以项目经理身份参与工作的处罚。

(2)现场总监尹某未能及时了解情况，责令其停职检查，到公司进行培训，经考试合格后方可重新上岗。

六、防止类似事故应采取的措施及建议

(1)在今后的工作中，施工企业全体人员要以此为教训，把安全生产放在首位，坚持"安全第一，预防为主"的方针，在现场施工中严格执行《安全生产法》及相关安全管理的规定，切实抓好安全工作。

(2)认真学习《安全生产法》、《建设工程安全生产管理条例》及事故报告程序和规定，发生事故后及时报告相关部门。

七、事故点评

此次事故的发生，充分暴露出个别施工企业对安全生产工作责任意识淡薄，领导不重视，职责不分，制度不落实，存在侥幸心理。各有关单位要认真吸取教训，引以为戒，正确对待伤亡事故的上报工作，不得以任何理由瞒报、谎报、迟报生产安全事故。